Radikal führen

Den Weg zu Ihrem persönlichen E-Book
finden Sie am Ende des Buches.

Dr. Reinhard K. Sprenger gilt als der profilierteste Management-
berater Deutschlands. Geboren 1953 in Essen, wohnt er heute
in der Nähe von Zürich und in Santa Fe, New Mexico. Zu seinen Kunden gehören zahlreiche internationale Konzerne sowie nahezu alle Dax-100-Unternehmen. Seine Bücher wurden
ausnahmslos Bestseller und liegen in etlichen Sprachen vor.

Reinhard K. Sprenger

Radikal führen

Campus Verlag
Frankfurt/New York

ISBN 978-3-593-39462-6

Copyright © 2012 Campus Verlag GmbH, Frankfurt am Main
Umschlaggestaltung: Hißmann, Heilmann, Hamburg
Satz: Publikations Atelier, Dreieich
Gesetzt aus: Palatino und Apex New
Druck und Bindung: CPI–Ebner & Spiegel, Ulm
Printed in Germany

Dieses Buch ist auch als E-Book und als Hörbuch erschienen.
www.campus.de

Inhalt

Wenn Sie bei einem bekannten Buchversandhandel das Suchwort »Management« eingeben – was schätzen Sie, wie viele Bücher werden Ihnen angezeigt? Fünftausend? Fünfzigtausend?

Es sind über eine halbe Million. Stellen Sie sich das in Regalmetern vor: über eine halbe Million Bücher! Da müsste doch alles zum Thema gesagt sein. Woraus sich die Frage ergibt: Warum sollten Sie ausgerechnet dieses Buch lesen? Die erste Antwort lautet: Weil es vieles *weglässt*.

Worum es in diesem Buch *nicht* geht, das soll deshalb hier an erster Stelle stehen. Es geht nicht um eine neue Leadership-Mode. Viele Autoren beschreiben nur einzelne Facetten der Führungsarbeit, die dafür sehr detailliert – aber das Gesamtbild bleibt unscharf. Eine Menge Bücher (meine frühen Werke gehören dazu) machen auch relativ abstrakte Wertgesichtspunkte geltend, um faktisch bestehende Führungsstrukturen im Namen dessen zu kritisieren, was sein »sollte«. Also: Hier finden Sie keine Anekdoten-Promenade, keine Exzellenz-Beispiele, keine Von-XY-lernen-Galerie. Ich mutmaße auch keinen Zusammenhang von Führungs-Stilen, Persönlichkeitseigenschaften und Führungserfolg. Auch zwischen Führung und Management wird nicht unterschieden. Ich gehe davon aus, dass die meisten Manager mit ihren Mitarbeitern in Interaktion treten, also *führen*, und die meisten Führungskräfte auch werkzeugbasierte Verwaltungsaufgaben erledigen, also *managen*. Und einem Leader ohne Management-Fähigkeiten wird bald die Luft wegbleiben; einem Manager ohne Leadership-Fähigkeiten fehlt die Richtung. Ebenso unterscheide ich nicht zwischen Mitarbeiter-Orientierung und Aufgaben-Orientierung: Diese Trennung ist in der Praxis künstlich – man braucht eben beide.

Worum geht es dann?

Um diese Frage zu beantworten, will ich eine kurze biografische Bemerkung machen.

Auf der Suche danach, *worauf es bei der Führung wirklich ankommt*, habe ich mich noch einmal auf die Praxis eingelassen. Für dreieinhalb Jahre übernahm ich wieder operative Verantwortung im Executive Committee eines Unternehmens, das in fast achtzig Staaten etwa 21 Milliarden Euro umsetzt. Ich wollte wieder Führungsalltag spüren, Spreu von Weizen trennen, Unverzichtbares von nur Wünschbarem.

Ich habe viel gelernt, was Führungskräfte tun. Mehr aber habe ich davon gelernt, was sie *nicht* tun. Was sie unterließen – weil sie es für unwichtig hielten oder einfach nicht wollten oder konnten. Das half mir, mich auf das Wesentliche zu konzentrieren.

Was mir dabei immer klarer wurde: Die eigentlichen *Aufgaben* werden von Führungskräften nicht diskutiert, sie werden als selbstverständlich vorausgesetzt: »Um sie muss ich mich auch nicht kümmern – ich bin ja bereits Führungskraft, weil ich aus Sicht meiner Chefs den Aufgaben gewachsen bin.« Sie sehen ihr Handeln in keinem größeren Zusammenhang; sie »managen« halt, das heißt sie »wursteln sich durch«. Das Nachdenken über Aufgaben stört da nur. Und wenn sie über ihr Tun reflektieren, dann über das WIE, über Adjektive wie »kooperativ«, »dialogisch« oder gar »transformatorisch« – nicht über das WAS. Dabei ist dieses WAS keineswegs selbstverständlich, sondern erntet Erstaunen, bringt man es zur Sprache. Es sind keine Kleinigkeiten, die da beiseitegelassen werden. Im Gegenteil. Genau auf diesen blinden Fleck der meisten Führungskräfte will ich mich konzentrieren. Also: Führung ist die Antwort – was war noch mal die Frage?

Dabei gehe ich von folgender Ursprungs-Situation aus: Eine Gruppe von Menschen hat sich zu einem bestimmten Zweck zusammengefunden. Schon bald bildet sich jemand als Führungskraft heraus, je nach Gruppengröße und -dauer entstehen auch Führungsstrukturen. Warum? Was sind »Gründe« für Führung, die sich aus *Tatsachen* ergeben, nicht aus willkürlichen Zielen? Wie heißt das Problem, für das Führung die Lösung ist?

Ich bin davon überzeugt, dass die Aufgaben von Führung *Universalien* sind – sie werden auch in vielen Hundert Jahren dieselben sein. Schließlich gab es Führung schon immer – seit Menschen in Gruppen leben. Und auch die neue Welt der Netzwerke und Heterarchien kann ich nicht führerlos denken. Im Gegenteil: Nach nichts sehnen sich die Menschen mehr als nach einer kraftvollen Führungsidee und einem Menschen, der sie verkörpert. Deshalb können wir von einer »arché« sprechen, einem Urprinzip, auf die sich eine »Arché-ologie« richtet, die es erforscht. Jedenfalls scheint mir die Suche nach festen »Gründen« der Führung auch in Zeiten der Kontingenz, der Abwesenheit des letzten Grundes, noch nicht abgeblasen.

Ich will der Führung also mit einer Archäologie auf den Grund gehen. Und liefere Beispiele für deren praktische Anwendbarkeit. Und obwohl natürlich die Auswahl mit einem unvermeidlichen Faktor an Subjektivität verbunden ist, ist sie keineswegs beliebig, sondern beansprucht den Status der Notwendigkeit. Denn das ist die Grunderfahrung mit der menschlichen Geschichte: Wie wenig sich doch selbst dort ändert, wo sich fast alles geändert hat.

Wer dabei von »radikal führen« spricht, muss mit Missverständnis rechnen. Hierzulande und in Zeiten politisch korrekter Uneindeutigkeit darf man ja alles Mögliche sein, nur nicht radikal. Dieser Vorbehalt verkennt jedoch die Herkunft des Wortes: lateinisch »radix« – die Wurzel. Es geht bei Radikaler Führung also um die *Wurzel* der Führung – in der sie verankert ist und aus der sie wächst. Denn wer wirklich etwas im Unternehmen verändern will, der muss bei der Wurzel anfangen. Die vielen Change-Initiativen scheitern, weil sie – um im Bild zu bleiben – an der Oberfläche verweilen und den Dingen nicht auf den Grund gehen. Sie wären erfolgreich, gründeten sie in den Kernaufgaben von Führung.

Der Mensch in der Organisation

Wenn ich frage: »Wie heißt das Problem, für das Führung die Lösung ist?«, dann spreche ich bewusst von *Führung* – und meine damit nicht nur Führungskräfte. Denn Führung ist mehr als das Handeln von Individuen. Führung äußert sich auch in Strukturen, Instrumenten und Institutionen – in Organisation eben. Niemand fängt von vorne an. Immer schon ist etwas da, in das man hineintritt, an das man anknüpft.

Dieses Buch will also Ichstärke des Individuums und Struktursteuerung durch die Organisation vermitteln, und in der Tat lässt sich keins von beiden je ganz zum Verschwinden bringen (nicht einmal in totalitären Systemen). Ich will beiden Seiten die Ehre geben, weil ich der Überzeugung bin, dass sie sich nicht ausschließen und die Gefechtsstellung zwischen beiden künstlich ist.

reinhard k. sprenger

Dazu werde ich für die einzelnen Kernaufgaben der Führung je zunächst den institutionellen Rahmen als Bedingung von Führung beschreiben, und in einem zweiten Schritt die individuellen Eigenschaften, die geeignet sind, diese Führungsaufgabe zu erfüllen.

Was gibt's Neues?

Der erfahrene Leser wird mich fragen: Steht in Ihrem Buch etwas Neues? Erlauben Sie die Gegenfrage: Wann wurde jemals etwas Neues geschrieben? Wie oft schon hielt ich einen Gedanken für »neu« – und dann las ich etwas Ähnliches oder gar Identisches in irgendeinem alten Schmöker. Wirkliche Originalität ist äußerst selten. Ihr Anschein wird meistens von der Wortwahl und der Form der Darreichung erzeugt, nicht vom Inhalt.

Um die Frage nach dem Neuen trotzdem zu beantworten: Natürlich knüpfe ich an das an, was ich schon in früheren Büchern formulierte. Aber dennoch: Ein solches Buch, das die *Kernaufgaben* von Führung archäologisch herauspräpariert, gab es noch nicht. Ein Buch, das umfassend und unter Vermittlung von systemischen Vorgaben und individuellen Eigenschaften beschreibt, was an Führung wirklich zeitlos und essenziell ist, das gab es noch nicht. Wer also mit diesem Buch führt, der führt radikal, *weil er die Wurzeln der Führung kennt.* Und so hoffe ich denn, dass mein Schreiben ein Säen ist und neue Wurzeln bildet.

Führung

Führung ohne Wissen um ihren Zweck ist »grundlos«. Daher steht die Frage nach dem Zweck der Führung am Anfang unserer Betrachtung. Im Anschluss daran wenden wir uns der Führung selbst zu, fahnden nach *guter* Führung sowie nach den Bedingungen, die Führungs-Verhalten prägen.

Wozu Führung?

Der Zweck der Führung

Wofür werden Führungskräfte bezahlt? Um diese Frage zu beantworten, will ich mit einer scheinbaren Selbstverständlichkeit beginnen. »Wirtschaften« kommt von »Wert schaffen«. Darum geht es auch im Unternehmen – als einer Form des Wirtschaftens. Und in Unternehmen gibt es so etwas wie »Führung«. Welchen Wert schafft Führung? Fragen Sie sich selbst: Was ist Ihr Beitrag als Führungskraft? Was verkaufen Sie Ihrer Firma? Warum stehen Sie auf der Gehaltsliste? Es überrascht, dass die Frage nach dem Endprodukt von Führung bisher wenig beachtet wird. Immer geht es um das WIE der Führung, um »richtiges« und »gutes« Management, um Führungsstile und Techniken, die je nach Sichtweise mehr oder weniger sympathisch klingen. Von der Überbetonung des Führungsstils sich zu verabschieden scheint aber dringend erforderlich. Wir müssen bei der Führung vom Mittel zum Zweck kommen. Was ist der *Zweck* der Führung?

Die konzentrierteste Antwortet lautet: das Überleben des Unternehmens zu sichern. Ein Unternehmen strebt – wie alle sozialen Systeme – nach Selbsterhaltung. Es geht vorrangig darum, weiter zu existieren, weiter »mitspielen« zu dürfen. Und dafür sollen Führungskräfte – Sie! – einen Beitrag leisten.

Um zur Überlebenssicherung des Unternehmens beizutragen, muss mindestens eine Voraussetzung gegeben sein: Die Führungskraft muss mehr leisten, als sie kostet. Wir vergessen oft, dass wir nur dann eine Existenzberechtigung im Unternehmen haben, wenn das der Fall ist. Wenn unsere Produktivität höher ist als unser Preis für das Unternehmen. Oder, um es noch grundsätzlicher auszudrücken: Wenn wir mehr »geben« als »nehmen«. Man darf mit Recht bezweifeln, ob dieser Grundsatz überall befolgt wird.

Sie mögen vielleicht einwenden, das »Überleben des Unternehmens« sei für Sie keine relevante Kategorie, Sie seien kein Mitglied der Geschäftsführung, Ihnen seien Ihre Ziele präzise vorgegeben. Das ist sicher zu berücksichtigen. Aber wenn wir uns auf das Wesentliche reduzieren, auf das Kerngeschäft der Führung, dann ist dies auf allen Führungsebenen nahezu gleich. Unterschiedlich ist nur die Reichweite.

Und einen *Beitrag* zur Überlebenssicherung zu leisten – das werden Sie sicher für sich reklamieren. Was immer das sein mag: Umsatz, Wachstum, Kostenreduktion, Temposteigerung,

reinhard k. sprenger

Senkung des Krankenstandes, geringere Fluktuation, kürzere Lieferfristen.

Das Überleben sichern – diese sehr allgemeine Antwort auf die Frage nach dem Zweck der Führung lässt sich schlecht operationalisieren. Woran soll man Ihren Beitrag zur Überlebenssicherung festmachen? An irgendeinem Kriterium muss man ablesen können, ob Sie Ihren Job machen. Spielen wir einige von ihnen durch. Dabei gehen wir zunächst negativ vor – und schauen uns also an, wofür Sie das Unternehmen *nicht* bezahlt.

Dafür werden Sie nicht bezahlt

Zum Beispiel: für Führung! Man stößt auf eine der größten Merkwürdigkeiten der Managementtheorie, wenn man sich klarmacht, dass Führungskräfte für alles Mögliche bezahlt werden, aber nicht für Führung. Führung gibt es nämlich nicht als »Ding an sich«. Auch nach jahrelangem Ausspähen ist mir, so sehr ich mich auch mühte, Führung als »Ding an sich« noch nicht begegnet. Sollte es mir über den Weg laufen, würde ich natürlich unverzüglich die Gemeinschaft der Interessierten informieren, aber in naher Zukunft wird wohl kaum damit zu rechnen sein. Nein, im Ernst: Ich habe noch niemanden gesehen, der wegen »guter Führung« befördert wurde. Wegen »guter Führung« wird man allenfalls entlassen. Auf Bewährung.

Selbst wenn Sie zögern, dieser Sichtweise zuzustimmen, vielleicht überzeugt Sie dies: Bei einer Schweizer Bank wurden Führungskräfte gefragt: »Werden Sie für Ihre tägliche Führungsarbeit anerkannt und belohnt?« Knapp 70 Prozent der Befragten verneinten diese Frage überwiegend oder vollständig. Die Konsequenz daraus ergab sich als Antwort auf eine andere Frage: »Verbringen Sie den größten Teil Ihrer Arbeitszeit mit Führungsaufgaben oder Sachaufgaben?« Deutlich über 70 Prozent gaben an, sich größtenteils mit Sachaufgaben zu beschäftigen.

Das kann dann vor dem Hintergrund der ersten Antwort nicht verwundern. Offenbar gibt es beim Thema Führung eine tiefe Kluft zwischen der guten Absicht und dem operativen Alltag. Nein, Führung wird nicht für Führung bezahlt. Fragen wir also weiter: Werden Sie für Ihre Teamfähigkeit bezahlt? Ich kenne zwar keine Stellenanzeige, in der nicht Teamfähigkeit als unabdingbare Einstellungsvoraussetzung ausgelobt wird. Aber die Unternehmenswirklichkeit spricht eine andere Sprache. Oder haben Sie schon mal gehört, dass ein Team befördert wurde?

Weiter, was ist mit Arbeitszeit? Werden Sie dafür bezahlt? Sicher nicht. Der Verkauf von Arbeitszeit dominiert zwar noch die alten Schornstein-Industrien, aber ein rein quantitativer Arbeitsbegriff gehört ins Archiv. Wir vergessen das oft, wenn wir mechanisch morgens zur Arbeit gehen, angestellt sind und einen festen Arbeitsvertrag haben – was immer heute »fest« bedeutet.

Verkaufen Sie denn »Motivation«? Mit Motivation allein ist noch nichts gewonnen; sie ist nicht einmal Voraussetzung für Leistung (wie in naiver Weise immer wieder behauptet wird), vielmehr deren *Folge*. Natürlich, Sie haben sich angestrengt, viele Stunden gearbeitet, waren immer erreichbar, immer zur Stelle – aber ist auch etwas dabei herausgekommen? Jedenfalls wäre es ein Irrglaube, dass es vorrangig um Fleiß und Einsatz ginge. Ihre Leistungs-*Fähigkeit* ist mindestens so wichtig. Zudem müssen die Leistungs-*Möglichkeiten* vorhanden sein. Also, auch viele »Versuche« (wie zum Beispiel Kundenbesuche) zählen nicht, mögen sie auch noch so zählbar sein.

Verkaufen Sie denn »Leistung«, auf die man sich oberflächlich gerne einigt? Jetzt wird es kompliziert. Leistung ist einer der Begriffe, die enorme Bedeutungs-Lasten bündeln und einfache Entscheidungen schlicht überfordern. Der Rückgriff auf die Physik – Leistung ist Kraft mal Weg unter Berücksichtigung der Zeit – führt in sozialen Zusammenhängen nicht weit. Vergleichen Sie mal den Mitarbeiter, der jedes Jahr 100 Prozent irgendeiner Messgröße abliefert, mit einem anderen Mitarbei-

reinhard k. sprenger

ter, der sich jedes Jahr um 10 Prozent steigert: von 60 auf 70 Prozent, von 70 auf 80. Wessen Leistung ist höher zu bewerten? Die Antwort fällt nur scheinbar leicht, 100 Prozent sind immer noch mehr als 80. Doch in der Steigerung der Leistung steckt eine Dynamik, die positiv auf das Unternehmen wirken kann. Die eine Leistung ist resultativ, die andere prozessual gedacht. Und es gehört eine Menge mehr zur »Leistung«. Auch nicht Zählbares: zum Beispiel, wie Sie Ihren Kollegen geholfen haben; auch angepasstes Verhalten etwa; oder die berühmte »Parkettfähigkeit«, über die der eine verfügt und der andere eben nicht.

Fragen wir uns ein letztes Mal: Verkaufen Sie denn »Ergebnisse«? Geht es um »Resultate«, wie es so oft zum »Leading for Results« verdichtet wird? Auch das greift zu kurz. Denn Daten und Fakten bedeuten zunächst einmal – nichts. Sie sind aussagelos. Erst, wenn sie mit Erwartungen verglichen werden, beginnen sie zu sprechen. Wenn Sie zum Beispiel eine Eigenkapitalrendite von – sagen wir – 20 Prozent erreichen wollen, dann kann das unter normalen Umständen ein hervorragendes Ergebnis sein. Hat der Wettbewerb aber 30 Prozent erreicht, dann ist Ihr Ergebnis ein Flop. Deutlich wird: Die Begriffe »Leistung« und »Ergebnis« täuschen eine Objektivierbarkeit der Arbeit im Unternehmen bloß vor. Als Grundlage für die Bewertung dieser Arbeit taugen sie nicht.

Aber wofür werden Sie dann bezahlt?

Für *Erfolg*.

Erfolg – was ist das?

Erfolg ist sozial anerkannte Leistung – also das, worauf sich zwei oder mehrere Vertragspartner geeinigt haben. Was immer das sei: Für ein Familienunternehmen kann langjährige Unabhängigkeit ein Erfolg sein, für den Manager die Entwicklung des Aktienkurses, für den Mitarbeiter die Lohnerhöhung oder die Karriere. Es mag Profit sein, Umsatz, Umsatzrendite, Kapitalrendite, Marktanteil, Fluktuation, Lieferfristen. Alles das kann als Erfolg akzeptiert werden. Der Begriff »Erfolg« ist mithin hier bedeutungsoffen gefasst. Füllen Sie in diese Hülse hinein, was Sie mögen!

Wichtig ist: Der Erfolg, also das, »worum es geht«, ist nicht gleichsam naturgesetzlich vorgegeben, sondern Verhandlungssache. Man muss sich nur einigen über das, was als Erfolg gelten soll. Diese Einigung gilt über einen definierten Zeitraum – und darf nicht unterwegs willkürlich verändert werden (was leider in der Praxis häufig geschieht). Hinterher vergleicht man die Ergebnisse mit der Vereinbarung, und wenn der Vergleich für uns positiv ausfällt, dann dürfen wir weitermachen. Wenn nicht, bekommen wir Schwierigkeiten. Erfolg hebt also Leistung heraus, macht sie erkennbar.

Mit Erfolg kann also ganz unspezifisch das gemeint sein, »was folgt« und was insgesamt dem Führungshandeln zugeschrieben wird. Erfolg muss dabei nicht notwendigerweise zählbar sein, er kann auch qualitativ sein. Ein Mensch kann in seiner Gesamtheit ja auch kaum von einem Buchhalter beurteilt werden. Es kann auch die Erfüllung eines normativ gesetzten Kriteriums gemeint sein. Zum Beispiel, welches Image ein Unternehmen im umgebenden Meinungsklima hat – auch dafür muss man Jahrzehnte arbeiten. Und Erfolg kann – wenn man sich darauf einigt – nicht nur im Ergebnisnutzen bestehen, sondern auch im Prozessnutzen, also dem Weg, auf dem ein Ergebnis erreicht wird. Dennoch: Immaterielle Werte sind in ihrem Rang nachgeordnet. Das zu ummänteln wäre töricht. Entscheidend ist, wie man so sagt, »was hinten rauskommt.« Erfolg ist die Gegenleistung für das Geld, das wir verdienen.

Manch einer wird mich schnurstracks über die »Eisberg-Theorie« aufklären wollen, nach der es zu kurz greife, nur auf die Spitze des Eisberges zu schauen. Neun Zehntel des Eisberges – die ergebnistragenden Prozesse – lägen unter der Wasseroberfläche verborgen; sie zu ignorieren hätte nicht nur der Titanic den Todesstoß versetzt. Es sei daher kurzsichtig, sich dem Ergebnis ausschließlich deshalb zuzuwenden, weil es messbar ist, und das Nichtmessbare zu ignorieren, wenn es doch wichtig ist. Wer wollte widersprechen? Vielleicht verweist er auf das berühmt-berüchtigte Beurteilungssystem »Neun-Box-Matrix« von Sergio Marchionne, dem Lenker von Fiat und Chrysler. Dieses trägt auf der einen Achse das »Potenzial« des Mitarbeiters ab, auf der anderen dessen »Performance«. Damit relativiert es den Erfolg; denn es spielt die Erwartung guter Leistung gegen den aktuellen Erfolg aus. Doch lassen wir es nicht an Klarheit fehlen: Wer über einen längeren Zeitraum so unterscheidet, verbrennt Geld, das ihm nicht gehört.

Um nicht missverstanden zu werden: Zweifellos ist es hilfreich, ein hohes Maß an Potenzial und Führungskompetenz im Unternehmen zu haben. Aber das ist kein Selbstzweck. Und es hilft nichts, Trost spendende Relativierungen sind vergeblich: Letztlich und langfristig verkaufen wir Erfolg. Und nicht Voraussetzungen dafür. Das ist bisweilen ungerecht, ja, bedauerlich, meinetwegen, auch unterkomplex, wie die Soziologen sagen würden. Aber wer das beklagt, sollte überlegen, wie viele erfolglose Manager über Jahre ihr Unwesen treiben durften, weil Seilschaften sie im Sattel hielten.

Gibt es »gute« Führung?

Führung wird also für Erfolg bezahlt. Und wir haben festgestellt, dass wir uns darüber verständigen müssen, was wir unter »Erfolg« verstehen. Diese Verständigung mag den meisten von Ihnen gelingen. Richtig kompliziert wird es, wenn nicht nur der Erfolg (das Ziel oder Ergebnis) gemessen und bewertet wird, sondern auch der *Weg* dahin ganz bestimmten Kriterien genügen soll. Dann geht es nicht mehr darum, *ob* eine Führungskraft einen Beitrag zum Überleben der Organisation leistet, sondern auch *wie* sie das macht. Umgangssprachlich nennt man das »gute Führung«.

Unternehmen oder Kirchen?

Hinter dem Konzept der »guten« Führung steckt ein Verlust von Unterscheidungen, der im Management zu beobachten ist. In einer Gesellschaft, in der das schlechte Gewissen zum Normalzustand wurde, moralisiert sich auch das Management, gerade nach den Ereignissen der Wirtschaftskrise. Betrieben sowohl von der Politik, den Medien, aber auch den Konsumenten müssen Unternehmen nicht etwa wirtschaften, nein, »verantwortungsvoll« sollen sie das tun. Nicht Qualität hat mehr ihren Preis, sondern der Grad moralischer Unbedenklichkeit. Und Führungskräfte sollen Modelle sein von Tugend, Moral und Werten, authentisch, »Vorbilder« möglichst, menschlich und fachlich gleichermaßen. Gefragt wird: Führt die Führungskraft »kooperativ«? Mit »langfristiger« Perspektive? »Ethisch einwandfrei«? »Nachhaltig« ist dabei das neue Vaterunser. Überall bemühen sich Unternehmen, durch Leitlinien, Führungsgrundsätze und andere säkularisierte Bibeln das Verhalten der Führungskräfte zu prägen. Die Melodie dazu: »Wir sind alle kleine Sünderlein«, Willy Millowitschs Karnevalsschlager aus den 60er Jahren. Gemessen werden Manager dann kaum mehr an ihren Erfolgen, sondern daran, ob sie auch bescheiden genug auftreten. Nicht wenige von ihnen erliegen der Verführung dieser Moral-Blähung. Sie reden mitunter, als hätten sie sich auf einen Kirchentag verirrt. Und machen weiter wie bisher – nur jetzt mit schlechtem Gewissen.

Lassen Sie uns nüchtern die Dinge klären. Erstens: Meinen zwei Menschen dasselbe, wenn sie von »guter Führung« sprechen? Zweitens: Ist es nachweisbar, dass »gute Führung« wirklich ursächlich für Erfolg ist? Drittens: Sind Unternehmen als Gesinnungsgemeinschaften zu verstehen (etwa wie politische Parteien)?

reinhard k. sprenger

Die Fragen stellen heißt, sie beantworten:»Nein«, lautet die Antwort in jedem der Fälle.

Zu eins: Seit Jahrzehnten sind Untersuchungen verfügbar, die Selbstbild von Fremdbild unterscheiden. Die meisten Führungskräfte halten sich zum Beispiel für»kooperativ«, werden aber von ihren Mitarbeiter häufig für autoritär gehalten. Entsprechend leicht ist es, jemandem»Führungsschwäche« vorzuwerfen. Eben, weil jeder unter»Führung« etwas anderes versteht, selbst wenn man sich auf einschlägige Formulierungen einigt.

Zu zwei: Es gibt bislang keine einzige Studie weltweit, die einen kausalen Zusammenhang zwischen»guter Führung« und Unternehmenserfolg nachgewiesen hätte – so sehr ich mir das auch wünschte. Beobachtet wurden gewisse Korrelationen, aber eine *ursächliche* Verbindung bleibt bislang Wunschdenken. Ein Grund (unter vielen): Der *Zufall* spielt für den Erfolg eine erhebliche Rolle. Was wäre aus Bill Gates geworden, wenn IBM den Vertrag über die Erstellung eines Betriebssystems für die neuen Personalcomputer nicht mit Microsoft geschlossen hätte? Durch einen ganz unwahrscheinlichen Zufall hatte sich sein Konkurrent zuvor selbst aus dem Rennen geworfen. So war der Weg frei für Gates' MS-DOS. Ungeklärt ist zudem die Frage: Führt gutes Führungsverhalten zum Unternehmenserfolg, oder erlaubt Unternehmenserfolg gutes Führungsverhalten?

Zu drei: In einer pluralistischen Gesellschaft müssen Unternehmen offen sein für unterschiedliche Werte, Traditionen und Gesinnungen. Eine zu»spezifische« Unternehmenskultur wäre ein Wettbewerbsnachteil. Deshalb sollten Unternehmen sich darauf konzentrieren, im Rahmen sicherer Eigentumsrechte und eines freien Wettbewerbs ihre ökonomische Kernfunktion zu erfüllen. Sie sind keine Kirchen. Und wenn eine Führungskraft *erfolgreich* ist und sich dabei *innerhalb des gesetzlichen Rahmens* bewegt, dann besteht kein Grund, korrigierend einzugreifen. Es sei denn, Sie sind aus der Abteilung»Gesinnungsnötigung«. Diese fördert Ja-Sager-Kultur, Anpassertum und Gesichtslosigkeit. Sie stützt die unselige Tendenz, berechtigte Individualinteressen gesinnungsethisch zu unterlaufen.

Soll also »gute Führung« nicht ein leerer Begriff bleiben, dann wäre doch das die entscheidende Frage: Bin ich als Manager bereit und berechtigt, betriebswirtschaftliche Nachteile in Kauf zu nehmen, um einer bestimmten Idee von »guter« Führung zu entsprechen? Wer eine unterscheidbare Sonderstellung dieses Wertes reklamiert, der muss fordern, dass auf Möglichkeiten des Geldverdienens verzichtet wird.

Das kann mit Wirklichkeitssinn niemand fordern. Das darf – übergangsweise – auch nur ein Eigentümer-Unternehmer tun; es steht ihm frei, sein eigenes Geld zu verbrennen. Ein Manager darf das nicht: Er verwaltet das Geld anderer Leute. Es wäre ein Handeln zu Lasten Dritter; es wäre, spreche ich es aus: kalte Enteignung. Langfristig aber zählt für den Unternehmer wie für den Manager der kalkulierbare Moral-Ertrag. Alles andere ist zeitgeistliche Schminke.

Unternehmen sind Veranstaltungen zur Erzeugung und zum Vertrieb von Gütern und Dienstleistungen. Dabei gilt zwingend das ökonomische Prinzip. Der Kern von Führung ist dabei die Überlebenssicherung dieser Veranstaltung. Es geht darum, den Bestand und die dauerhafte Rentabilität des Unternehmens zu sichern. Ein Unternehmen ist dann gut geführt, wenn es gute Produkte produziert und diese zu fairen, *marktgebildeten* Preisen anbietet – und gerade in letzter Hinsicht sind nicht wenige Unternehmen (weil subventioniert) in Deutschland schlecht geführt. Es bleibt also bei der *unternehmerischen Verantwortung innerhalb des rechtlichen Rahmens.* Gute Führung ist das, was genau das leistet.

Es gibt nur erfolgreiche und nicht erfolgreiche Führung

Ich will das bisher Gesagte auf den Punkt bringen: Es gibt keine »gute« Führung; es gibt nur »erfolgreiche« Führung – oder eben »nicht erfolgreiche«. Erfolg ist wichtiger als Führungsstil. Es gibt auch kein »richtiges« Management, das unaufhaltsames Vorwärtskommen garantiert. Es gibt auch keine »Führungspersönlichkeit«, die Merkmale aufweist, die gleichsam »automatisch« die Mitarbeiter energetisieren. Im Gegenteil: Beim »Evergreen Project« unter Leitung von Nitin Nohria (2009), bei dem 220 Erfolgsfaktoren des Managements bei 160 Unternehmen zehn Jahre lang beobachtet wurden, lautete das Ergebnis: Es besteht *kein* nachweisbarer Zusammenhang zwischen Persönlichkeitsmerkmalen der Top-Manager und dem wirtschaftlichen Erfolg der Unternehmen. Es ist irrelevant, ob der Geschäftsführer charismatisch, bescheiden, visionär, technokratisch, selbstsicher, zurückhaltend, vorbildlich oder authentisch ist. Und das entspricht exakt meiner Erfahrung. Die erfolgreichen Führungskräfte, denen ich im Laufe der Zeit begegnet bin, haben auf mich zum Teil extrem unterschiedlich gewirkt: Vom leise sprechenden Schöngeist über primitive Protzer bis zum eloquenten Souverän war alles dabei. Nur wenige von ihnen würde ich als charismatisch bezeichnen; ob sie als Vorbilder galten, war für mich nebensächlich; und sie verhielten sich (mir gegenüber) auch *nicht* authentisch. Glücklicherweise. Die meisten waren ganz normale Mitmenschen mit leicht überdurchschnittlichem Selbstbewusstsein. Mehr noch: Ich mache manchmal die irritierende Erfahrung, dass Manager, die keine Ansprüche an »gute« Führung haben, zum Teil ausgesprochen erfolgreich sind: Die Ergebnisse stimmen; die Atmosphäre zwischen den Menschen stimmt. Weit erstaunlicher noch: Eine Führungskraft, die geradezu einem Modellheft der Managementliteratur entsprungen scheint, scheitert unter optimalen Bedingungen. Wer immer das zu erklären versucht, spekuliert nur. Aber man sieht: Es ist wenig hilfreich, mit moralgetränkten Idealisierungen um sich zu werfen oder gedankenvoll nickend hochimpressionistische Urteile über »gute Führung« auszutauschen.

Aber brauchen wir nicht ein gemeinsames Führungsverständnis? Gegenfrage: Wie soll das aussehen? Was soll das sein? Beschreiben Sie mir einen *Unterschied*, an dem man das für alle sichtbar illustrieren kann! Sollten wir nicht jedem – innerhalb des legalen Rahmens! – die *Freiheit* geben, seinen eigenen Weg zu gehen? Können wir aushalten, dass es unterschiedliche Wege zum Führungserfolg gibt? Dass es kein gesichertes Wissen gibt über den ursächlichen Zusammenhang von Erfolg und einem bestimmten Führungsverhalten? Und dass es jedem freisteht, ein bestimmtes Ideal von »guter Führung« zu entwerfen, er aber – nach allem, was wir wissen – keineswegs sicher sein kann, dass es auch erfolgreich ist? Können Sie akzeptieren, dass Sie, anstatt Wirklichkeiten zu normativieren, besser Möglichkeiten verwirklichen sollten? Und dass Sie dabei auf eine direkte Einflussnahme verzichten, vielmehr *Hindernisse aus dem Weg räumen* sollten, die Erfolg vereiteln?

Was ist Führung?

Der *Zweck* der Führung ist nun hinreichend beschrieben. Aber was meinen wir denn, wenn wir von »Führung« sprechen? Was ist das eigentlich – Führung?

Führen als Nebenbei-Tätigkeit

Wie immer, wenn ein Begriff zu viel leisten muss, bleibt er unklar. Das gilt auch für Führung. Der Begriff ist positiv aufgeladen, darin ähnlich anderen Kollektivsingularen wie Freiheit, Bildung oder Fortschritt; aber auch rätselhaft, kalt analysiert und heiß diskutiert. Alle nutzen ihn, jeder versteht etwas anderes darunter. Viele Jahrzehnte akademischer Analyse haben Hunderte Definitionen hervorgespült, und doch gibt es keine, die eine gewisse Allgemeingültigkeit für sich beanspruchen könnte. Vielleicht gehört Führung zu den Dingen, die, wie Blaise Pascal meinte, man nicht definieren kann, ohne sie zu verdunkeln. Und nicht trotz, sondern *wegen* seiner Unklarheit ist der Begriff »Führung« so beliebt in der Wirtschaftswelt. Er eignet sich besonders dazu, Teilaspekte zum Dogma zu erheben, ohne dass man das begründen müsste. Über wenige Gegenstände ist daher so viel fugenloser Unfug geschrieben worden.

Versuchen wir dem Führungsbegriff näherzukommen durch Rückgriff auf das härteste Kriterium, das wir für Bedeutungszuweisungen haben: *Zeit*. Wenn wir wissen wollen, was einem Menschen wirklich wichtig ist, dann müssen wir schauen, wie er seine Zeit verbringt. Da können wir feststellen: Bei Terminkollisionen werden immer leicht die Führungs-Termine verschoben. Und wer die Frage stellt »Wie viel Zeit verbringen Sie mit eigentlichen Führungsaufgaben?«, löst regelmäßig großes Rätselraten aus, was denn »eigentliche« Führungsaufgaben seien. Die weitaus treffendste Zustandsbeschreibung hörte ich von einem Manager des amerikanischen Autoteilekonzerns Federal Mogul: »Ich habe keine Zeit zum Führen, ich muss ja noch arbeiten.« Volltreffer. Führen ist offenbar keine Arbeit, sondern eine Nebenbei-Tätigkeit, die gleichsam verschiedene Handlungen verbindet und zu einem verstehbaren Ganzen ordnet. Und sie wird in umso stärkerem Maße zu einer Nebenbei-Tätigkeit, je weiter man die Hierarchie hinabsteigt.

Führen als Etikett

Versuchen wir es weiter mit Praxis. Es gibt kaum etwas, was Führungskräfte mehr interessiert, als eine Antwort auf die Frage, was sie eigentlich tun. Problematisch sind aber nicht die wenigen Antworten, sondern ihre Überzahl. Ist Führung Wissenschaft? Kunst? Handwerk? Beruf im klassischen Sinne? Fragen Sie sich selbst: Was ist *Ihr* Selbstverständnis als Führungskraft? Dirigieren Sie ein Symphonie-Orchester, wie oft zu lesen? Formen Sie – wie Altmeister Peter Drucker meinte – aus vielen Einzelleistungen eine Gesamtleistung? Formulieren Sie Strategien, planen Sie oder denken Sie »voraus«? Verstehen Sie sich als »Troubleshooter« oder eher als »Jongleur«? Entwickeln Sie Visionen und weisen Sie den Weg? Stürmen Sie voran wie die preußischen Soldatenführer? Oder gehen Sie »hinter« den Menschen, wie es buddhistische Weisheitslehren empfehlen? Wahrscheinlich von allem ein bisschen. Manche halten Führen gar für eine innere Haltung, eine bestimmte Qualität des Bewusstseins. Aber irgendwie scheint man durch diese bildhaften Vergleiche dem Kern der Führung auch nicht näherzukommen.

Bleiben wir daher noch einen Augenblick hartnäckig und schauen von außen auf das Handeln einer Führungskraft: Was tun Sie, wenn Sie führen? Was kann man *sehen,* wenn man Sie als Führungskraft beobachtet? Wahrscheinlich dieses: Sie reden viel – damit andere etwas tun. Sie sitzen in Meetings herum, telefonieren, sprechen mit Kunden, Kollegen, Mitarbeitern, reisen durch die Gegend, warten in Flughafen-Lounges auf den verspäteten Flieger, spielen mit Ihrem Handy und starren auf den Bildschirm Ihres Laptops. Als Sie noch nicht Führungskraft waren, haben Sie das so ähnlich zwar auch schon gemacht. Aber jetzt heißt es eben Führung.

Wenn zum Beispiel ein Mitarbeiter die Anweisung seines Chefs befolgt, ist das dann Führung? Oder ist das nicht allenfalls eine *Erklärung* für diesen Zusammenhang? Niemand kann in den Mitarbeiter hineinschauen und dort dessen Motivation erkennen. Vielleicht hätte der Mitarbeiter ja auch ohne die Existenz des Chefs genau das getan, was er tat.

Das korrespondiert mit der Antwort vieler Führungskräfte auf die Frage: »Was hat sich eigentlich an dem Tag geändert, als Sie Führungskraft wurden?« Die häufigste Antwort: »Nichts.« Im Grunde läuft alles so weiter wie bisher. Gestern *machten* Sie etwas, heute *führen* Sie – tun aber mehr oder weniger dasselbe. Denn Leistung, Verantwortung und Kommunikation gibt es ja auch jenseits der Führungsaufgabe. Erst später dann verschieben sich ein paar Schwerpunkte, kommen ein paar Handlungen dazu.

Führung ist also kein Ding, welches man unmittelbar wahrnehmen könnte, sondern ein Etikett, das von außen aufgeklebt wird. Wer Führung beobachtet, setzt sie als Motivationshintergrund bestimmter Handlungen *voraus*. Sie ist eine zusammenfassende Beschreibung für unterschiedliche Handlungen, die halt irgendwohin »führen«. Man kann diese Verhaltensweisen registrieren, aber ihr Sinn wird hinzugefügt – er ist Zuschreibung. »Führung« ist mithin ein Konstrukt. Wie der Yeti, der rätselhafte Schneemensch: Alle sprechen darüber, aber noch niemand hat ihn je gesehen.

Lassen Sie uns festhalten: Wir sollten nicht um jeden Preis definieren wollen, was Führung ist. Es ginge uns leicht wie einem, der ein Echo zum Sprechen bringen will. Führung realisiert sich in ihren Auswirkungen. Man kann sie nicht sehen, sondern nur machen.

Wer beobachtet wen beim Beobachten?

Für die Nicht-Sichtbarkeit von Führung gibt es drei Gründe.

Der *erste* Grund ist die Tatsache, dass gerne von Führung gesprochen wird, wenn sie zu fehlen scheint. Wenn sie vermisst wird, ähnlich wie Vertrauen, dann wird sie kenntlich: »Hier ist doch Führung gefordert«, heißt es dann, oder: »Das ist doch Chefsache!« Und wenn eine Organisation ein Problem hat, dann wird von »mangelnder Führung« gesprochen. In ihrer Nicht-Sichtbarkeit ähnelt Führung der Hausfrauenarbeit, die oft erst dann wertgeschätzt wird, wenn sie ungetan bleibt.

Die tiefere Bedeutung von etwas Wichtigem erfassen wir ohnehin erst, wenn wir zuvor nicht darauf achteten, es nun aber vermissen. Führung ist daher – so hätte es der Philosoph Martin Heidegger gesagt – in ihrer Anwesenheit abwesend. Ihre Erscheinungsweise ist ihr Nicht-Vorhandensein. Je mehr wir uns mit Führung beschäftigen, desto weniger scheinen wir davon zu haben. So wie viele Dinge nur vor dem Negativen sichtbar sind. Die Entdeckung der Raumfahrt war ja nicht der Weltraum, sondern die Erde, die bis dahin für ihre Bewohner immer unsichtbar war, nun aber sichtbar wurde wie eine bewohnbare Insel in einem Meer der Unbewohnbarkeit.

Der *zweite* Grund liegt in der Tatsache, dass es für Führung kaum ein Set festgelegter Verfahrensweisen gibt. Anders als in der Medizin oder bei der Tätigkeit eines Ingenieurs gibt es wenig kodifiziertes Wissen, wenig Regeln und eben keine Gesetzmäßigkeiten, die allgemeine Gültigkeit beanspruchen könnten. Deshalb kann bei der Führung auch jeder mitreden.

Der *dritte* Grund ist: Führung ist immer schon sozial eingebunden und konstituiert sich in der Begegnung mit anderen. Sie kann also ihre Identität nicht aus eigenen Mitteln gewinnen (etwa qua Anspruch, »natürlicher« Autorität, Positionsautorität oder Training), sondern bleibt auf die *Bestätigung durch andere* angewiesen. Das heißt: Führung, was immer Sie darunter verstehen, muss von anderen anerkannt werden, sonst existiert sie nicht. Diese Anerkennung ist abhängig von dem,

- ▸ was überhaupt beobachtet werden kann,
  - ▸ was davon tatsächlich beobachtet wird,
    - ▸ wer da wen beobachtet und
      - ▸ welche Beziehung das Beobachtete zum Beobachter hat.

Die Interpretationen können sehr weit auseinanderliegen. Der eine Beobachter kann eine Handlung für aktive Führung halten, was einem anderen eher als Passivität erscheint und einem dritten vielleicht gar nicht auffällt. Wie oben gesagt: Führung ist ein Echo Ihres Handelns – andere halten das, was Sie tun, für Führung. Für wieder andere rennen Sie bloß herum und bringen alle durcheinander.

Die Anerkennung von Führung hat in hierarchischen Systemen zwei Seiten: hierarchisch »oben« und »unten«. Und da kann »oben« etwas anderes beobachten als »unten«. Bleiben wir zunächst bei »hierarchisch oben«. Es gibt nachweislich etliche Menschen, die ausgeprägte Führungseigenschaften aufweisen, jedoch keine Führungskräfte geworden sind. Aus irgendeinem Grunde wurden sie übersehen, übergangen, passten nicht zur Linie, waren gerade nicht zur Stelle oder als Sachbearbeiter unabkömmlich. Stellt man also Ihnen die Frage »Warum wurden Sie Führungskraft?«, dann mögen Sie mit Recht auf Ihr Talent verweisen. Eine nüchterne Antwort könnte aber lauten: Weil Führung mit dem Finger auf Sie gezeigt hat! Weil eine hierarchisch höher gestellte Führungskraft Sie für fähig hielt. Das geht meist nicht sehr wissenschaftlich zu, auch oft nicht fair, schon gar nicht »objektiv« – aber das System will es so. Und eine bessere Alternative ist weit und breit nicht zu sehen. Führung ist mithin das, was Führung als Führung definiert.

Für Karriereorientierte ergibt sich daraus die Frage: Von wem werde ich beobachtet? Und in Bezug auf was?

Wenn nun »Hierarchisch oben« sagt: »Sie sind jetzt Führungskraft!« – sind Sie dann eine? Formal ja, etwa im Sinne eines verwaltungstechnisch »Vorgesetzten«, mit Orden und Ehrenzeichen, disziplinarischer Gewalt und meist höherem Gehalt. Und Führung wird ja oft vorrangig als Ausübung formaler Autorität verstanden. Aber formale Autorität ist als Machtquelle sehr begrenzt. Nicht, dass jemand offen opponiert. Das geschieht selten. Die formale (und damit angemaßte) Positionsautorität wird vielmehr *leise* von den Mitarbeitern ausgebremst. Sie lassen die Impulse ins Leere laufen, lassen Initiativen verebben. Und ein Stein im Sumpf wirft bekanntlich keine Ringe. Wenn Führung also etwas bewirken will, dann ist sie von der Zustimmung der Mitarbeiter *abhängig*.

Wechselseitige Abhängigkeit

Das hat der Philosoph Friedrich Hegel mit dem Gleichnis vom Herrn und Knecht in unvergängliche Form gegossen. Wir können die philosophische Grundproblematik hier beiseitelassen und uns nur für einen Aspekt interessieren: Wodurch wird der Herr zum Herrn? Dadurch, dass er vom Knecht anerkannt wird! Er ist auf die Anerkennung seiner Herrschaft durch den Knecht angewiesen – sein Status ist vom Knecht *abgeleitet*. Ohne Knecht ist er kein Herr. Der Mitarbeiter hingegen ist und bleibt Mitarbeiter auch ohne Führungskraft. Aber eine Führungskraft ohne Mitarbeiter gibt es nicht. Der Mitarbeiter ist die Bedingung ihrer Existenz.

Und wodurch wird der Knecht zum Knecht? Dadurch, dass er sich dem Herrn unterwirft. Der Herr ist nur Herr, indem der Knecht ihn als Herrn anerkennt; und der Knecht ist nur Knecht, weil der Herr ihn als Knecht anerkennt. Wir sind also in unseren Rollen, so Hegels Perspektive, *wechselseitig* abhängig von der Anerkennung durch andere. Das heißt: In jeder Führungsaufgabe sind wir auf das Mitsein-mit-anderen zwingend angewiesen. In gewissem Sinne lösen sich damit die Gegensätze zwischen Führen und Geführt-Werden auf. Im praktischen Leben ist es deshalb hilfreich, von *wechselseitiger* Abhängigkeit zu sprechen.

Nun ist Anerkennung ein nie abschließbarer, nie vollständiger Prozess. Um Anerkennung muss man täglich werben. Führung ist mithin ein Geschehen, das sich täglich ereignet und immer nur *eine* mögliche Beziehung zwischen Menschen beschreibt. Sie könnte auf die Anerkennung von unten natürlich verzichten – und es gibt ja auch nicht wenige Führungskräfte, die ihren Job lediglich deshalb behalten, weil sie von oben geschützt werden. Aber Sie werden als Führungskraft lächerlich, wenn Ihnen diese Anerkennung versagt wird. Wenn Sie glauben, Sie könnten führen, ohne dass Ihnen die Leute folgen.

reinhard k. sprenger

Fassen wir zusammen. Es ist ein Paradox: Führung ist *nicht direkt beobachtbar*. Und doch machen Beobachter die Führung zur Führung. Indem sie sie anerkennen.

Was prägt das Führungsverhalten?

Dass Führung nur erkannt werden kann, wenn sie beobachtet wird, verweist schon darauf, dass zu kurz springt, wer sie aus sich selbst heraus erklären will. So wie Führung für ihre Anerkennung den Anderen braucht, wird sie auch in der Praxis nicht allein durch die individuelle Führungskraft geprägt, sondern auch durch das System, innerhalb dessen sie agiert – durch Institutionen.

Führung ist mehr als Führungskraft

Die ersten Führungskonzepte der Managementlehre verbanden Führungserfolg eng mit *Eigenschaften des Individuums*. Bringt man es auf einen einfachen Nenner, dann galten charismatische Personen als natürliche Führer – männlich, versteht sich. Das Problem dieser Konzeptionen war, dass man hier kaum Gestaltungsspielraum hatte. Führung war »angeboren«. Man konnte es – oder man konnte es nicht.

Die nächste Theoriegeneration glaubte weniger an das »Angeborene«, vielmehr (im Zuge des Bildungsoptimismus der 60er Jahre) an die »Gestaltbarkeit«. Führung wurde nun als lernbar beschrieben. Man entwarf ein idealtypisches Führungsverhalten – gleichsam als Handwerk mit den entsprechenden Werkzeugkästen und für jedermann zugänglich, der nur lernen wollte. Man baute Video-Kameras auf, übte das »Mitarbeitergespräch« oder die »konstruktive Kritik« und polierte seine Instrumente: präsentieren, Sitzungen leiten, Arbeitsprozesse strukturieren.

Nun ist Führung sicher auch Handwerk. Aber schon das Führen eines Mitarbeitergesprächs, das den Ehrentitel des »Gesprächs« verdient, geht über das Handwerkliche hinaus. Man verstand daher Führung mit Blick auf Mitarbeiter zunehmend als Beziehungspflege: Das Menschliche wurde wichtiger als das Technische. Zudem wurde mehr und mehr anerkannt, dass Menschen unterschiedlich sind, dass Begriffe wie »Personal« oder gar »Belegschaft« diese Varianz nur ungenügend abbilden. Kurz: Nicht alle waren über einen Kamm zu scheren.

Aus dieser Erkenntnis entwickelte sich die Forderung des »situativen Führens«. Gemeint war damit die Fähigkeit der Führungskraft, das eigene Verhalten dem »Reifegrad« des konkreten Mitarbeiters anzupassen. Das war ein ambitionierter (wenn man kritisch sein will: überheblicher) Vorschlag, aber er war mit Blick auf die Mitarbeiter ungleich optimistischer als das Great-man-Denken der Vorgängergeneration. Im Kern aber war auch das »situative Führen« wenig mehr als das Vermeiden extremer Entmündigungsspitzen.

Das Problem all dieser Konzepte ist, dass Führung *personalisiert* wird – als einseitige, von einer Person ausgehende Einflussnahme. Führung ist danach Eigenschaft und Verhalten einer Person, eben der Führungskraft. Das heißt: Was sich als Effekt von Führung zeigt, wird einem Individuum zugerechnet. Die Führungskraft wird gedacht als aktiv-gebend-treibend, der Mitarbeiter als passiv-empfangend-angetrieben. In der Praxis hat sich dieses personenzentrische Konzept im Wesentlichen bis heute gehalten: Wer von Führung spricht, spricht im Regelfall von Führungskräften, von Menschen. Diese Individuen machen dann ihre Sache entweder gut oder schlecht.

Übergangen wird dabei zweierlei. *Einerseits* die Wechselwirksamkeit zwischen den Menschen. Das Verhalten eines Menschen ist ja nicht immer gleich, sondern wird von anderen Menschen in bestimmten Situationen beeinflusst. Die Interaktionen sind *zirkulär*, das heißt, man beeinflusst sich wechselseitig. Das bemerken Sie an sich selbst: In der Nähe mancher Menschen blühen Sie auf; in der Nähe anderer verkümmern Sie. Insofern griffen personenzentrische Konzepte schon immer zu kurz.

Zweitens, und weit wichtiger: Vollständig ausgeblendet blieb der *institutionelle Rahmen* eines Unternehmens, innerhalb dessen sich die Interaktionen vollziehen. Und dieser Rahmen prägt das Verhalten weit mehr, als die meisten Führungskonzeptionen anzuerkennen bereit waren. Führung »passiert« eben auch unpersönlich.

Die folgende Grafik fasst das bisher Gesagte zusammen:

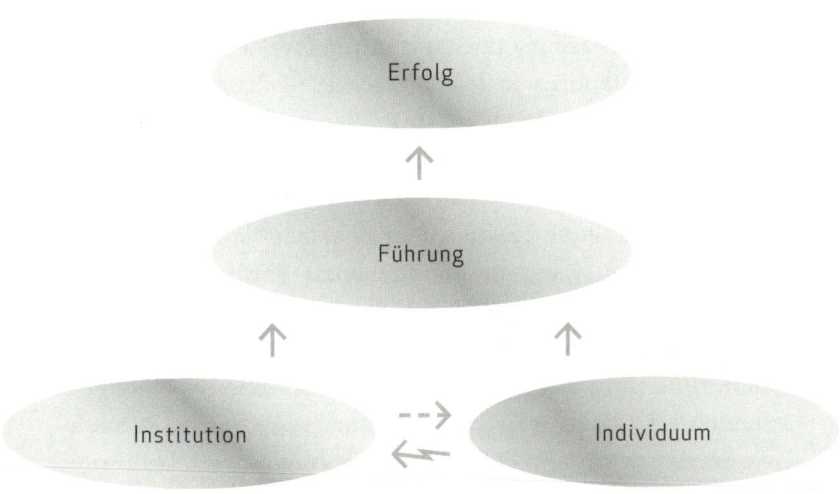

Institution und Individuum

Wenn wir über die Einflüsse nachdenken, die menschliches Führungsverhalten prägen, können wir mithin zwei Sichtweisen unterscheiden. Die eine *personalisiert* das Verhalten; sie fokussiert Charaktereigenschaften und Fähigkeiten von Einzelmenschen.

Nach diesem Entwurf sollen Führungskräfte vor allem starke Persönlichkeiten sein. Verantwortungsbewusst sollen sie sein, visionär und emotional intelligent (was immer das sei). Das ist die Stunde der Psychologie. Sie favorisiert eine eigenschaftstheoretische Sichtweise, die auf »gute Leute« blickt, ihre Einstellungen, Fähigkeiten und Talente. Richtige und falsche Entscheidungen resultieren dann aus der Kompetenz des *Individuums*, seinem Können und seinem Versagen. Es ist ein heldenhaftes Management-Konzept im besten Sinne, eine *heroische* Art des Führens, der Hitzepol des Führungsdenkens. Er oder sie führt!

Fragt man dann, was das Handeln der einzelnen Führungskraft prägt, so stößt man auf einen bunten Strauß psychodynamischer Erklärungen, die sich lebensgeschichtlich verdichten und zur Führungspersönlichkeit summieren. Das individuelle Führungsverständnis entwickelt sich ja auch zweifellos über familiäre Erfahrungen, wie zum Beispiel der Vater und die Mutter »führten«, auch über Sporttrainer oder Lehrer. Später dann die Erfahrung mit dem ersten Chef, die oft ein ganzes Berufsleben lang die positive oder negative Blaupause für das eigene Führungshandeln bildet. Hinzu kommen kulturelle Prägungen, die zum Beispiel Führung in Europa und Asien an wichtigen Punkten unterscheiden.

Führung ist in diesem Entwurf ein »Von-innen-nach-außen-Handeln«. Und wenn Sie wissen wollen, *warum* Sie so handeln, wie Sie handeln, dann gehen Sie in die Innenschau. Und sollte jemand an Ihnen eine Führungsschwäche entdeckt haben, dann leuchten Sie tief hinein in Ihre persönliche Geschichte, um eine Stellschraube zu finden, mit der Sie dieses Defizit korrigieren können. So weit, so bekannt.

Eine andere Sichtweise bietet die *Systemtheorie*. Sie erinnert daran, dass wir Menschen nicht nur agieren, sondern auch reagieren. Wir treffen auf Vorhandenes und passen uns an. Die Systemtheorie beleuchtet daher nicht isolierte Individuen, sondern das, was »zwischen« ihnen stattfindet. Sie spekuliert nicht über das Innenleben des Menschen, sondern beobachtet das

reinhard k. sprenger

konkrete Verhalten. Deshalb fragt sie nicht »Warum?«, sondern nur »Was?«

Dieser Entwurf interessiert sich besonders für die Prägekraft von *Institutionen*. Er schaut zum Beispiel auf die Systemeigenschaften unserer Wirtschaftsordnung und der Unternehmensorganisation. Entsprechend ist das Verhalten eines Menschen weniger »von innen« heraus bestimmt, sondern »von außen« angeregt. So zum Beispiel durch die Strukturen eines Unternehmens, die ein bestimmtes Verhalten der Menschen wahrscheinlich oder unwahrscheinlich machen – denken Sie nur an Richtlinien oder Büro-Architekturen.

Auch Führungskräfte sind keine frei schwebenden Charaktere, sondern eingebunden in die strukturelle Verfasstheit eines Unternehmens. Zwar entscheiden sie zwischen verfügbaren Alternativen, aber die soziale Realität des Führens beinhaltet zahlreiche *Vorentscheidungen*, die ihr Verhalten strukturieren. Der Rahmen ihrer Möglichkeiten ist durch Organisation, Prozesse und Abläufe bisweilen sogar eng gesteckt. Diese Prozesse wiederum werden als »Kommunikationen« gedacht, die bestimmte Botschaften aussenden und zur Anpassung auffordern. Das ist das, was man in der Pädagogik mit dem Begriff des »heimlichen Lehrplans« beschreibt (und damit den Kontrollapparat aus Lob und Tadel, Zensierung, Prüfung, Versetzung oder Nichtversetzung meint). Die Strukturen des Systems können so mächtig sein, dass sie die Bemühungen einer einzelnen Führungskraft nahezu aussichtslos machen. Gleichgültig, wie sie denkt und handelt, gleichgültig, welches Ziel sie sich vornimmt und wie sehr sie sich Mühe gibt: Die Prozesse bestimmen die Resultate. Wenn zum Beispiel Fehler vom System rigoros bestraft werden, dann werden die Bemühungen einer einzelnen Führungskraft um Kreativität und Innovation fruchtlos bleiben. Weil »Führung« (im Sinne der Institution) etwas anderes will – nämlich Fehlerfreiheit.

Wir sollten mithin nicht nur auf die individuelle Führungskraft schauen, sondern auch auf die historisch gewordenen und insofern vorgefundenen Rahmenbedingungen. Eine Führungskraft ist nicht nur das Produkt ihres Talents und Strebens, sondern immer auch das Produkt des institutionalisierten Betriebs, zu dem bestimmte Organisationsformen gehören, Instrumente, hierarchisierte Abläufe, Technologien. Mit Pierre Bourdieu kann man Führungskräfte als Akteure in einem sozialen Feld verstehen, dessen Spielregeln erkannt und anerkannt sein wollen, wenn man sich darauf erfolgreich bewegen will.

Gute Leute? Oder passende Leute?

Nehmen wir die klassischen Vergleiche, nach denen das Verhältnis zwischen Führungskraft und Mitarbeitern sei wie jenes zwischen Trainer und Mannschaft oder Dirigent und Orchester. Dann passt nun mal nicht jeder Dirigent zu jedem Orchester, und ebenso passt nicht jeder Trainer zu jeder Mannschaft. Ab einer gewissen Leistungsklasse gibt es keine absolut schlechten Führungskräfte. Aber niemand ist gut für alles. Es kommt auf die *Passung* an, auf die Konstellation. Und es gibt niemanden, der immer und überall passt. Aus dieser Perspektive ist Erfolg dann Ergebnis der Passung der Organisationsstruktur mit dem Individuum oder den Markterfordernissen; Misserfolg ist das Ergebnis »unpassender« Strukturen. Der institutionelle Rahmen gibt vor, ob jemand passt, zur Geltung kommt, wirksam wird. Das kann man gut an dem russischen Politiker Michail Gorbatschow illustrieren: Dessen Wirkung war sicher auch seiner Persönlichkeit zu danken; aber erst die historische Situation gab ihm die Chance, der zu werden, der er ist.

Für unseren Zusammenhang heißt das: Ein einzelner Mensch – und sei er noch so exzellent – reicht nicht aus, um das System zu verändern. Das System muss es auch wollen.

Die systemische Sichtweise fragt also nicht »Was macht eine erfolgreiche Führungskraft aus?«, sondern »Was ist erfolgreiche Führung?« Wenn sie von *Führung* spricht, dann meint sie vor allem die Strukturen, Instrumente und Organisationsentscheidungen. Eine Krise ist dann nicht vorrangig das Versagen Einzelner, ihrer Fehlkalkulation oder ihrer Habgier, sondern das Resultat des normalen Funktionierens der Strukturen.

Der Führungsentwurf, der dadurch entsteht, ist im besten Sinne ein Management ohne Helden, eine *nicht-heroische,* anti-titanische Art des Führens. Nicht er oder sie führt – »es« führt! Das ist der Kältepol des Führungsdenkens. An diesem Pol regt man sich nicht auf, es wird keine Leidenschaft gefordert. Diesem Entwurf eignet vielmehr eine gelassene Nüchternheit, den der idealistische Überschuss des personenzentrischen Denkens kalt lässt. Bekanntlich wächst der Idealismus mit der Entfernung vom Alltag.

Die Bedeutung des persönlichen *Führungsstils* wird in dieser Sicht überschätzt. Obwohl diese Sprach- und Denkfigur seit Jahrzehnten den Diskurs bestimmt, ist bis heute kaum erkenntlich, wie man einen Führungsstil einfach wählen kann – so wie man einen Schraubendreher wählt. Ich bin sehr skeptisch, ob man sich einen »autoritären«, »kooperativen« oder »transaktionalen« Stil aussuchen und ihn unabhängig von den organisatorischen Vorgaben des Unternehmens in Hunderten von alltäglichen Aktivitäten durchhalten kann. Damit will ich nicht sagen, dass persönlicher Stil irrelevant sei. Aber es geht dann mehr um die Art und Weise, *wie* eine Führungskraft etwas tut – etwa ein Mitarbeitergespräch führt, Entscheidungen fällt, sich selbst und ihre Arbeit organisiert. Weite Teile ihres Führungshandelns sind von der Organisation vorgegeben – wenn auch nicht alle. Erfolgreich ist wohl eher ein Manager, dessen Sosein ins Umfeld passt – zur Aufgabe, zu den Mitarbeitern, zum Chef, zur Unternehmenskultur. Vor allem aber zum Markt und den Kunden.

Fassen wir das zusammen, dann gilt: Alles Führen ist grundlegend charakterisiert durch die Polarität zwischen subjektiven Fähigkeiten und objektiven Möglichkeiten. Man kann auch sagen: zwischen *Führungskraft-Sein* und *Führung-Haben*. Führung findet also statt sowohl *aktiv* durch Menschen als auch *passiv* durch Strukturen (die wiederum aktiv von Menschen gestaltet wurden und werden). Damit ist Führung alles, was als Führung anerkannt ist. Führung ist die Gesamtheit der Führungs-Kommunikationen, nicht nur der Menschen.

Wenn aber Individuum und System in den Konflikt kommen und aufeinanderprallen, siegt im Regelfall das System. Sollte es mal anders sein, nennt man diese Individuen »Helden«. Oder, im tragischen Fall, »Märtyrer«.

Arbeit im System und Arbeit am System

Bringen wir die vorstehenden, eher theoretischen Überlegungen gleichsam »auf die Erde« und schauen uns die praktischen Konsequenzen an. Der personenzentrische Ansatz glaubt, man könne intrapsychische Vorgänge eines Mitarbeiters erkennen und entsprechend beeinflussen. Das systemische Denken hält das für naiv und lehnt eine solche Analyse ab. Im personenzentrischen Denken diskutiert man gerne die inneren Einstellungen der Mitarbeiter; man unterscheidet Menschen, für die das Glas halb voll ist oder halb leer. Im systemischen Denken sagt man: »Das Glas ist doppelt so groß, als es eigentlich sein müsste.« Also passt man die Glasgröße an. Die Frage »Was macht gute Führung aus?« beantwortet der personenzentrische Ansatz mit einer ganzen Palette von Persönlichkeits-Eigenschaften: visionär, entscheidungsstark, sozial kompetent und so weiter. Der systemische Ansatz antwortet: »Gute Führung ist, wenn der CEO sagt: Gute Führung!« Wenn wir fragen »Was wollen Manager?«, dann würde das personenzentrische Denken sagen: »Unternehmen erfolgreich machen, Ziele erreichen, Visionen umsetzen!«; das systemische würde antworten: »Manager wollen Manager bleiben!« Im Fußball wäre Real Madrid ein gutes Beispiel für den personenzentrischen Ansatz: Man holt sich die besten (oder nur die teuersten) Leute weltweit und stellt sie zu einer Mannschaft zusammen. Für den systemischen Ansatz stünde der FC Barcelona: Man hat eine Spielidee und sucht dafür die richtigen Leute.

Bleiben wir noch einen Augenblick beim Mannschaftssport, dann kann er noch in einem erweiterten Sinn als Beispiel dienen. Im personenzentrischen Denken hat man zum Beispiel ein Abwehrproblem, das man mit frischen Verteidigern lösen will. Man »personalisiert« also das Problem. Im modernen Mannschaftssport spricht man hingegen nicht mehr von einem Abwehrproblem, sondern von der »Organisation der Defensive«. Was auf den ersten Blick nur einen sprachlichen Unterschied macht, ist taktisch von erheblicher Konsequenz. Die Defensivarbeit beginnt vorn bei der Spitze, beim Stürmer, und verdichtet sich dann zurück bis hinein in den eigenen Strafraum. Es geht also um das Defensivverhalten der ganzen Mannschaft. Damit sind *alle* Spieler an der Defensivarbeit beteiligt, wie eben auch alle für die Offensive verantwortlich sind. Auf das Unternehmen übertragen: Muss nicht auch *jeder* im Unternehmen ein Verkäufer sein?

Die Arbeit *im System*, die von der personenzentrischen Führung traditionell bevorzugt wird, ist eine *direkte* Führung. Sie optimiert Vorhandenes, vorrangig Menschen, aber auch Instrumente. Systemperfektionierung ist ihr Ziel. Die Arbeit *am System*, die für viele Führungskräfte noch ungewohnt ist, ist eine *indirekte* Führung. Sie bevorzugt das Setzen von Rahmenbedingungen. Sie huldigt nicht dem Laisser-faire, aber verzichtet darauf, direkt und ständig in die Handlungen der Menschen einzugreifen. Sie akzeptiert Unterschiede, auch eine stärkere Volatilität, die sich vielleicht etwas glätten lässt, aber nicht zu verhindern ist. Sie weiß vor allem um die unbeabsichtigten Nebenwirkungen, die die Interventionen nach sich ziehen können. Der direkte Eingriff – die bevorzugte Geste des personenzentrischen Denkens – erfolgt nur im Notfall.

Sowohl bei der direkten als auch bei der indirekten Führung geht es um Verhaltensbeeinflussung der Mitarbeiter. Die Vertreter der direkten Führung sehen im Führen vor allem Beziehungsmanagement. Die Vertreter der indirekten Führung sehen die Aufgabe der Führung vielmehr darin, für optimale Arbeitsbedingungen der Mitarbeiter zu sorgen.

Der Manager: Held oder Opfer?

Eine sehr deutsche Reaktion auf diese Spannung ist das Denken im Entweder-oder-Modus. Entweder ist das eine richtig oder das andere, Schwarz oder Weiß, alles oder nichts. Geht man ins Extreme, dann verleitet das individualisierende Denken zu einer naiven Heroisierung des Einzelnen (»Alle mir nach!«, »Alles ist möglich, ihr müsst nur wollen!«). Entsprechend werden die Umstände des Handelns marginalisiert. Etwas, was sich in den Medien als Trend herausstellt: die immer stärkere Personalisierung von Rollenträgern der Wirtschaft. Das systemische Denken hingegen verleitet in seiner extremen Ausprägung zu einer ebenso naiven Schwächung des Einzelnen und zu einer Überdehnung des Strukturellen (»Ich bin Opfer!«, »Der Einzelne kann nichts tun!«).

Sind Manager nun Helden mit *Follow-me*-Aura, die mit visionärem Weitblick und strategischem Geschick das Unternehmensschiff durch die Fährnisse der Marktturbulenzen steuern? Oder sind sie lediglich Marionetten des Systems? Danach steuern sie nicht, sondern werden gesteuert – obwohl sie ihren Autonomieanspruch verzweifelt aufrechterhalten, schon allein, um hohe Gehälter zu rechtfertigen. Der empfindsame Leser wird spüren, dass hier auf einer Metaebene lebensphilosophische Großthemen in den Blick rücken.

Greifen wir auf ein Beispiel zurück, das wir zuvor schon haben anklingen lassen: *Zeit*. Zeit für Führung. Führungsarbeit, und sei sie administrativer Natur, braucht Zeit. Viele Einflüsse haben dazu geführt, dass sich der Zeitbedarf für Führungsaufgaben kontinuierlich erhöht hat. Und dies, ohne dass andere Ansprüche zurückgenommen wurden. Mehr noch: Auch die

reinhard k. sprenger

Ansprüche an Sachanforderungen sind gewachsen, etwa an ständige Erreichbarkeit oder Weiterbildung. Meistens ist es aber so, dass ein guter Sachbearbeiter zur Führungskraft gemacht wird und die Führungsaufgaben einfach hinzukommen, ohne dass die neue Führungskraft operativ entlastet wird. Zwar wird immer die Bedeutung der Führungsarbeit betont, den Führungskräften aber kaum die Zeit zugestanden, sich ernsthaft mit ihren Mitarbeitern zu beschäftigen. Viele Führungskräfte müssen oft auch noch »Vorarbeiter« sein, sie kämpfen um wichtige Kunden, arbeiten an Projekten, erstellen Präsentationen und versuchen, die Flut der E-Mails zu bewältigen. Dieser Spagat zwischen Teamführung und Sachkompetenz ist nicht schmerzfrei zu leisten. Manches kann man sicher optimieren, einiges besser priorisieren. Kommt aber von der Kundenseite Druck, drängt sich das Dringliche vor das Wichtige. Die Mitarbeiterführung hat dann meistens das Nachsehen.

Nimmt man die personenzentrische Perspektive ein, dann könnte man sagen: Wer wirklich will, der kann sich von Sachaufgaben befreien und Führungsaufgaben größere Bedeutung einräumen. Und das ist sicher eine vielfach zutreffende Analyse. Grund für die Zeitknappheit ist dann die Tatsache, dass manche Führungskräfte eine ausgeprägte Sozialallergie haben, sich als Sachbearbeiter gefallen und vieles lieber selbst machen. Lange bekannt: Vor die Wahl gestellt, eine Sachaufgabe zu lösen oder ein Mitarbeitergespräch zu führen, wählen drei von vier Führungskräften die Sachaufgabe. Will man das verändern, adressiert man die innere Einstellung der Führungskräfte: »Ihr müsst andere Prioritäten setzen!«

Nimmt man aber die Perspektive der Systemtheorie ein, dann sind Führungskräfte eingezwängt zwischen gestiegenen Erwartungen an Potenzialentfaltung und gleichzeitiger Ressourcenverknappung. Wie ein Altenpfleger, der heute ein Drittel seiner Arbeitszeit mit Dokumentationspflichten verbringt, so bleibt auch der Führungskraft für ihre Kernfunktion Führung immer weniger Zeit. Will man das verändern, adressiert man die Strukturen: »Wir müssen die Leute von Sachaufgaben entlasten!« (Und macht dann doch die Erfahrung, dass viele Führungskräfte weiterhin die Sachaufgaben vorziehen.)

Führen nun Menschen? Oder führen Strukturen, die am Wollen der Führungskräfte »vorbei« führen? Die Wahrheit liegt sicher nicht im Entweder-oder. Wir sind gut beraten, uns nicht in diese Alternative zwingen zu lassen. Wir können uns durchaus zwischen den Extremen hindurchschlängeln und beide Seiten anschauen. Dann kommen wir zu einem vollständigeren Bild. Führungskräfte haben also Führung (durch das System) zugleich hinzunehmen wie zu gestalten. So gelingt es vielen von ihnen, sich Freiräume zu schaffen, das Vorgegebene klug zu arrangieren und die Chancen zu nutzen, die sich ihnen bieten.

Wir entscheiden uns deshalb im Folgenden für eine Kombination von beiden Ansätzen. Weder sollen die »externen« Einflüsse der Unternehmensstruktur und ihre darin eingelagerten Normen zu großes Gewicht erhalten, noch sollen die »internen« Faktoren wie Einstellungen und Fähigkeiten der Führungskräfte dominieren. Probleme entstehen in Unternehmen, wenn direkte und indirekte Führung nicht abgestimmt sind. So zum Beispiel, wenn die indirekten Botschaften der Führungsinstrumente in eine völlig andere Richtung weisen als die direkten sprachlichen Botschaften.

Das System hat ein Gesicht

Die Beschreibung des institutionellen Rahmens als wesentlichen Einflussfaktors für das Führungsverhalten lädt ein zum Opfer-Verhalten. »Was kann ich schon tun, ich bin doch nur ein Rädchen im Getriebe« – diese Reaktion liegt nahe. Und falls Sie sich nun ermuntert fühlen, sich bequem zurückzulehnen, weil doch, ach, die Strukturen zentnerschwer auf Ihnen lasten, dann will ich Ihnen zurufen: Moment noch! Aus der Sicht des Mitarbeiters repräsentieren *Sie* den institutionellen Rahmen!

Das System hat ein Gesicht, ein persönliches: Es ist das Ihre! Als Chef sind Sie es, in dessen Handeln alle Unternehmens-Botschaften zusammenlaufen. Sie bilden die Einheit von Führung und Führungskraft, von personenzentrischem und systemischem Denken; in Ihnen wird auch die indirekte Führung direkt. Sie sind gleichsam die institutionelle Verkörperung des Unternehmenszwecks, der Werteträger. Ihre bare Anwesenheit »kommuniziert« das organisatorische »Sollen«! Ob Sie das wollen oder nicht. Und zumeist werden Ihnen von Ihren Mitarbeitern auch Entscheidungsspielräume unterstellt, die Sie faktisch gar nicht haben. Ist das fair? Nein. Ist das gerecht? Nein. Aber aus der Sicht des Mitarbeiters ist das praktisch.

Dieser Verantwortung müssen Sie sich stellen – sonst ist es besser, Sie suchen sich einen anderen Job. Denn der Mitarbeiter unterscheidet nicht zwischen Ihrem individuellen Wollen und der strukturellen Verfasstheit des Unternehmens. Deshalb sollten Sie sich immer zuerst die Frage stellen: »Was tue ich dazu, dass der Mitarbeiter sich so verhält, wie er sich verhält?« Er reagiert auf Sie. Er passt sich Ihnen an, mal mehr, mal weniger, im Guten wie im Schlechten. Der Verweis auf den institutionellen Rahmen ändert also nichts an der *Selbstverantwortung* der Führungskraft.

Noch einmal, weil es für das Folgende wichtig ist: In Ihrer Rolle als Chef fallen der individuelle und der systemische Ansatz zusammen. Für den Mitarbeiter »sind« Sie das Unternehmen. Und genau in dieser Rolle sind Sie immer in der Verantwortung.

Wie kann Führung Wandel bewirken?

Allen traditionellen Führungsdefinitionen ist gemeinsam, dass eine Führungskraft das Verhalten des oder der Geführten zielbezogen beeinflusst. Führung versucht, gewünschtes, aber unwahrscheinliches Verhalten von Mitarbeitern wahrscheinlicher zu machen.

Wenn wir nun den systemischen Ansatz aufgreifen, dann setzen wir uns mit der Paradoxie auseinander, die darin besteht, etwas absichtsvoll gestalten zu wollen, was ohnehin geschieht: Führung. Wenn Sie also etwas ändern wollen (etwa, weil der Erfolg ausbleibt oder etwas nicht Ihren Erwartungen entspricht), dann sollten Sie *zunächst* auf den institutionellen Rahmen schauen. Das ist gelebte Kontextsensibilität: Eine erfolgreiche Intervention wird zuerst Institutionen, kulturelle Traditionen und mentale Kollektivprogramme in den Blick nehmen.

Diese Fragen sollten Sie also stellen dürfen, ohne gleich als Utopist denunziert zu werden:

▸ Welche Institutionen *behindern* das Angestrebte?
  ▸ Welche organisatorischen Engpässe machen den Erfolg unwahrscheinlich?
    ▸ Welche Führungsstrukturen stehen im Widerspruch zum Gewollten?

Erst wenn Sie dort aufgeräumt haben, erst wenn Sie systemische Blockaden zur Seite geschafft haben, wenn Sie also die »Bedingungen der Möglichkeit« des Erfolges verbessert haben, dann können Sie auch das Individuum anschauen. Denn natürlich gibt es Fehlbesetzungen, natürlich gibt es Unfähigkeit, natürlich gibt es Versagen. Aber mehr noch gibt es strukturellen Fehlentscheidungen.

Individuen sind das, was sie sind, für und durch sich selbst. Im Unterschied zu Institutionen, deren Wesen ausschließlich in ihrer Funktion für das Ganze liegt. Wenn wir die Kernaufgaben der Führung vom Ganzen her denken, dann hat der Blick auf das System Priorität. Er nimmt die strukturellen Dynamiken ernst, die hinter dem Rücken der Manager wirken, kann daher den Einseitigkeiten des individualisierenden Denkens entgehen. Er wird der Komplexität gerecht, in der sich Manager bewegen. Er verzichtet auf vereinfachende Moralisierung wie auf unanalytisches Pathos, welches den Blick auf die zentralen Stellgrößen des Führungshandelns verstellt. Er verzichtet auf die naive Vorstellung, Zielabsichten ließen sich bei Mitarbeitern umstandslos in zielwirksame Handlungen umsetzen.

Der normative Vorrang des Organisatorischen vor dem Individuellen: Das ist kein Pessimismus, keine Absage an die Tatkraft und das Talent des Einzelnen, sondern eine realistische Einschätzung der Sachlage. Wie ich in einem anderen Zusammenhang schrieb: Kluge Menschen haben in dummen Organisationen keine Chance.

Fassen wir zusammen: Warum scheitern so viele Initiativen zum Change-Management, warum gelingt der Wandel nicht? Weil vorzugsweise die direkte Führung des personenzentrischen Ansatzes exekutiert wird. Zwar gehört heute der Hinweis, dass ein rein personenzentrisches Vorgehen nicht ausreicht, zum normativen Pflichtpensum der Wohlmeinenden. Tatsächlich aber passiert wenig. Das Verändern der Strukturen bleibt tabu. Warum? Weil man glaubt, Menschen seien leichter änderbar. Weil man organisatorische Entscheidungen überdenken müsste. Weil man den Spiegel wenden, sich auch selbst in Frage stellen müsste. Aber so sind es immer die anderen, die sich ändern müssen. Das Motto dazu: »Wir machen die Dusche an und stellen die anderen drunter.«

Wie kann der Wandel gelingen? Indem wir an die Wurzel gehen. Indem wir uns auf die Kernaufgaben der Führung konzentrieren. Indem wir beides anschauen: Individuum und institutionellen Rahmen.

Das will ich im Folgenden tun.

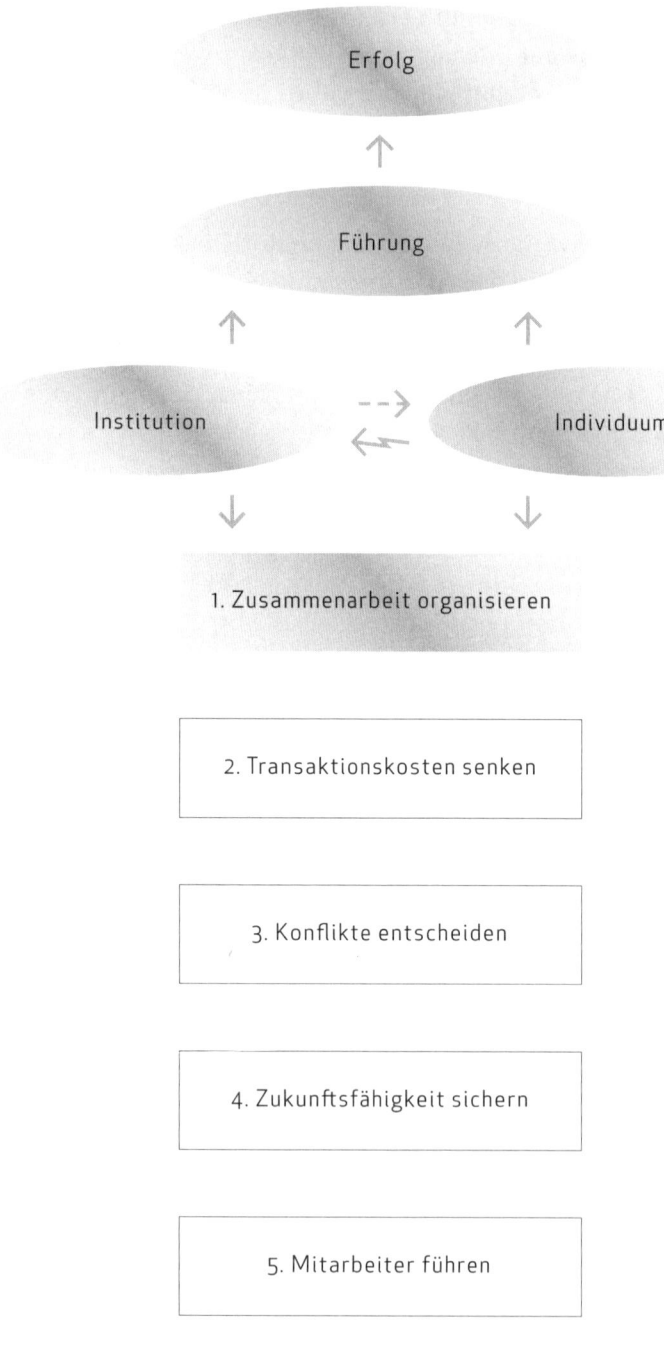

Erfolg

Führung

Institution   Individuum

1. Zusammenarbeit organisieren

2. Transaktionskosten senken

3. Konflikte entscheiden

4. Zukunftsfähigkeit sichern

5. Mitarbeiter führen

Erste

Zusammenarbeit organisieren

Kernaufgabe

Einer für alle, alle für einen

Eine kleine Naturgeschichte

Es gibt immer »natürliche« Erklärungen für bestimmte Verhaltensweisen. Und es gibt »kultürliche«. Die natürlichen Erklärungen werden von der Biologie oder der Anthropologie bereitgestellt, die kultürlichen von den Sozialwissenschaften. Das, was hier mit »Natur« gemeint ist, ist schlicht unser biologisches Gepäck, das uns durch einige Millionen Jahre Entwicklung als Gattungswesen mitgegeben wurde. Eine mächtige Mitgift. Wir sind gut beraten, der Stimme der Biologie wenigstens zuzuhören, bis wir sie mit kultürlichen Argumenten des Zeitbedingten zum Schweigen bringen.

Fragt man Anthropologen nach dem wesentlichen Unterschied zwischen Menschen und Affen, dann ist das nicht – wie man lange glaubte – die Sprache. Es ist die *partnerschaftli-*

che Grundhaltung. Anders gewendet: Bevor der Mensch sprechen kann, kann er gemeinsam planen und handeln. »Der vermutlich bemerkenswerteste Aspekt der Evolution«, schrieb der Evolutionsbiologe Martin Nowak, »ist ihre Fähigkeit, in einer konkurrenzorientierten Welt Kooperation zu erzeugen.« Es ist unklar, warum es dazu kam (ich folge hier vor allem Michael Tomasello) und warum andere Primaten von der Evolution dafür nicht ausgestattet wurden. Denn der Mensch war naturgeschichtlich ein Selbstversorger. Er kümmerte sich nicht in der Gruppe um Nahrung, Wohnung und Fortpflanzung, sondern allein. Sein Interesse an Kooperation war gering – wie bei anderen Primaten auch. Was aber veranlasste den »cooperative turn«, die Hinwendung zu gemeinsamem Planen und Handeln? Die wahrscheinlichste Antwort lautet: dass sich irgendetwas in der Umwelt verändert hatte, was ein Vorgehen »mit vereinten Kräften« überlebensnotwendig machte. Wahrscheinlich sahen sich Menschen zur gemeinsamen Nahrungssuche gezwungen – sowohl beim Sammeln als auch beim Jagen.

Es ist also weder unsere Sprache noch unsere Denkfähigkeit, die uns entwicklungsgeschichtlich einzigartig macht, sondern unsere Fähigkeit zur Kooperation: *geteilte Absicht, abgestimmte Handlungen, gemeinsame Zukunft*. Wer eine gemeinsame Absicht teilt, nimmt sich Aufgaben vor, welche die eigenen Möglichkeiten übersteigen. Und zählt darauf, dass sich die anderen zum Mittun bewegen lassen – aus welchen Gründen auch immer. Diese Handlungen sind durch ein gemeinsames Ziel und verschiedene, aber allgemein anerkannte Rollen gekennzeichnet. Und allen Handelnden ist bewusst, dass ihr Erfolg von ihrem wechselseitigen Einsatz abhängt.

Als also die Menschen zu kooperieren begannen, begab man sich in *wechselseitige Abhängigkeit*. Dem Einzelnen war es nun wichtig (mitunter überlebenswichtig), jenen zu helfen, von denen er abhängig war. Er war sich dessen bewusst und signalisierte, dass man sich auf ihn verlassen konnte. So empfahl man sich als Partner für zukünftige Beutezüge. Dadurch begannen die Individuen, sich mit der Gruppe zu identifizieren. Sie entwickelten neben ihrer individuellen Identität auch eine Gruppenidentität. Phänomene wie kollektiver Stolz und kollektive Scham weisen darauf hin.

Wenn also Individuen eine Absicht teilen, dann löst sich ihre Individualität nicht auf. Sie beabsichtigen ja je individuell eine gemeinsame Handlung. Zudem teilen sie die gemeinsame Handlung auf. Und drittens wissen sie voneinander – von individuellen Absichten und arbeitsteiligen Festlegungen. Aber sie bilden doch ein »Wir«, einen Sozialkörper, in dem sich die Beteiligten wechselseitig ihre Bereitschaft signalisieren, ihren Beitrag zum gemeinsamen Projekt zu leisten. Allerdings nur – und das ist die Bedingung –, wenn die anderen dies auch tun.

Was resultiert daraus für Führung?

Zusammenarbeit als Kern des Unternehmens

»Da stellen wir uns mal ganz dumm!« Was in der *Feuerzangenbowle* der Lehrer Bömmel seinen Schülern empfahl, das sollte auch uns gelingen. Denn um »radikal« zu werden im Sinne von »an die Wurzel gehend«, müssen wir eine scheinbar banale Frage stellen: *Warum gibt es Unternehmen?* Unternehmen hat es ja nicht schon immer gegeben – und wird es wahrscheinlich auch nicht immer geben. Systemisch gefragt: *Wie heißt die Frage, auf die Unternehmen die Antwort sind?*

Stellen Sie sich vor, Sie wollen etwas »unternehmen«. Sie haben Ambitionen. Aber Sie können Ihr Ziel nicht allein erreichen. Es gibt einfach Aufgaben, die überfordern einen Einzelnen: die Sache ist komplex; der Arbeitsaufwand ist groß; an mehreren Orten zugleich können Sie nicht sein. Sie brauchen also Hilfe. Sie brauchen die Hilfe anderer Menschen: ihre Hände, ihre Köpfe, ihre Energie – manchmal auch ihre Herzen. Sie brauchen Mitarbeiter.

Das ist der Ursprung des Unternehmens. Auf die Frage »Warum gibt es Unternehmen?« lautet die Antwort: Weil es Aufgaben gibt, die man nur *zusammen* bewältigen kann. Wenn ein Einzelner eine Aufgabe alleine bewältigen kann, sollte er es tun – zumindest aus ökonomischen Gründen. Das ist der Kern: Unternehmen sind um die Idee der *Zusammenarbeit* herum gebaut, sie sind auf Zusammenarbeit angelegt. Unternehmen sind *Kooperations-Arenen*.

»Zusammenarbeiten«, das ist – ausdrücklich! – *nicht* die Addition von Einzelleistungen. Sondern ein Ergebnis, das im Idealfall nur durch den *gleichzeitigen* Einsatz aller erzielt werden kann. Das ist Synergie, das ist der Nutzen von Pool-Ressourcen, unterschiedliche Qualifikationen ergänzen sich, ungleiche Kräfte verstärken sich, verschiedene Rollen greifen ineinander, man kennt sich und kann Vertrauensvorteile nutzen. So entsteht Leistungs-Partnerschaft.

Auch wenn Nobelpreise immer noch an Einzelforscher verliehen werden, auch wenn ein Unternehmen immer noch mit dem Eigentümer oder dem Vorstandsvorsitzenden identifiziert wird: Ein Manager kann nie alleine handeln. Und auch ein noch so leistungsfähiger Chef an der Unternehmensspitze kann ohne die Zuarbeit hervorragender Fach- und Führungskräfte nicht erfolgreich sein. Seine zentrale Fähigkeit ist es, andere für ein *Miteinander* zu gewinnen.

Wenn es der Sinn der Führung ist, das Überleben des Unternehmens zu sichern, dann ist die daraus resultierende erstrangige Führungsaufgabe, diesen Wesenskern zu hüten: Zusammenarbeit herbeizu»führen«, *die sich von alleine nicht ergibt.*

Verbinden, um zu stärken – darum geht es. Es muss gelingen, das Unternehmen als Solidargemeinschaft mit Blick auf eine gemeinsam zu gestaltende Zukunft zu entwerfen. Es geht dabei weniger um Altruismus. Vielmehr geht es um das Wechselseitige, den Mutualismus, durch den wir alle von unseren gemeinsamen Handlungen profitieren. Es geht um den Punkt, an dem sich das Leben des Einzelnen mit dem Anliegen aller

reinhard k. sprenger

berührt. Alles, was das Gemeinschaftliche fördert, ist dazu hilfreich. Alles, was es behindert, nicht. Letztlich läuft es auf die Frage hinaus, ob man *in* einem Unternehmen arbeitet oder *als* Unternehmen.

Was behindert Zusammenarbeit?

Zusammenarbeit organisieren – *die sich von alleine nicht ergibt.* Warum dieser Nachsatz? Für ihn gibt es mehrere Gründe.

Die heute dominierende Form der Unternehmensführung läuft – um mit Giorgio Agamben zu sprechen – auf eine »Enteignung des Gemeinsamen« hinaus, auf einen »Amoklauf« der Segmentierung, die letztlich die Zusammenarbeit als »Grund« der Unternehmens-»Gründung« verhöhnt. Infolgedessen ist das Bewusstsein der *wechselseitigen Abhängigkeit* in Unternehmen verloren gegangen. Die Arbeitsteilung spielt dabei eine Rolle, das Abteilungsdenken, Silostrukturen, die Individualisierung von Leistungszurechnung, der Autismus der Expertensysteme, geografische Umstände. Auch die Art und Weise, wie Medien Manager präsentieren, verführt Letztere dazu, sich als einsame Helden zu sehen, die auserwählt sind, ihre Unternehmen zu Höchstleistungen zu führen. Entsprechend unterentwickelt ist bei der heutigen Generation von Führungskräften das Bewusstsein, dass das *Ermöglichen von Zusammenarbeit* die wichtigste Führungsaufgabe ist. Sie sehen das Unternehmen mehr als prozesshaftes Verknüpfen von Einzelleistungen. Kennzeichnend dafür ist das allgemeine Erstaunen, wenn man »Zusammenarbeit ermöglichen« als die wichtigste Kernaufgabe ausweist.

Das zentrale Problem liegt in der Unwahrscheinlichkeit, dass es Managern dauerhaft gelingt, miteinander erfolgreich zusammenzuarbeiten. Oft wird man ja den Verdacht nicht los, dass gerade auf den Top-Etagen jeder nur seinen eigenen verdeckten Interessen folgt und man lediglich aus taktischen

Gründen oberflächlich kooperiert. Diese Unwahrscheinlichkeit der Kooperation hat eine personenbedingte Seite, und eine strukturelle. Wo genau die Grenze verläuft, ist – bis auf wenige pathologische Ausnahmen – schwer zu bestimmen. Aber man tut gut daran, das Strukturbedingte zuerst anzuschauen, bevor man den Scheinwerfer auf den Einzelnen richtet.

Denn weithin unreflektiert ist der *Formwandel*, dem das Arbeiten unterliegt, wenn man durch die Pforten des Unternehmens tritt. Man muss sich von seinem ausschließlich individuellen Fokus lösen, will man in seiner Rolle als Mit-Arbeiter teilnehmen an einer gemeinsamen Willensbildung, die über selbstversorgerische Grenzen hinausreicht. Das ist ein Lernprozess, der sich nur in einem entsprechenden Klima vollziehen kann. Dafür brauchen wir andere Institutionen, zumindest veränderte, vor allem aber eine andere Praxis innerhalb der bestehenden. Weil die meisten Unternehmen von selbstversorgerischen Eliten geführt werden, besteht ein gefährlicher Widerspruch zwischen der Aufforderung zu mehr Zusammenarbeit und deren strukturellem Dementi sowie dem, was insbesondere das Topmanagement für sich selbst »herausholt«. Der Mitarbeiter reagiert mit Teilnahmslosigkeit.

Die wichtigste Frage lautet daher für eine Führung, die Zusammenarbeit ermöglichen will: Wie löse ich die Spannung zwischen der expliziten Aufforderung zur Kooperation und deren individueller und struktureller Relativierung durch die tägliche Praxis im Unternehmen? Oder, noch konkreter: Wie präsentiere ich eine Aufgabe so, dass sie zur Zusammenarbeit einlädt? Das stellt gleichzeitig die Frage nach den Beziehungen, die aufgebaut werden müssen, um sie zu lösen. Das stellt die Frage nach den Mitarbeitern, die zu echter und vertrauensvoller Zusammenarbeit bereit und in der Lage sind. Das stellt vor allem die Frage nach einer Unternehmensarchitektur, die auf Zugangserlaubnisse, Barrieren, Würdefelder verzichtet und direkt-spontanen Kontakt ermöglicht.

reinhard k. sprenger

Anerkennt man die Zusammenarbeit als Zentralwert der Unternehmensführung, dann müssen viele Institutionen und Verhaltensweisen neu bewertet werden.

Aus gutem Grund, wie bereits dargelegt, beginnen wir bei den Institutionen.

Institution

Was Zusammenarbeit ermöglicht

Zusammenarbeit ergibt sich nicht von selbst. Sie muss den Menschen und den Umständen oft mühsam abgerungen werden. Im Unternehmen stellt sich täglich die Frage, wie Sie die Einzelinteressen synchronisieren können, wie *mehr* Zusammenarbeit möglich ist, wie man Gemeinschaftsgeist erzeugt und was uns gegenseitig Rücksicht nehmen lässt. Genauer noch: Wie können Sie in modernen Unternehmen die notwendige *Allgemeinheit* des sozialen Bandes mit der ökonomisch erwünschten und auch empirisch gegebenen *Individualität* vermitteln – einer Individualität, die selbstbewusst, zum Teil hoch ausgebildet ist und die sich nicht vom Kollektiv vereinnahmen lassen will?

Es ist klar, dass es auf der Basis von Unterdrückung oder bloßen Verfahrensweisen nicht gelingt, Gruppen oder Organisationen zu integriertem Handeln zu veranlassen. Schon gar nicht auf dem Niveau hochtechnologischer Industriegesellschaften. Dazu ist es erforderlich, dass sich die Akteure gewaltlos und freiwillig auf das *Selbstzeugnis der Sachen* einigen, um die es jeweils geht. Diese Gegenstände der Erfahrung haben eine Kraft, die wir als Realitätszwang erleben. Und dieser Anspruch, der von den Sachen ausgeht, beendet die Beliebigkeit von Interpretationen. Unser *Überleben* gehört zu den realen Dingen, deren Eigenschaften ganz unabhängig von unseren

Meinungen über sie sind. Seine Wirkung ist undiskutierbar. Wir erfahren es als Aufgabe, die notwendig und immer wieder neu gelöst werden muss.

Die Betriebswirtschaftslehre hat bislang viel zu wenig über den Ursprung der Führung nachgedacht, und damit auch zu wenig über den Ursprung der Zusammenarbeit. Dieser Ursprung ist so unüberbietbar trivial, dass es leicht ist, ihn zu übersehen und damit die Chance zu vertun, zu grundlegenden Antworten zu kommen. Der Ursprung der Zusammenarbeit ist – ein *Problem*. Genauer: Die Tatsache, dass ein Problem individuell nicht zu bewältigen ist, erfordert Zusammenarbeit. Mit Blick auf die Problemlösung sind wir wechselseitig abhängig; niemand kann ohne den anderen. Und Gesellung erwächst aus der Verständigung darüber.

Verständigung – sogar unter Gegnern. In einem gemeinsamen Problem können Sie auch mit Ihrem stärksten Widersacher verbunden sein. Warum? Weil Sie ihn brauchen, um das Problem zu lösen. Wirklich *brauchen* im Wortsinne. Wenn klar ist: Ohne den anderen geht es nicht. Dass er für das gemeinsame Problemlösen nicht ersetzbar ist. Deshalb müssen Sie ihn nicht mögen, aber doch so sorgsam und respektvoll mit ihm umgehen, dass Sie sich nicht selbst schwächen. Das heißt im Umkehrschluss aber auch: Sollten Sie ihn nicht brauchen, besteht kein »Grund« für Zusammenarbeit.

Wenn also Menschen nicht zusammenarbeiten, dann sind dafür selten individuelle Defizite verantwortlich. Zumeist fehlt ein Problem, das als *gemeinsames* Problem anerkannt ist. Dann ist keine Kooperationsdividende zu erzielen.

Wie oft schon stand ich vor Managern, von denen der Vorstand »verstärkte Zusammenarbeit« erwartete – die aber gar keinen Grund zur Zusammenarbeit hatten! Sie hatten einfach kein gemeinsames Problem. Man brauchte einander nicht; man war nicht aufeinander angewiesen. Die Manager (wohlgemerkt: desselben Unternehmens!) standen im Markt oft sogar im Wettbewerb gegeneinander. Man konnte sich deshalb auch luxuriöse Seitausfallschritte wie Dauerkonflikte leisten. Dann pflegte man seine Eitelkeiten, erlaubte sich Abfälligkeiten gegenüber Kollegen, Respektlosigkeiten gegenüber der Führung. Und verlor immer mehr die Marktposition.

Gemeinsam Probleme zu »wälzen« ist nichts Schlechtes – man muss sich den steinwälzenden Sisyphos (wie es Albert Camus tat) als glücklichen Menschen vorstellen. Einem Irrtum sitzen daher Menschen auf, die gemeinhin Probleme »abwälzen« – und nebenbei die Zusammenarbeit sabotieren.

Struktur der Probleme

Es müssen also gemeinsame Probleme sein, die wir auf uns selber beziehen und die uns herausfordern. Und wann fordern sie uns heraus? Wenn sie *wichtig* sind, vielleicht sogar, wie oben angedeutet, überlebenswichtig. Wenn es uns schlecht ginge, lösten wir sie nicht. Wer mit dem Rücken zur Wand steht, der mobilisiert allen erforderlichen Verstand. Je fundamentaler ein Problem ist, umso mehr weckt es uns auf. Nichts ist überzeugender als die Einsicht: »Ja, wir brauchen einander.« Und nichts motiviert mehr als die Erfahrung, dass der eigene Beitrag unverzichtbar für das gemeinsam zu bewältigende Problem ist. Die (Überlebens-)*Wichtigkeit* ist daher das erste Kriterium eines Problems, das Zusammenarbeit wahrscheinlich macht.

Das zweite lautet: Probleme müssen in einem hohen Maße *selbsterklärend* sein. Wenn man erst einmal zwölf Semester BWL studieren muss, um das Problem als Problem zu verstehen, erzeugt es keine Energie. Wer, wie die Kreditinstitute, den Mitarbeitern mit der Cost-Income-Ratio eine hochkomplexe und für den Uneingeweihten unverständliche Zielzahl vor die Nase hängt, der wird kaum erwarten können, dass sie begeistert losrennen.

Dass diese Forderung an Probleme bei hohem Komplexitätsdruck (vor allem von Seiten der Finanzmärkte) oft nur mit hohem Aufwand einzulösen ist, liegt auf der Hand. Und dazu brauchen wir eben Manager, die diesen Aufwand nicht scheuen – eben, weil sie verstanden haben, dass jener Sozialkörper, den wir Unternehmen nennen, eine Problemgemeinschaft ist, die von Problemen zu immer neuer Selbstdynamisierung angetrieben wird.

Probleme und Ziele

Das Wort »Problem« hören Führungskräfte ungern. Sie sprechen lieber von »Herausforderungen« oder »Zielen«. In manchen Unternehmen gibt es gar ausgeprägte Sprachreinigungsbemühungen, um das scheinbar Negative des »Problems« zu vermeiden. Das ist im Unwesentlichen richtig, im Wesentlichen falsch. Alles, was wir können, alle unsere Talente, verdanken wir Problemen. Probleme fordern uns auf, etwas zu verändern, sie lassen uns wachsen, lassen uns lernen, lassen uns neue Sichtweisen und Fähigkeiten entwickeln. Viele Entdeckungen wurden ja keineswegs gemacht, weil Menschen damit Geld verdienen wollten. Sie wollten vielmehr ein Problem lösen und damit der Welt etwas Gutes tun. Probleme sind jedenfalls keine Gegenspieler. Sie sind *für* uns da. Wenn Probleme *gegen* uns wären, müssten sie »Contrableme« heißen.

Sprachspielereien? Das sagen jene, denen es schwerfällt, Probleme von Zielen zu unterscheiden. Lassen Sie mich es so klären: Ein Problem hat Gewicht, es *muss* gelöst werden, damit die Existenz des Unternehmens oder der Unternehmens-Einheit gesichert ist. Ein Ziel hingegen ist »leicht«, es zu erreichen ist wünschbar, aber nicht notwendig; es *kann* erreicht werden, aber das Überleben des Unternehmens hängt nicht davon ab. Auf den Punkt gebracht: Jedes Problem ist ein Ziel, aber nicht jedes Ziel ist ein Problem. Das Ziel ist der weiträumigere Begriff, aber eben deshalb der schwächere. Wenn Sie aber kein Problem haben, dann greifen Sie nach Ersatz-Problemen – nach Zielen.

Nennen wir ein Beispiel. Wenn Sie fragen: »Was müssen wir erwirtschaften, um in fünf Jahren noch am Markt zu sein?«, dann wird Ihnen Ihr Controller problemlos die entsprechenden Daten liefern – Daseinsfürsorge und -vorsorge eingerechnet. Das ist dann ein Problem, das Sie lösen müssen, wenn Ihnen Ihr unternehmerischer Selbsterhalt wichtig ist. Wenn Sie hingegen fragen: »Wie erreichen wir eine EBIT-Marge von 20 Prozent?«, dann ist das ein *Ziel*, aber kein Problem. Jedenfalls nicht im Sinne der Überlebenssicherung. Deshalb mangelt es vielen Zielen an Legitimität, was sich in schwacher Motivation äußert. Warum sich dafür einsetzen? Wenn große Teile der Mitarbeiterschaft in den Widerstand gehen, dann liegt der Grund dafür oft in der fehlenden Unbedingtheit der Ziele. Oder sie haben ein Problem nicht als Problem erkannt. Oder nicht anerkannt. Mindestens aber ist die Veränderungsnotwendigkeit nicht evident. Im Umkehrschluss wurde oft beobachtet, dass Mitarbeiter zum Verzicht bereit sind, wenn das Überleben eines Unternehmens bedroht ist. Es bleibt dabei: Zusammenarbeit ergibt sich leicht aus gemeinsamen Problemen; bei Zielen fällt sie schwerer.

Die historische Wurzel eines Unternehmens ist, wie wir gesehen haben, immer ein gemeinsames Problem. Ein Unternehmen, das nicht für sich selbst existiert, ist auf die Probleme seiner Kunden angewiesen. Es verkauft mit seinen Produkten und/oder Dienstleistungen gelungene Problemlösungen für den Kunden. Somit ist es für das Unternehmen notwendig, ein Problem des Kunden zu lösen, um wirtschaftlich überleben zu können. Aus diesem ersten Antrieb ergeben sich wiederum innerhalb des Unternehmens klar zu benennende Probleme, die das Planen und Handeln bestimmen. Dauerhaft gilt: Je näher Sie an den zu lösenden Problemen Ihrer Kunden bleiben, desto klarer ist die Unternehmensführung, desto konturierter sind Sie auf dem Markt, desto leichter bekommen Sie als Führungskraft die Menschen hinter sich. Als Faustformel mag gelten: Was aus der Problem-Wurzel wächst, hat Bestand. Es hat

Wurzelkraft. Was lediglich vom Ziel gezogen wird, bleibt schwach.

Man sollte sich also nicht an Steigerung und Mehrung orientieren, sondern – gleichsam negativ – am Überleben. Diesen Unterschied kann man wiederum oft bei Unternehmen beobachten, die sehr lange erfolgreich waren: Der Erfolg ist stetig, die Zahlen sind tiefschwarz, die Zukunft ist heiter. Dann haben Sie als Führungskraft ein anderes Problem: das Problem der Problemlosigkeit. Es gibt dann keinen vernünftigen Grund, etwas zu ändern, gar die Zusammenarbeit zu intensivieren. Wenn Sie kein Problem haben, müssen Sie wohl oder übel mit Zielen vorliebnehmen. Aber erwarten Sie nicht, dass davon die Kraft ausgeht, die einer Problemwurzel entspringt. Das Fehlen der Wichtigkeit erklärt, warum solche Unternehmen oft von kleinen Wettbewerbern an die Wand gedrängt werden: Die können uns ja nicht gefährlich werden! Doch, das können sie. Weil sie sich nicht an Zielen ausrichten, sondern an Problemen.

Was tun?

Wenn Sie eine Idee von Gemeinschaftlichkeit, Verbindung und Zusammengehörigkeit in einer mobilen, schnellen Welt ermöglich wollen, dann müssen Sie die Kräfte der Zusammenarbeit stärken. Wie kann dies gelingen?

1. Zusammenarbeit resultiert daraus, ob es dem Management gelingt, Probleme als *gemeinsame* Probleme zu präsentieren. Von da aus ist auch die Organisation aufzustellen. Erst das Problem, dann die Organisation. Die meisten Unternehmen haben erst die Organisation, dann folgt das Problem. Die Organisationsstruktur bestimmt dann, was als Problem erkannt und damit als wirtschaftliche Chance zugelassen wird. Unter Marktbedingungen wird man sich das kaum lange profitabel leisten können.

reinhard k. sprenger

2. Bloße Nachbarschaft ist sozial ein gefährlicher Schwebezustand. Nachbarschaft will gehegt und gepflegt sein. Das heikle Miteinander braucht gute Fundamente. Mit der Idee gemeinsamer Problemlagen ist es vielleicht allein nicht getan, aber ohne sie läuft gar nichts. Es ist mithin hilfreich, sich regelmäßig über das gemeinsame Problem zu verständigen. Finden Sie heraus, um welches gemeinsame Problem Sie Ihr Unternehmen beziehungsweise Ihre Unternehmenseinheit gebaut haben. Das ist nicht immer einfach. Ein Pharma-Unternehmen, das in einem von Firmenaufkäufen getriebenen Markt »selbstständig bleiben« als gemeinsames Problem identifiziert hat, stellt sich anders auf, als eines, das maximal profitabel sein will. Und viele Menschen, die in Unternehmen zur Zusammenarbeit genötigt werden, haben gar keinen Grund zusammenzuarbeiten. Weil sie kein gemeinsames Problem haben. Oder es vergessen haben. In Variation eines Bonmots von Ezra Pound: »Managen ist die Kunst, Probleme zu schaffen, mit deren Lösung man das Volk in Atem hält.«

3. Zahlreiche Führungskräfte sehen ihre wichtigste Aufgabe darin, gute und vertrauensvolle Beziehungen zu den einzelnen Mitarbeitern herzustellen. Viele aber versäumen es darüber, das Team *als Ganzes* zu adressieren, sich ausreichend um die Zusammenarbeit zu kümmern. Teams muss man auch als Teams ansprechen (und nicht nur als Addition Einzelner), um ihre Zusammenarbeit zu stärken.

An dieser Stelle möchte ich einen Schwachpunkt des institutionalisierten »Mitarbeitergesprächs« adressieren. Dieses Instrument fokussiert bilaterale Beziehungen und grenzt den systemischen Zusammenhang weitgehend aus.

Das ist eine Verkürzung, welche die Wirklichkeit unzureichend abbildet. Nicht selten schafft sich die Wirklichkeit Raum, wenn im Gespräch der Name eines Dritten fällt, der aber nicht anwesend ist. Eine Alternative zum Mitarbeitergespräch (mindestens aber eine Ergänzung) ist der *Team-Workshop*, den ich vor dem Hintergrund eigener Erfahrung sehr empfehlen kann. Suchen Sie sich einen guten Moderator und ziehen Sie sich einmal im Jahr (in Übergangssituationen öfter) mit Ihren (direkten) Mitarbeitern an einen ruhigen Ort zurück. Sprechen Sie dann einen Tag moderiert über die Zusammenarbeit im Team: Welchen Wert schaffen Sie für Ihre Kollegen? Welche Probleme lösen Sie für Ihre Kollegen? Was läuft dabei gut? Wo gibt es Engpässe? Was ist änderbar? Was nicht? Denken Sie dabei nicht in Aktivitäten, sondern in Resultaten. Und fragen Sie nach Abläufen, die Ihre Mitarbeiter daran hindern, diese Resultate zu liefern. Wenn Sie dabei einige Spielregeln beachten und es vermeiden, Verlierer zu produzieren, ist es die beste »instrumentelle« Investition in die Zusammenarbeit, die ich kenne.

4. Wer Kunden hat, hat auch Probleme. Die Probleme der Kunden. Das ist dann das Geheimnis langfristigen Erfolges: Die Kunden-Probleme sich zu eigen zu machen, wirklich immer wieder neu zu eigen zu machen – und immer vom Problem, niemals von der Lösung her zu denken.

In den letzten Jahren haben sich die vom Markt präsentierten Probleme fundamental gewandelt. Früher wurden tendenziell einzelne Leistungen gefragt, präzise beschrieben, planvoll hergestellt, häufig unter Verwendung von Standardmethoden und -werkzeugen. Entsprechend verlief der Informationsfluss top-down, mit langen Wegen und langen Umsetzungszeiten. Heute werden mehrheitlich komplexe Problemlösungen gefragt, die sich zudem ständig an veränderte Rahmenbedingungen anpassen müssen. Dabei entwickeln sich Zwischenziele prozessabhängig, sind auch häufig nicht oder schwer definierbar. In einem Wort: Der Kunde will oft die Lösung eines Problems, das er nicht einmal selbst exakt kennt. Ideen sind dabei gefragt, Kreativität, also nicht messbare Leistungen. Zahlreiche Einflussgrößen sind nicht vorauszusehen. Und nicht selten sind Kooperationen mit unbekannten Partnern nötig. Der Informationsfluss läuft eher horizontal, mit kurzen Informationswegen und Umsetzungszeiten. Was insbesondere für Deutschland gelten muss, dessen »nachindustrielle Maßschneiderei« (Werner Abelshauser) in fast der Hälfte der Weltmärkte die Pole-Position sichert – vor allem im Maschinen- und Anlagenbau.

Das gemeinsame Problem vom Kunden her zu denken und auf den Kundennutzen auszurichten ist daher permanente Organisations- und Kommunikationsaufgabe der Führung. Das heißt konkret: Der *Auftrag* ist der Chef! Der Auftrag (als fassbares »Problem«) ist der Hauptbestandteil des Unternehmens; um den Auftrag herum muss sich das Unternehmen aufstellen. Je nach Eigenschaft des Problems variiert die Form des Unternehmens dann von klassischhierarchisch über projektorientiert bis hin zum Verzicht auf starre Strukturen, wie sie vielfach als Zusammenarbeit im fliegenden Wechsel bei der Produktentwicklung gelebt wird (Modell: Notaufnahme in Kliniken). Die Tendenz geht jedenfalls eindeutig weg von der vertikalen Hierarchie hin zu horizontalen Prozessen. Das heißt, die dominante Leitunterscheidung ist die zwischen »innen« und »außen«, nicht zwischen »oben« und »unten«. (Wir kommen später noch darauf zurück.)

5. »Das ist nicht mein Problem!« Hören Sie das häufig in Ihrem Unternehmen? Das ist fatal. Zeigt es doch, wie sehr das Bewusstsein für den *Kooperationsvorrang* im Unternehmen geschwächt ist. Eine solche Aussage muss abmahnungsfähig sein. Das Problem eines anderen im Unternehmen ist per Definition mein Problem.

Zunächst ist das eine Frage des »mindsets«: Biete ich mich zur Zusammenarbeit an – oder sehe ich immer nur den anderen als Lieferanten, mich selbst stets als Kunden? Aber auch eine Frage der Struktur: Es darf nicht möglich sein, dass ein Unternehmensteil erfolgreich ist auf Kosten eines anderen.

Unter dem Kooperationsvorrang muss die Beziehung innerhalb einer Leistungspartnerschaft so weit wie möglich symmetrisch sein, indem der eine die anderen genauso fördert und »ergänzt«, wie er von ihnen gefördert und ergänzt wird. Es muss also das Horizontale dominieren, weniger das Vertikale. Pathologien der Zusammenarbeit entstehen durch einseitige Monopolansprüche: Eine Seite behauptet, sie sei wichtiger, würde »eigentlich« das Geld verdienen, käme ohne die anderen aus.

Unter dem Kooperationsvorrang ist auch der Umgang mit Konflikten neu zu bewerten. In einem Krieg zwischen Nationen kann man gewinnen oder verlieren. Bei unternehmensinternen Kriegen ist jeder Sieg gleichzeitig eine Niederlage. Betrachtet man das Unternehmen als eine Überlebenseinheit, in der Zusammenarbeit Vorrang hat, dann wird das Unternehmen durch einen Konflikt als Ganzes geschwächt. Energie, Zeit und Ressourcen werden »innen« investiert, um dem internen Gegner zu schaden, statt sie im Wettbewerb um den Kunden einzusetzen. Ob nun der eine Kriegsteilnehmer gewinnt oder der andere – das Unternehmen verliert in jedem Fall. Auch ein sogenannter »Sieg« hat hier oft ein chronisches Leiden zur Folge. Aufgabe von Führung ist es, die Organisation ständig auf potenzielle Konflikte hin zu beobachten, Kommunikationsformen zur Verfügung zu stellen, in denen die unterschiedlichen Erwartungen der Beteiligten ausgehandelt werden können, und damit das Ausbrechen von »Kriegen« zu verhindern.

6. Wenn es dem Management nicht gelingt, ein Problem als gemeinsames Problem zu präsentieren, besteht kein Grund, zusammenzuarbeiten. Vielleicht *gab* es ja einmal ein gemeinsames Problem – und das hat sich mittlerweile aufgelöst. Und ein neues wurde nicht gefunden. Dann sollten Sie nicht die Leute zur Zusammenarbeit auffordern, sondern die Organisation überdenken. Denn wenn Sie einander nicht brauchen, dann sollten Sie sich trennen. Jedenfalls ist die Existenz der Unternehmenseinheit dann ökonomisch kaum zu rechtfertigen – und unter Umständen unsozial gegenüber den Überlebensinteressen des Gesamtunternehmens. Was nicht heißt, dass man sofort Leute entlassen sollte. Ein Beispiel: Ich erinnere ein Unternehmen, dessen Holding etwa 20 Personaler beschäftigte, die aber miteinander kein gemeinsames Problem hatten, daher weder tatsächlich zusammenarbeiteten noch zusammenarbeiten mussten. Man versetzte die Mitarbeiter dann in die Länder

und hin zu den Menschen, mit denen sie ein gemeinsames Problem hatten. Dort wurde ihre Anwesenheit sehnlichst erwartet.

7. Seien Sie zurückhaltend bei Mergern und Akquisitionen. Falls Sie aber übernehmen, dann lassen Sie den Übernommenen sehr weitgehend ihre Identität. Es ist naiv zu glauben, man könnte historisch gewachsene Individualitäten ignorieren und über Nacht zu einer kooperierenden Einheit zusammenschweißen. Wer es dennoch versucht, hat anschließend oft geradezu eine Karikatur der Zusammenarbeit von Bereichen, die sich gegeneinander abkapseln und bereichsüberschreitende Willensbildungen blockieren. Ich kann mich an einen Workshop bei ThyssenKrupp erinnern, wo mir nach etwa zwei Stunden klar wurde, dass links von mir die Mitarbeiter von Thyssen saßen, in der Mitte die Kruppianer und rechts von mir – man mag es kaum glauben – die ehemaligen Mitarbeiter von Hoesch. Hoesch wurde vor über 20 Jahren von Krupp übernommen – hatte sich aber auch nach so vielen Jahren offenbar nicht kulturell homogenisiert.

Kooperationsstützende Systeme

Gemeinsames Handeln prägt weite Bereiche unseres Lebens. Nicht nur Kooperation, auch die meisten Formen von Konkurrenz, ja sogar von Konflikt sind nur im Rahmen von gemeinsamem Handeln möglich: Man muss etwas Gemeinsames haben, um etwas als trennend zu erleben.

Natürlich, in einer wettbewerbsorientierten Wirtschaft hat derjenige Vorteile, der schneller, klüger, stärker ist. Wettbe-

reinhard k. sprenger

werb ist der Motor des Wachstums, Konkurrenz sondert die Spreu vom Weizen. Wettbewerb wird daher häufig mit unternehmerischer Initiative und dem Streben nach der besten Lösung gleichgesetzt. Das gilt ganz sicher für *Märkte* – aber auch dort nur mit der Einschränkung, dass man den Gegner nicht vernichtend schlagen darf, sonst ist das ganze Spiel aus. Innerhalb der Unternehmen aber müssen andere Fragen gestellt werden: Was ist mit der Zusammenarbeit für eine gemeinsame Aufgabe? Was ist mit dem Voneinander-Lernen? Was ist mit Hilfsbereitschaft? Was ist mit einem freundlichen, attraktiven Arbeitsklima? Was ist mit Vertrauen?

Zu den reizvollsten Aspekten der Unternehmensführung gehört daher die Wechselwirkung von Ich und Wir, von Individuum und Gemeinschaft, von Einzelleistung und Firmenleistung – bildhaft in die Formel vom »kooperativen Tiger« gefasst. Die Pendelschläge gehen mal in die eine Richtung, dann in die andere, um zuletzt doch wieder Hegel recht zu geben: »Ich, das Wir, und Wir, das Ich ist.« Das Untrennbare, das nicht weiter Auseinanderziehbare, die intime Verwobenheit von Individuum und Gemeinschaft – unüberbietbar elementar hat der Philosoph es gefasst.

Der Gründer des dm-drogerie-markt Götz W. Werner hat vorgeschlagen, den Einzelnen das »initiative« Element zu nennen und die Gemeinschaft das »tragende«. Das heißt, die Initiative geht immer vom Einzelnen aus und muss dann von der Gemeinschaft getragen werden. Individuelle Leistung ist daher im Unternehmen schwer zu isolieren, Resultate sind kaum persönlich zurechenbar. Das ist unter den Bedingungen der Zusammenarbeit nicht einmal wünschenswert. Und je höher jemand hierarchisch steht, desto indirekter ist seine Wirkung. Wer das bedauert, hat nicht verstanden, dass es die erste und wichtigste Aufgabe von Führung ist, Zusammenarbeit mit Blick auf ein gemeinsam zu lösendes Problem zu organisieren.

Es wird letztlich immer geheimnisvoll bleiben, wie genau sich eine Gesamtleistung aus der Leistung der Einzelnen speist.

Klar ist jedoch: Langfristig, also abgesehen von einigen besonderen Situationen, entscheidet die *Gesamtleistung* über den Erfolg. Ein einzelner Verkäufer mag einen besonderen Kunden gewinnen, aber die Zusammenarbeit schließlich bringt das Jahresergebnis.

Wenn nun Führung vorrangig darin besteht, im Unternehmen Bedingungen herzustellen, unter denen Zusammenarbeit wahrscheinlich wird, wie anders sollte das möglich sein als unter möglichst weitgehender Ausschaltung des *internen* Wettbewerbs?

Kooperation und Wettbewerb

Der Wert eines Gutes liegt in der Bedeutung, die ihm Menschen zusprechen. Und diese Bedeutung ist wiederum davon abhängig, wie knapp es ist. Zusammenarbeit ist ein knappes Gut. Es sollte also hoch bewertet sein. Ist es aber nicht. Genauer: Sein Gebrauchswert ist hoch, aber sein Tauschwert ist niedrig. Es ist unersetzlich für ein Unternehmen, aber noch selten verdankte jemand seine Karriere seiner Fähigkeit zur Zusammenarbeit.

Denn gerade beim Thema Zusammenarbeit sind viele Unternehmen dilemmatisch aufgestellt. Auf der Appellebene heißt es mit Nachdruck: Sei teamfähig! Identifiziere dich mit dem Gesamtunternehmen! Gleichzeitig raunt der institutionelle Rahmen: Setz dich durch! Bekämpfe deinen internen Konkurrenten! Belohnt wirst du nur für deinen Einzelerfolg! Die geheimen Spielregeln, die sich vor allem im Belohnungsverhalten artikulieren, sprechen also eine andere Sprache als die proklamierte Moral. Das ist lupenreines Double-bind: Wie immer man sich entscheidet, man verletzt eine Regel. Und die Gewichte verschoben sich in den letzten Jahren: Die wettbewerblichen Steuerungsformen haben in den Unternehmen zum Teil dramatisch zugenommen. Das fördert ein Verhalten, bei dem sich im Extremfall jeder Mitarbeiter als Profit-Center versteht.

reinhard k. sprenger

Das Auflösen dieser Doppelbotschaft wird meist auf die Ebene des individuellen Verhaltens abgesenkt. Man ruft die Menschen schlicht dazu auf, besser zusammenzuarbeiten, voneinander zu lernen, Wissen zu teilen, vertrauensvoller zu sein. »Wenn die Leute nur richtig miteinander reden und sich besser abstimmen würden!« Das können Sie zwar sagen, aber es ist wenig wirkungsvoll, wenn die strukturgebenden Institutionen eine andere Sprache sprechen. Mehr noch: Die Verlagerung struktureller Probleme auf die individuelle Ebene erzeugt Zynismus.

Wer also einer vertrauensbasierten Kooperation im Unternehmen Platz schaffen will, sollte mindestens die interne Wettbewerbsenergie nicht noch weiter anheizen. Denn die ist ohnehin im Übermaß vorhanden: Weil die meisten Unternehmen von Männern dominiert werden. Und die sind nun einmal – anthropologisch gesehen – Überbietungsathleten. Was ihre Stärke ist. Und ihre Schwäche.

Zielsysteme blockieren Zusammenarbeit

Der organisatorische »Grund« der Zusammenarbeit ist die *Arbeitsteilung*. Sie ermöglicht es, dass unterschiedliche Aktivitäten gleichzeitig ausgeführt werden. Daraus ergeben sich Rollenmuster und unterschiedliche Arbeitsbereiche, die jeweils eine eigene Logik entwickeln und unterschiedliche Menschen anziehen. Ein guter Buchhalter wird kaum ein glücklicher Verkäufer werden.

Es ist also die Konstruktion des Unternehmens, die automatisch zu Konflikten führt – zum Beispiel zwischen Vertrieb und Marketing oder zwischen F & E und Produktion oder zwischen Topmanagement und operativen Mitarbeitern. Reibereien sind unvermeidlich. Was dabei »richtig« ist, kann niemals geklärt werden, da es in der Regel um Zukunft geht – und die Zukunft ist eben unvorhersehbar.

Einer der Hauptgründe für mangelnde Zusammenarbeit sind die *Zielsysteme*. Die Zielsysteme brechen in der Regel das

Hauptziel in Teilziele für die Unternehmensbereiche herunter. So soll der Einkauf das Einkaufsvolumen im Verhältnis zum Umsatz reduzieren, die Produktion soll die Anlagen besser auslasten, der Vertrieb soll mehr verkaufen, IT soll mehr Projekte entwickeln und die Logistik soll die Durchlaufzeit beschleunigen oder die Datenintegrität erhöhen. Und die Sparten großer Unternehmen werden oft immer weiter segmentiert und über immer differenziertere Zielvereinbarungen geführt. Jedes Ziel für sich genommen ist logisch und nachvollziehbar. Aber im Unternehmen sind Ziele wechselwirksam: Die Zielerreichung des einen Bereichs geht nicht selten zu Lasten eines anderen Bereichs. Wenn ein Unternehmensteil für hohe Lieferfähigkeit bezahlt wird, ein anderer aber für geringe Fertigbestände, dann erzeugt das Egoismusblockaden. Jeder ist nur an der Selbstoptimierung interessiert – für das Gesamte interessiert sich niemand. Oft versickern so gerade jene Innovationen, die zwar über die ganze Wertschöpfungskette wirken, sogar überproportional zur Wertsteigerung des Unternehmens beitragen, aber den einzelnen Geschäftsbereichen nichts bringen. Zumindest kurzfristig nichts.

Nehmen wir die Schnittstelle Absatz/Marke. Vertrieb und Marketing werden in vielen Unternehmen unabhängig voneinander betrachtet. Ein klassischer Konflikt: Marketing kennt die Verkaufsfront nicht und hat zu wenig Kenntnis vom Kunden. Verkauf weiß viel vom (einzelnen) Kunden, bunkert Informationen, weiß aber wenig vom Aufbau von Markenstärke. Die einen wollen den schnellen Verkauf, die anderen die langlebige Marke.

Meist wird der Konflikt *personalisiert*. Es geht dann nicht mehr um inhaltliche Fragen, sondern um Beziehungsfragen. Dann wird Sieg oder Niederlage zu einer Frage der Ehre. Und damit kämpfen die Menschen nicht mehr um eine für das Unternehmen beste Lösung, sondern um »sich«. Aber die Ursachen liegen selten in den Personen, vielmehr in den organisatorischen *Strukturen* des Unternehmens: unklare Kompetenzen, unterschiedliche Zielsetzungen, Wettbewerb, Anreizsysteme,

reinhard k. sprenger

kein gemeinsames Problem. Man arbeitet nicht zusammen, weil man nicht für das *Gemeinsame* bezahlt wird, sondern für das Verschiedene. Doch für den Erfolg am Markt braucht das Unternehmen sowohl die kurzfristigen Verkaufsabschlüsse als auch die langfristige Markenstrategie. Dabei ist gerade die enge Verknüpfung zwischen beiden der Schlüssel zum Erfolg.

Auch bei vielen Software-Entwicklern wird über die mangelnde Zusammenarbeit geklagt. Die Abteilungen bringen oft gute Leistungen innerhalb ihres direkten Aufgabenbereichs, sind aber nicht bereit, den Herstellungsprozess neuer Produkte als Ganzes zu sehen. Wobei es besonders problematisch wird, wenn, wie oben schon gesagt, strukturell vorgegebene Konflikte auf die persönliche Ebene gezogen werden. Aber bei der Software-Entwicklung müssen Fachexperten und Entwickler zusammenarbeiten. Täglich. Die darf man nicht über unterschiedliche Zielsysteme auseinandertreiben.

Erfolg hat ein Unternehmen nicht durch Schwächung des anderen, sondern durch Stärkung der gemeinsamen Interessen. Mindestens dies ist zu fordern: dass nur Ziele vereinbart werden, die nicht zu Lasten einer anderen Unternehmenseinheit erreicht werden können. Denn Erfolg hat, wer mit Erfolgreichen zusammenarbeitet.

Was tun?

Wie können Sie es also schaffen, dass Erfolg als *gemeinsamer* Erfolg erlebt wird, Misserfolg als gemeinsamer Misserfolg? Ganz sicher nicht, indem Sie die Menschen innerhalb Ihres Unternehmens (oder die Mitglieder des Verbundes) gegeneinander aufhetzen. Wenn der Vorteil des einen der Nachteil des anderen ist. Wenn Sie an dem Versagen Ihres Teampartners interessiert sein müssen, weil Sie daraus einen Nutzen ziehen. Warum sollten Sie jemandem helfen, wenn es zu Ihrem Nachteil ist? Man kann langfristig von niemandem erwarten, gegen seine Interessen zu handeln.

Wenn Sie wollen, dass Menschen mehr und vertrauensvoll zusammenarbeiten, dann ist dafür ein Preis fällig. Dann dürfen Sie nicht nur reden, dann müssen Sie etwas tun. An den Strukturen! Dann dürfen Sie nicht nur *im* System, sondern müssen *am* System arbeiten. Das heißt mindestens: Prüfen Sie bei allen Management-Entscheidungen, ob sie die Kräfte der Kooperation stärken oder schwächen. Wachen Sie über die Spät- und Nebenwirkungen – vor allem bei Beförderungsturnieren. Die Wirkung jeden Managementhandelns auf das Verhältnis von Kooperation und Konkurrenz ist abzuwägen und in Rechnung zu stellen.

Das gilt besonders für das *Bezahlungssystem*. Wenn ich ein Unternehmen kennen lernen will, wenn ich wissen will, um was es in dem Unternehmen wirklich geht, dann schaue ich mir das Bezahlungssystem an. Dann weiß ich, was wirklich unter Erfolg verstanden wird und was nicht. Betrachten wir also einige Konsequenzen des Kooperationsvorrangs für die Entgeltpolitik:

1. Souverän führen Sie dann, wenn Sie sich selbst als Supervisionär (lateinisch *supervisio* – die Übersicht) betätigen und sich für die Zusammenarbeit verantwortlich fühlen, deren Bestandteil Sie sind. Ihre Kernaufgabe ist es, die Einheit des Unternehmens zu stiften. Die Leistungsbeurteilung der Führungskräfte (die ja in der Regel Konsequenzen für die Bezahlung hat) muss sich daher vorrangig am Beitrag zum *Gesamtertrag* des Unternehmens orientieren. Auch bei anderen Formen des Feedbacks sollten Sie sich auf die Zusammenarbeit konzentrieren.

2. Zum individuellen Fixgehalt kann ein variabler Einkommensbestandteil (Bonus) kommen, der das Unternehmen als Leistungs- und Solidargemeinschaft, mithin als Kooperations-Arena reflektiert. Er ist in den meisten Unternehmen mit durchschnittlicher hierarchischer Einkommens-

spreizung relational zum Fixgehalt zu staffeln. Dieser variable Bonus-Bestandteil kann auch als Krisenreaktions-ventil funktionieren. Damit wäre eine Partnerschaft im Plus und Minus definiert, ohne das Unternehmerrisiko un-angemessen auf die Mitarbeiter zu verlagern.

3. Die Querschnittfunktionen in der Wertschöpfungskette (etwa Logistik, Supply Chain Management, Unterneh-mensentwicklung), die die Zusammenarbeit fördern und die Vernetzung knüpfen, müssen gegenüber den klassisch-vertikalen Fachabteilungen auch finanziell gestärkt wer-den.

4. Menschen, die besonders eng zusammenarbeiten, sollten auch für dieselben Ziele bezahlt werden. Überprüfen Sie die Zielsysteme – sie dürfen nicht so gebaut sein, dass sich Zusammenarbeit nicht lohnt. Wenn Sie gemeinsame Ziele vorschlagen, wird man Ihnen antworten: »Kann ich nicht beeinflussen!« Eine solche Antwort zeigt ein unterentwi-ckeltes Bewusstsein für den Kooperationsvorrang. Eine scharfe Replik darauf wäre: »Ja, glücklicherweise können Sie sie nicht beeinflussen – sonst wären wir falsch aufge-stellt.« Eine mildere Reaktion wäre: »Sie können sie nicht *alleine* beeinflussen, aber einen Einfluss haben Sie schon.« Hier deutet sich schon die Notwendigkeit an, die »Über-schrift« zu ändern – dazu später mehr.

5. Viele Manager unterstellen, dass es für das Unternehmen das Beste wäre, wenn die Mitarbeiter ihren materiell-egois-tischen Interessen folgen. Vor allem in den meisten Ver-triebsorganisationen dominieren nach wie vor die Einzel-

kämpfer nach dem Modell »Alles kleine Unternehmer«. Und dies, obwohl Kunden verstärkt Teams zur Lösung von Prozessen und zur Erfüllung von Systemanforderungen nachfragen. Sogar in Hardselling-Organisationen wächst der Anteil von Teamzeiten an der täglichen Arbeitszeit überproportional. Und kommen die Außendienstler ohne Innendienst, ohne Produktion aus? Ähnlich schwierig ist es, im multimedial aufgestellten Marketing einzelnen Kanälen und Kampagnen den Erfolg oder Misserfolg eindeutig anzuheften. Was im Einzelnen den Kaufimpuls gab, lässt sich kaum eruieren. Entsprechend ist das oft und laut gesungene Lied vom »Return on Investment« zwar eingängig, aber doch zu wenig variationsreich, um überall gesungen zu werden. Dennoch sind Awards und Rankings sehr beliebt. Das führt zu Kollateralschäden. Rennlisten machen aus Kollegen Konkurrenten. Sie stellen die Mitarbeiter gegeneinander und stufen sie ab. Das öffentlich zu tun ist zudem obszön. Es ist nicht toll, als Verlierer oft jahrelang neben dem Gewinner zu sitzen – was Sie nur vermeiden können, wenn Sie Mitarbeiter permanent austauschen wie gebrauchte Hemden. Deshalb: Vermeiden Sie Rankings! Wer nicht darauf verzichten will, sollte nur die ersten drei Plätze öffentlich machen – und den Rest in Schweigen hüllen. Es sei denn, die Leute müssen nicht zusammenarbeiten.

6. Wir müssen streng unterscheiden zwischen der *Entstehung* einer Wirtschaftsleistung und ihrer *Verteilung*. Vorrang muss die Entstehung haben, also dass und wie ein Produkt entwickelt und gebaut wird. Zusammenarbeit hat dabei Priorität. Erst danach kann man an die Verteilung des Ertrags denken. Die Unternehmensführung muss ver-

hindern, dass sich das Verteilungsdenken in den Entstehungsprozess drängt – wie es zum Beispiel mikroökonomisch bei Incentives der Fall ist, makroökonomisch beim Shareholder-Value-Ansatz. Sorgen Sie für ein Gehaltssystem, das sich zurückhält bei der Steuerung von Einzelverhalten. Das Distanz hält, nicht zudringlich ist, sich nicht subtil in die mentalen Kalkulationen der Menschen schiebt. Also ein betont unauffälliges Entgeltsystem, das nur insofern hohe Erwartungen schultert, als es möglichst wenig Schaden anrichten will. (Wer das vertiefen will, dem sei die Lektüre von *Mythos Motivation* empfohlen.)

Wenn Sie über eine Holding-Struktur die verschiedenen operativen Einheiten steuern, dann unterscheiden Sie die Adressen für Kapitalgeber von denen der Operation. Finanzergebnis und Geschäft sind dann getrennt. Der Betrieb als unternehmerische Einheit ist aber die eigentliche Quelle der Wertschöpfung. Erst die intelligente Kombination von Arbeit, Technologie und Kapital am Point of Sale kann einen Wert produzieren. Eine Holding niemals.

7. Jede Führungskraft steht vor der Frage: Wie hoch dürfen innerhalb eines Teams die *Einkommensunterschiede* sein? Spickt man zum Beispiel ein Team mit hoch bezahlten Supertalenten, die die anderen ansporn? Oder sollten die Gehaltsunterschiede eher gering sein? Finanzielle Gleichmacherei ist keine Antwort; um derart einfältige Reaktionen müssen wir uns nicht ernsthaft kümmern. Aber extreme Gehaltsunterschiede sind im Unternehmen schädlich – für die Zusammenarbeit.

Nun gibt es ja die Auffassung, hohe Spitzeneinkommen seien fair, weil es auf den Einfluss des Topmanagements zurückzuführen sei, dass sich das Unternehmen gut entwickelt. Das Argument ist nicht völlig von der Hand zu weisen. Aber es unterstellt, dass es eine sehr enge Kausalbeziehung zwischen der Tätigkeit des Managements und dem Geschäftserfolg gibt. Sowohl Augenschein als auch Wissenschaft belegen aber nur einen schwachen Zusammenhang. Dass die Kursentwicklung »gestaltbar« ist, wissen nicht nur Insider. Und zu gewissen Zeiten könnte man auch einen Schwachkopf zum Vorstandsvorsitzenden machen – die Aktienkurse stiegen trotzdem. Zudem – und das ist hier wichtig – unterstellt dieses Argument, Einkommen würden solitär erwirtschaftet, als einsamer Kampf eines Einzelnen. Einkommen werden im Unternehmen aber arbeitsteilig erwirtschaftet. Natürlich gibt es unterschiedliche Beiträge, die auch unterschiedlich zu bezahlen sind, meinetwegen auch sehr unterschiedlich. Aber kein Mensch kann mit Wirklichkeitssinn behaupten, dass ein Manager – innerhalb eines Unternehmens! – mehr Wert schöpft als 100, 200 oder 300 Mitarbeiter. Das heißt, ein gewöhnlicher Angestellter müsste mehrere Hundert Jahre arbeiten, um auf das Jahresgehalt seines Topmanagers zu kommen. Dagegen formiert sich Protest, der in Deutschland gern mit dem Neidargument abgetan wird. Ja, Deutschland ist eine Neidgesellschaft. Und Neid heißt: etwas begehren, ohne den Preis dafür zahlen zu wollen. Dennoch darf man nicht jede Diskussion mit dem Knüppel-aus-dem-Sack des Neidverdachts erschlagen. Es darf nicht lukrativer sein, in einem Unternehmen zu arbeiten, als es zu besitzen.

Wenn es um Maß und Angemessenheit geht, dann kann man durchaus rationale Konsequenzen erwägen – Konsequenzen für die Teamleistung zum Beispiel. Den Stand der Forschung zu diesen Konsequenzen kann man wie folgt zusammenfassen: Ein Unternehmen ist nur erfolgreich, wenn die Mitarbeiter den Unternehmenserfolg als ihr gemeinsames Problem sehen, sich als Leistungspartner begreifen und entsprechend kooperieren. Lebt man aber in sehr unterschiedlichen Tarifwelten, das heißt wird der Abstand zu den Stars im Team zu groß, arbeiten mittelmäßige Mitarbeiter – ohne die eben auch kein Unternehmen überlebt – weniger »mannschaftsdienlich«. Wer im Team deutlich weniger verdient als andere, findet seine Leistung nicht ausreichend gewürdigt und leistet langfristig weniger. Gleichzeitig sinkt bei großem Einkommensgefälle auch die Leistung der Top-Talente. Diesen macht der Neid der anderen zu schaffen. Deshalb kommen wirkliche Spitzenleute eher in leistungs- und einkommensähnlichen Teams zur Geltung. Was *Gehaltshygiene* unabdingbar macht.

Wenn wir die Idee der Zusammenarbeit ernst nehmen, dann müssen Sie Teamleistung unterstützen und nicht den individuellen Erfolg. Ein gutes Management, das das verstanden hat, wird deshalb die Gehälter der durchschnittlichen Mitarbeiter anheben oder aber auf Stars verzichten. So macht es die Unternehmensberatung Booz Allen Hamilton. Darauf angesprochen, dass gute Leute dann woanders hingingen, weil sie dort mehr verdienten, antwortet Vorstandschef Ralph Shrader: »Wenn Sie Leute meinen, die nur auf individuellen Erfolg aus sind, dann haben Sie recht. Das stört mich aber überhaupt nicht.«

Im Übrigen ist eine wirkungspsychologische Verschiebung zu beachten. Es ist wissenschaftlich gut gestützt, dass die Mitarbeiter, die im Einkommen *unter* eine bestimmte Bemessungsgrenze rutschen, wesentlich unzufriedener sind als der Durchschnitt ihrer Kollegen. Umgekehrt aber sind Mitarbeiter, die *über* dem Durchschnitt verdienen, keineswegs wesentlich zufriedener. Das ändert sich auch nicht bei jenen, die bedeutend mehr als der Durchschnitt verdienen. Also: Weniger macht unzufrieden; mehr macht keinen Unterschied.

Es lohnt sich, diesen Punkt noch einmal zu wiederholen: Das Unternehmen ist eine Leistungs-Partnerschaft, die um die zentrale Idee der Zusammenarbeit herum gebaut ist. Im Unternehmen ist der individuelle Beitrag zum Gesamtergebnis nur schwer isolierbar. Wenn wir also gut gearbeitet haben, dann haben wir alle gut gearbeitet. Dann sollten Sie jenseits des individuellen Einkommens die gemeinsame Wertschöpfung auf jene verteilen, die beigetragen haben. Also auf alle.

Kleine Einheiten

Small is beautiful hieß das Buch, mit dem der britische Nationalökonom Ernst Friedrich Schumacher 1973 einen Bestseller landete. Der Titel wurde damals schnell zum Schlachtruf gegen Großmächte, Großkonzerne und Großkraftwerke. Von der Vision einer überschaubaren Welt anarchistischer Autarkien hat die Globalisierung nicht viel übrig gelassen. Aber ist die Idee als solche deshalb falsch? Immer und überall?

Die Anthropologie gibt nüchtern zu Protokoll, dass das Gattungswesen Mensch über Jahrmillionen in Gruppen von etwa 50–100 Individuen gelebt hat (über die Zahl streiten die Experten noch) und in einem territorialen Handlungsrahmen von oft nur wenigen Quadratkilometern. Das ist unser biologisches Gepäck, das wirft niemand ab. Die paar tausend Jahre Kulturgeschichte vermögen unser stammesgeschichtliches Erbe jedenfalls nicht auszulöschen. Alles, was wesentlich über diesen Rahmen hinausgeht, ist im besten Sinne herausfordernd, im schlechten Sinne überfordernd. Das heißt, zur Nächstenliebe ist der Mensch anthropologisch gut vorbereitet, zur Fernstenliebe nicht. Und überschaubare Orte sind die wahren Kraftfelder. In ihnen machen wir die personale Erfahrung des *gemeinsamen Weges*. Karl Weick hat – in vollständigem Gegensatz zu den gängigen Unternehmenskonzepten – aufzeigen können, dass keineswegs eine gemeinsame Zieldefinition Menschen zusammenarbeiten lässt, sondern der gemeinsame Weg in einem physisch vorstellbaren Unternehmen: dem gemeinsamen Spielfeld. Dieses Spielfeld muss – soll es als Spielfeld erkennbar werden – räumlich umgrenzt sein. Erlebt werden dort das »Wie«, die Stimmung, die Atmosphäre, alles das, was zum Weg gehört.

Seit vielen Jahren wird in der Managementtheorie über die *optimale Firmengröße* nachgedacht, über Einheiten und Unter-Einheiten, über das Verhältnis von Zentralität und Dezentralität – bis hin zur Diskussion über »Too big to fail«. Meist wird dabei über Skaleneffekte diskutiert, über Effizienzvorteile, über globalisierte Märkte. Niemand bestreitet, dass manche Güter und Dienstleistungen im Großunternehmen billiger werden. Dieser Größenvorteil wird aber oft von den Kosten der inneren Komplexität aufgefressen.

Der Pharmariese Pfizer ist ein Paradebeispiel dafür, dass größer nicht gleich besser ist. Pfizer schluckte einen Konkurrenten nach dem anderen. Nach jeder Fusion blähte sich das Unternehmen strukturell immer weiter auf, wurde bürokratisch und unflexibel, dauernd beschäftigt mit Integrieren und Umstrukturieren. Darüber verlor es seine Innovationskraft – und in der Pharmabranche kommt es vor allem darauf an.

Es ist eine der größten Schwierigkeiten zu entscheiden, unter welchen Raum- und Größenbedingungen Zusammenarbeit eher wahrscheinlich denn unwahrscheinlich wird. Und welchen Begriff von Zusammenarbeit man dabei zugrunde legt. Das beginnt bei Grundsätzlichem: Arbeitsteilung legitimiert Ignoranz. Wenn man die Zuständigkeit breit streut, erzeugt man eine Geht-mich-nichts-an-Haltung. Die Menschen fühlen sich strukturell eingeladen, zunächst sich um sich selbst zu kümmern – und nicht um das Wohl des Ganzen. Je größer aber ein Unternehmen oder eine Unternehmenseinheit ist, desto verbreiteter ist diese Haltung – und desto beharrlicher müssen Führungskräfte dem entgegenarbeiten. Natürlich wissen Ihre Mitarbeiter, was sie bei ihrer Arbeit zu tun haben. Der organisatorische Gesamtprozess ist hingegen nicht immer allen transparent. Wohin gehen meine Ergebnisse? Wozu tragen sie bei? Was erleichtert den Kollegen die Arbeit?

Und auch: Sind die anderen ebenso zur Zusammenarbeit bereit? Denn der Mensch ist ein reziprokes Wesen. Das heißt, dass er sich umso eher einer Norm entsprechend verhält, je mehr der Eindruck vorherrscht, dass andere dies auch tun. Auf diese Weise gibt die Umgebung ein Signal über die Geltung von Normen. Zusammenarbeit muss also zwischen den Mitarbeitern »sichtbar« sein.

Damit wird klar, dass Organisationen umso besser zusammenarbeiten, je mehr in ihrem Inneren Zusammenarbeit *beobachtet* werden kann. In diesem Fall wird unkooperatives Verhalten als nicht der Norm entsprechend bemerkt und sanktioniert. Die Reziprozität in einem funktionierenden kooperativen Unternehmen wirkt disziplinierend. Je ausgeprägter das beobachtbare kooperative Verhalten der anderen, desto größer die Identifikation des Einzelnen mit dem Ganzen.

Aus dem Gesagten ergeben sich neue Gesichtspunkte für eine Unternehmenspolitik der »kleinen Einheiten«. Kleinere organisatorische Einheiten sind strukturell besser in der Lage, Zusammenarbeit zu erzeugen. Aber: Kleinere Einheit, größerer Erfolg – gilt dies immer? Nein, das ist nicht der Fall. Vielleicht kommen wir weiter, wenn wir Zusammenarbeit vom Kunden her denken. Kleine Einheiten mit relativ hoher Autonomie sind sinnvoll bei der notwendigen Anpassung an den Kunden vor Ort. An den Kunden, der so unterschiedlich ist, wie er immer war und immer sein wird. Große Einheiten sind es dagegen bei global aufgestellten Kunden – und stoßen auf die entsprechenden Schwierigkeiten bei der lokalen Realisierung. Johannes

Teyssen, der Chef von Eon, bermerkte zu diesem Aspekt: »Alle wirklichen Gewinner am Markt der Zukunft müssen beides können – groß und klein.«

Im Hinblick auf die unternehmensinterne Kooperation bleibt festzuhalten: Stärken Sie die kleinen Einheiten! Kleine Teams, befähigt durch Zugang zu sämtlichen Informationen. Das schafft größtmögliche Nähe zum Kunden. Lassen Sie möglichst viel Autonomie. Und seien Sie sehr zurückhaltend bei Großprogrammen. Die haben immer eine entindividualisierende Tendenz.

Räumliche Nähe

Wenn es so etwas gibt wie eine allgemeine Epochentendenz, dann ist es das Abdanken der Raumordnung. Anwesenheit und Augenschein – das war einmal. Die elektronischen Medien und globale Aktivitäten sind dabei, den erlebbaren Raum und seine sozialen Strukturen aufzulösen. Der Raum, so lautet die wichtigste These des Philosophen Paul Virilio, wird ersetzt durch Information. Und nur noch der lokalzeitliche Ermüdungsgrad unterscheidet die Teilnehmer auf weltumspannenden Telekonferenzen.

Auch im Unternehmen gibt es bald nur Zeitgenossen, kaum mehr Raumgenossen. Es wird zunehmend zweitrangig, wo man faktisch arbeitet. Das Unternehmen virtualisiert sich, wird, ironisch gewendet, zum »Flüchtlingswohnheim«. Es gibt Firmen, in denen bis zu 95 Prozent der Mitarbeiter außerhalb des Firmensitzes arbeiten. Und der multikulturelle Mehrwegmanager, der sich nicht mehr an nationalen oder kulturellen Grenzen orientiert, sondern die ganze Welt als mögliches Unternehmen begreift, ist ein teletechnologischer Wandervogel.

Über mögliche Konsequenzen ist viel geschrieben worden. Das Kerngeschäft der Zusammenarbeit wurde dabei eher wenig beachtet. Zu den strukturellen und individuellen Bedingungen gelingender Zusammenarbeit gibt es aber einige interessante Forschungsergebnisse. Wissenschaftlich gut gestützt ist die Erkenntnis, dass Teams in der Regel deutlich produktiver sind, wenn sie gemeinsam arbeiten, als wenn jedes einzelne Teammitglied alleine arbeitet. Das nennt man »Kollegeneffekt«. Die Langsamen lassen sich von den Schnellen mitziehen. Die Teams sollten daher keinesfalls nach Leistung aufgeteilt werden; vielmehr lohnt sich die Mischung. Einen besonders guten Mitarbeiter einzustellen und in ein Team zu integrieren leistet deshalb zweierlei: erstens bringt er seine eigene gute Leistung, und zweitens steigert er mittelbar auch noch die Leistung derjenigen, die mit ihm zusammenarbeiten. Allerdings, und das ist die Voraussetzung, muss man sich *sehen* können: Kollegen arbeiten nur dann besser, wenn sie im Blickfeld von leistungsstarken Kollegen sind.

Das setzt institutionelle Formen wechselseitiger Beobachtung voraus. Die Virtualisierung der Arbeitswelt stößt hier an Grenzen. So ist eine moderne Institution wie das »Home-Office« heute aus vielfältigen Gründen unersetzlich. Aber wenn man es übertreibt, wenn man es zur Permanenz erklärt, wird es gefährlich – die soziale Wechselwirksamkeit fehlt, und die Zusammenarbeit ist nicht mehr physisch erlebbar. Daher sollten auch virtuelle Teams, deren Mitglieder auf der ganzen Welt verstreut sind und dennoch »zusammen« an einer Aufgabe arbeiten, sich in regelmäßigen Abständen treffen – Telekonferenzen und permanenter E-Mail-Kontakt können die physische Begegnung jedenfalls nicht ersetzen.

Bernd Guggenberger hat darauf verwiesen, dass nur die soziale Qualität eines Ortes verlässlich Zugehörigkeit zu stiften vermag. Der Wunsch, dazuzugehören, das Gefühl, ein Beitragender zu sein, ein gemeinsames Werk zu schaffen, das, was das Englische mit »belonging« bezeichnet: All das verdankt sich vor allem der Zugehörigkeit zu einer räumlich umgrenzten Gemeinschaft. Sie muss anschaulich sein, begreiflich. Das hat auch Konsequenzen für Architekturen.

Man muss Unternehmensgebäude verstehen als *verräumlichte Kooperationssysteme*. Ihre Architektur stimuliert ganz bestimmte

Erlebnis- und Verhaltensweisen und dämpft andere. Stimmt man dieser Perspektive zu, dann ist zu fragen, welche Form der Funktion folgt. Wie muss man ein Unternehmens-Haus bauen, wenn Zusammenarbeit im Zentrum der Raumschöpfung steht? Sicher nicht so, dass man riesige Distanzen und wenig einladende Passagen überwinden muss, um sich wechselseitig zu besuchen. Sicher nicht so, dass jeder sich hinter schalldichten Bürotüren verbarrikadieren kann. Vielmehr sollten Cluster wie Fertigungssteuerung, Service, Materialwirtschaft, Vertriebsinnendienst, also alles, was zusammengehört, auch physisch an einem Ort sein. Und wenn wir noch einmal den klassischen Konflikt zwischen Vertrieb und Marketing aufgreifen: So banal das klingen mag, oft hilft es schon, wenn die Abteilungen räumlich zusammenrücken. Sorgen Sie für Nähe!

Auch die Arbeitsplätze selbst sollten Zusammenarbeit erleichtern. Für die Zusammenarbeit ist ein Einzelbüro hinter fünf Metern Schrankwand sicher hinderlich. Da ist man gleichsam »weggeschlossen«. Wenn jemand hereinkommt, ist es eine »Störung«. Zusammenarbeit darf aber keine Störung, keine Ausnahme, sondern muss der *Normalfall* sein. Ob Sie diese modernen Designs nun »Büro-Collagen«, »Open Space« oder (im älteren Jargon) »Großraumbüro« nennen – wichtig ist, dass Durchlässigkeit und Kontakteinladung gewährleistet sind. Es muss leicht sein, dass jeder mit jedem reden kann. Statt des stillen Kämmerleins besser Marktplätze mit Sofas, Bereiche für Gruppenarbeit, Tische mit Sitz- und vor allem Stehplätzen (»Stehungen« sind »Sitzungen« vorzuziehen), darum herum sogenannte »feste« Arbeitsplätze oder sogar »nonterritoriale« Arbeitsplätze mit Rollwagen und flexiblen Einsatzorten.

Eine Unternehmenskultur, die Zusammenarbeit fördern will, muss also, wenn immer es möglich ist, für räumliche Nähe sorgen. Insofern ist Change-Management nicht selten Bewahrungskultur. Ihre Frage muss (auch) sein: Was soll *bleiben*? Wir stehen also vor einem Dilemma, dass ein Unternehmen ohne identitätsstiftenden Ort, ohne Begrenzung und Vorstellbarkeit kaum zu existieren vermag, auf der anderen Seite aber die Mobilitätserfordernisse eine Lösung oder gar Auflösung der Ortsbindung erfordern.

Unter dieser Voraussetzung wird etwas immer wichtiger, was bisher im Zwielicht der Motivierung eine halblegitime Schattenexistenz führte: das *Feiern*. Das gemeinsame Feiern als Symbol der Zusammengehörigkeit, als Realisierung des Physischen, sich den und dem anderen (im doppelten Sinne:) vor-stellen können, Gemeinsamkeit erlebbar machen, sich mit Gemeinschaftserleben auftanken, einen Ort schaffen, der bezugsfähig ist, »wie damals in Freiburg, weißt du noch?« Ein Fest feiern, bei dem »wir« uns als »uns« erfahren. Hier kann sich eine Gruppe als Ganzes empfinden. Insofern hat das Feiern die Funktion, *Gemeinschaft* zu stiften. Wo wir uns gemeinsam freuen können. Uns freuen über das Geleistete. Wir haben in der Vergangenheit große Dinge getan und sind entschlossen, auch in Zukunft Großes zu tun. Feiern schafft Vorfreude auf das vor uns Liegende. Sie lässt uns eine aufsteigende Linie erwarten. Feiern auch ganz ohne Anlass, einfach so. Nicht, weil die Zahlen gut sind, sondern weil wir uns erleben wollen und müssen, wollen wir auf wirksame »Zusammen«-Arbeit im Wortsinne nicht verzichten.

Niemand lebt nur für die Zielerreichung. Niemand lebt für das Notwendige. Wir alle leben für das Überflüssige, das Überraschende, das kleine bisschen Luxus, für den Glanz, den Feste unserem Dasein hin und wieder verleihen. Feste sind eine Liebeserklärung an das Leben.

Die Überschrift ändern

Unternehmen hätten viel davon, wenn sie die Mitarbeiter unterstützten, ihre kooperativen Eigenschaften zu entfalten. Dass das möglich ist, zeigt eine eindrucksvolle Studie, die das Gefangenendilemma der Spieltheorie klug erweitert hat. Zur Erinnerung: In der klassischen Form dieses Experiments werden zwei

Teilnehmer als »Gefangene« verdächtigt, gemeinsam eine Straftat begangen zu haben. Sie werden in getrennten Räumen verhört und haben keine Möglichkeit, sich abzustimmen. Ihr Ziel ist es in diesem Spiel, ein möglichst niedriges Strafmaß zu erhalten. Das Strafmaß ist abhängig von den jeweiligen Aussagen der beiden. Es gibt zwei Möglichkeiten der Aussage: zu schweigen oder die eigene Tatbeteiligung zu gestehen. Falls ein Spieler das Gegenteil des anderen macht, profitiert nur der Spieler, der sich für das Geständnis entschieden hat. Er geht fast straffrei aus, während der andere die Höchststrafe erhält. Gestehen beide,.so erhalten sie eine identische mittlere Strafe. Schweigen jedoch beide, so erhalten sie eine identische geringe Strafe. Schweigen führt also nur dann zum Erfolg, wenn es beide tun. Es ist die gemeinschaftlich beste Lösung und somit eine kooperative Strategie. Wer sich dagegen für ein Geständnis entscheidet, der spekuliert darauf, dass der andere auf kooperatives Schweigen vertraute, und er verrät dieses Vertrauen. Oder er vermutet, dass der andere ihn mit einem Geständnis verraten wird, und versucht den Schaden mit dem eigenen Geständnis zu minimieren. In diesem Fall ist Misstrauen seine Motivation. Die Spieltheorie prognostiziert, dass sich beide Spieler für unkooperatives Verhalten entscheiden, um nicht durch einseitige Kooperation den Kürzeren zu ziehen. So weit der Standard.

Der Sozialpsychologe Lee Ross und seine Kollegen entwickelten nun aber eine neue Variante des Experiments. Sie erklärten der einen Hälfte der Teilnehmer, das Spiel habe einen bestimmten Namen, nämlich »Community Game«. Der anderen Hälfte erklärten sie, es heiße »Wall Street Game«. Das Ergebnis: Obwohl beide Gruppen sozial identisch zusammengesetzt waren, spielten in der »Community Game«-Gruppe 70 Prozent aller Teilnehmer von Beginn an kooperativ – obwohl sie sich damit individuell einem hohen Risiko aussetzten. In der »Wall Street«-Gruppe war das Ergebnis genau spiegelbildlich: 70 Prozent spielten von Beginn an unkooperativ, um für sich selbst das Maximale herauszuholen. Die wichtigste Erkenntnis: Offenbar lassen sich viele Menschen (Ross schätzt mindestens 40 Prozent der Teilnehmer) in ihrem Verhalten von der *Definition* des Spiels beeinflussen – und zwar unabhängig von ihrer grundsätzlichen Einstellung zu Kooperation und Wettbewerb. Wer glaubt, es gehe in diesem Spiel ums Gemeinwohl, verhält sich entsprechend; wer glaubt, es gehe um Eigennutz, passt sich ebenfalls entsprechend an.

Dieses Ergebnis war schon eindrucksvoll genug. Der eigentliche Clou des Experiments aber zeigt sich in einem weiteren Schritt. Jeder einzelne Versuchsteilnehmer wurde vor dem Experiment psychologisch getestet, ob er sich aller Wahrscheinlichkeit nach eher kooperativ oder eher unkooperativ verhalten würde. Überraschenderweise stellte sich heraus, dass die Prognosegenauigkeit des psychologischen Tests weit hinter der verhaltensprägenden Kraft der Spiel-Definition zurückblieb. Diejenigen Spieler, die als eher misstrauisch und unkooperativ eingestuft wurden, ließen sich durchaus zu kooperativem Verhalten bewegen, wenn sie einen entsprechend titulierten Kontext betraten. Und umgekehrt: Teilnehmer, die als vertrauensbereit und kooperativ identifiziert wurden, mutierten in einem wettbewerbsdefinierten Kontext zu Sozialmonstern. Aus dem Spielkontext heraus ließ sich also das Verhalten der Teilnehmer weit besser vorhersagen als aus den Tests.

Was können wir daraus lernen?

Erstens: Sie müssen auf der Verlautbarungsebene sehr klarmachen, dass es im Unternehmen vorrangig um Zusammenarbeit geht – und nicht um die Addition von Einzelleistungen. Und Sie müssen das kommunizieren: immer wieder und überall.

Zweitens: Die Prägekraft des institutionellen Rahmens auf das Verhalten der Menschen ist höher einzuschätzen als die Kraft der individuellen Psychodynamik. Der Mensch passt sich tendenziell schneller an die Umstände an, als dass er von seiner Herkunft gesteuert wird.

reinhard k. sprenger

In der Summe ist das eine Botschaft, die Sie optimistisch stimmen sollte, wenn Sie in Ihrem Unternehmen die Kräfte der Zusammenarbeit stärken wollen.

Konsequenz für die Personalauswahl

Die Strategien des sogenannten »Talent-Management« gehen grosso modo von der Voraussetzung aus, dass Unternehmenserfolg sich aus Einzelleistungen addiert. Talent ist ja eine Eigenschaft des Einzelnen, mithin spricht man von »Leistungsträgern«, die auszuwählen und zu fördern seien. Unternehmen, so wird gesagt, seien außerdem nicht mehr mit »AAA« zu bewerten, sondern mit »RRR« – was für Recruiting, Retention, Retirement steht. Übersetzt heißt das: Es gehe darum, Mitarbeiter zu gewinnen und zu halten, und dies möglichst so lange, bis sie sich in den Ruhestand verabschieden. Das hat unter den Bedingungen knapper Personalmärkte zweifellos einen wahren Kern, ist aber insgesamt unterkomplex. Es ignoriert die Kontexte, die Wechselwirkungen, also das Passungsproblem. Indem es den Kooperationsvorrang ignoriert, fällt es letztlich in das alte personenzentrische Denken zurück.

Unternehmen funktionieren nicht durch Addition, sondern durch Kombination. Durch die Kombination der richtigen Talente und Temperamente. Das ist eine komplexe Mischung aus Ehrgeiz und Unterordnung. Im Idealfall verbinden sich singuläre Egoismen zu einem temporären Gruppenwillen, bezogen auf einen Zweck. Was für den Fußball gilt, das gilt auch hier: nicht die elf Besten aufstellen, sondern die beste Elf.

Und das heißt für die Personalauswahl: Vorrang für die Zusammenarbeit! Wählen Sie vor allem Menschen aus, die Unterschiede nicht als Bedrohung erleben. Sondern als Bereicherung. Leute, die sich ein Unternehmen eben *wegen* der Möglichkeit verstärkter Zusammenarbeit ausgesucht haben. Das bedeutet eine Kehrung der Prioritäten bei der Einstellung. Früher stellte man vorrangig Leute ein, die fachlich gut waren und möglichst auch noch teamfähig. Unter dem Vorrang der Zusammenarbeit sollten Sie keine Leute einstellen, die fachlich gut sind, aber nicht teamfähig. Warum? Fachliches kann man lernen – Zusammenarbeit kaum. Daher gilt: »Hire for attitude, train for skills.« Denn der Wille und die Fähigkeit zur Zusammenarbeit, die finden sich seltener und sind vor allem langfristiger wirksam und näher an der Überlebenswurzel eines Unternehmens. Expertenwissen kann man sich bei Bedarf auch mal von außen kurzfristig einkaufen.

Das gilt vor allem auch für die oberen Hierarchiestufen. Gerade auch im Top-Management braucht man Integratoren, gute Gastgeber. Und je größer ein Unternehmen ist, desto integrativer müssen sie sein. Es ist ein Irrweg, mechanisch CFOs zu CEOs zu machen. Finanzexperten haben nämlich in der Regel eine schier unstillbare Sehnsucht nach der Planbarkeit und der Berechenbarkeit trivialer Maschinen, eine klare Vorstellung von »objektiver Realität« und irritationsfeste Konzepte für richtig und falsch. Ein Begriff wie »Kontingenz« (sollte er sich je in den numerischen Nebelschwaden verirren) käme sofort auf die Schwarze Liste. Natürlich gibt es Finanzmanager, bei denen sich fachliche Brillanz und soziale Kompetenz auf glücklichste Weise verbinden. In der Tendenz gilt aber: Wer gut Zahlen zusammenführen kann, kann selten Menschen zusammenführen. Genau Letzteres aber ist die Hauptaufgabe der Führung.

Was tun?

Das Ziel lautet: Machen Sie Ihre Mannschaft so kooperativ wie möglich und wählen Sie die hierfür geeigneten Mitarbeiter aus. Wie können Sie es erreichen?

1. Es ist hilfreich, mit spieltheoretischen Ansätzen die Kooperationsbereitschaft von Bewerbern zu testen. Natürlich ist es umstritten, von Computerspielen auf das reale Han-

deln im Alltag zu schließen. Dennoch habe ich in der Personalauswahl gute Erfahrungen mit dem bereits erwähnten Gefangenendilemma gemacht, das sich als kleines Spiel schnell durchführen lässt. Man kann dort sehr schön und mit geringem Zeitaufwand sehen, ob sich jemand rücksichtslos, egoistisch und unkooperativ verhält. Wenn man den eigenen relativen Gewinn nur dadurch maximiert, dass man den absoluten Gewinn des Spielpartners reduziert, dann ist das entschieden destruktiv. Es ist, als malträtiere man das teure Auto des Nachbarn mit einem Baseballschläger, um selber das schönste Auto im Quartier zu haben.

2. Viele können sagen, wie toll sie sich selbst finden. Im Unternehmen aber kommt es auf die Unterstützung *anderer* an. Es geht darum, anderen zu helfen und sich mit aller Kraft in den Dienst des gesamten Unternehmens zu stellen. Dies also könnten Fragen bei Einstellungsgesprächen sein:

▶ Wem waren Sie in Ihrer Karriere nützlich?
  ▶ Wen haben Sie eingestellt, der Sie in Ihrer Karriere überholt hat?
    ▶ Welchen Wert wollen Sie für Ihre Kollegen schaffen?

3. Wenn Sie wollen, dass die Mitarbeiter sich gegenseitig helfen, um ein gemeinsames Problem zu lösen, wenn Sie nicht mehr vorrangig Individuen aussuchen, sondern die *Passung* in der Vordergrund rücken, dann sollten Sie das Team mitbestimmen lassen. Nach welchem Modus das geschieht, will ich hier offenlassen. Aber es ist unsinnig, die Personalabteilung entscheiden zu lassen, und kurzsichtig, nur den Chef mit dieser Aufgabe zu betrauen.

4. Aus dem Mannschaftssport kennt man die Kehrseite der Zusammenarbeit: Je homogener eine Mannschaft, desto schwieriger sind neue Spieler zu integrieren. Sie müssen sich also bei der Einarbeitung stärker engagieren, schon früh immer wieder den Kooperationsvorrang thematisieren. Dabei den Unterschied ehren, den der neue Mitarbeiter hoffentlich einführt – aber wachsam sein, sollte sich schon früh ein grundsätzliches Nicht-Passen andeuten.

5. Noch etwas Spezielles? Etwas Unangenehmes? Ja. Im Unternehmen ist nur wichtig, was *Konsequenzen* hat. Was keine Konsequenzen hat, ist nicht wichtig. Es mag wünschbar sein. Aber wichtig ist es nicht. So ist das auch mit der Zusammenarbeit. Sie mag wünschbar klingen, Zustimmung heischen, manchmal gar gefordert werden. Aber wichtig wird sie erst, wenn eine Antwort gegeben wird auf die Frage: »Und wenn nicht, was dann?« Sollsätze erzeugen ihre gestaltende Kraft erst, wenn man sie mit einer Antwort auf diese Frage ergänzt. Was sind die Konsequenzen, wenn Sie sich nicht nach ihnen richten? Welchen Preis haben Sie zu zahlen? Kein »Star« darf sich über die Regeln erheben – wenn er sie gebrochen hat, ist ein Preis fällig. Wenn jedoch kein Preis zu zahlen ist und es keine Instanz gibt, die ihn einklagt, dann brauchen Sie von Zusammenarbeit ernsthaft nicht zu sprechen. Konkret: wenn die Unternehmenskultur Egoisten unbehelligt lässt. Ein ängstlicher Schiedsrichter, der sich nicht zu pfeifen traut, schwächt auch die Regeln. Er macht sie unsichtbar. Erst werden sie »weich« interpretiert, dann nur noch »ausnahmsweise« eingeklagt, irgendwann verblassen sie ganz. Stellen Sie sich vor, die Regeln für das Fußballspiel sähen nur gelbe Karten vor, keine roten.

reinhard k. sprenger

Um es deutlich zu sagen: Es ist Führungsaufgabe, *Anwesenheitsverhinderungen* zu organisieren. Sie als Führungskraft müssen bereit und fähig sein, den Kooperationsvorrang auch durch den Ausschluss von Mitarbeitern durchzusetzen. Wenn Zusammenarbeit nicht mit der Beendigung des gemeinsamen Weges beleumundet werden kann, ist sie nicht wichtig.

Womit wir beim Individuum wären.

Individuum

Das Anderssein des Anderen

Warum hat »Zusammenarbeit ermöglichen« so selten die Aufmerksamkeit, die dieser Aufgabe gebührt? Warum nennt sie kaum jemand, wenn man über die Kernaufgaben der Führung spricht? Weil sie so *unsexy* ist. Entscheidungen treffen, Strategien entwickeln, Visionen realisieren, ja, das klingt gut. Aber »Zusammenarbeit organisieren«? Zudem ist es genau diejenige Disziplin, die meiner Erfahrung nach die Führungskräfte am wenigsten beherrschen.

Welche individuellen Voraussetzungen aber sollten Sie mitbringen, wenn Sie der Zusammenarbeit Vorrang einräumen wollen?

Beginnen wir noch einmal mit der »Gründungs«-Situation: Sie sind der Boss, Sie haben Ziele, Sie suchen Mitarbeiter. Sie schalten eine Anzeige, jemand liest sie, meldet sich, öffnet die Tür, betritt den Raum. Was sehen Sie? Sehen Sie eine andere Person? Nein, was Sie in diesem Augenblick reflexhaft sehen, ist eine *Differenz*. Und diese Differenz ist meistens negativ. Der Andere ist so – anders. So gar nicht so wie Sie. Er ist Ihnen kein bisschen ähnlich. Er sieht anders aus, verhält sich anders, hat eine andere Geschichte, einen anderen kulturellen Hintergrund. Sie können ihm nicht hinter die Stirn schauen. Sie wissen nicht, ob er sagt, was er meint, und meint, was er sagt. Es ist unsicher, ob er sich an Absprachen hält, sich mit ganzem Herzen einsetzt, ob er fähig ist, Ihnen zu helfen – oder ob er Ihnen gar heimlich schaden will. Mit ihm zu arbeiten ist also riskant.

Was hier angesprochen ist, ist das *Anderssein des Anderen*. Sein Eigensinn, seine Beharrungsenergie, die Unverfügbarkeit seines Innenlebens, seine individuellen Motivationen, so viel Ich! Die Frage, die sich unter dem Kooperationsvorrang für Sie als Führungskraft stellt: Erleben Sie das Anderssein des Anderen als Bedrohung? Oder als Bereicherung? Wollen Sie es verändern? Oder können Sie es nutzen?

Fragen, die sich heute in aller Schärfe stellen, mehr noch als früher. Das internationale Zusammenwachsen der Märkte, der Zustrom ausländischer Arbeitskräfte sowie die Zunahme grenzüberschreitender Fusionen hat die Mitarbeiterschaft heterogener werden lassen. Zu den Unterschieden von Geschlecht, Alter und Bildung gesellen sich jene der Nationalitäten, Hautfarben und Kulturen. Wenn Sie als Person sehr angstbesetzt sind, werden Sie diese Unterschiede als bedrohlich erleben. Dann werden Sie das Verhalten des neuen Mitarbeiters prognostizierbar machen wollen, es kanalisieren. Dann greifen Sie zum Mittel der *Macht*: Sie überziehen den anderen mit einem Netz aus Vorschriften, Kontrollen und Fluchtverhinderungssystemen. Oder aber Sie wählen das Steuerungsmittel *Geld* und lenken sein Verhalten durch Boni und Incentives. Oder Sie folgen Ihrem heimlichen Hang zum Menschenverändern und lassen ihn psychosozial betreuen (»Coaching«).

Als Führungskraft sollten Sie aber unter dem Kooperationsvorrang vor allem Menschen *mögen*. Sie sollten der Interaktion den Vorrang vor der Sachbearbeitung geben. Sie sollten die Fähigkeit besitzen, mit unterschiedlichen Menschen adressatenspezifisch zu sprechen. Ungeeignet sind Sie hingegen für diese Aufgabe, wenn Sie zu Kontaktvermeidung neigen, einen ausgeprägten Überlegenheitskomplex haben oder schlicht nicht in der Lage sind, freundlich zu sein.

Wenn der Andere nicht kooperieren kann

Ihr Unternehmen benötigt Mitarbeiter, die in der Lage sind, zu kooperieren. Ich möchte kurz zwei Typen von Mitarbeitern skizzieren, für die und mit denen die Zusammenarbeit – vorsichtig gesagt – nicht gerade einfach ist (sie sind interessanterweise bei der modischen Explikation des Burn-out-Syndroms wieder beachtet worden).

Mit einem *Perfektionisten* ist nicht gut zusammenarbeiten. Für ihn ist gut nie gut genug. Er ist getrieben von der Angst, nicht makellos zu sein. Er und es muss vollkommen sein: entweder das Beste oder gar nichts. Daher kennt er im Unternehmen auch nur eine Person, die die Aufgabe seriös erledigen kann: sich selbst. Er arbeitet überaus sorgfältig und damit auch zeitaufwändig; aber Arbeit zu delegieren – das fällt ihm unendlich schwer. Muss er bei einer Präsentation fünf Charts zeigen, dann nimmt er zur Sicherheit noch weitere 30 mit – man kann ja nie wissen. Und auf Seite 233 hätte er statt des Kommas ein Semikolon gesetzt ... Das Pareto-Prinzip, die 80/20-Regel, das Angemessene, eine Gut-genug-Lösung – alles das sind gräuliche Dinge, für die er keine Sympathie entwickelt. Macht er Karriere, dann hält er irgendwann so viele Fäden in der Hand, dass er seinen eigenen Ansprüchen nicht mehr gerecht werden kann. Er wird unzufrieden, setzt sich und andere unter Druck und produziert damit genau das, was er am heftigsten vermeiden will: Fehler. Kurzum: Perfektionisten sind sehr, sehr wertvoll. Aber nicht im Unternehmen. Ihre Dienstleistung sollte man besser am Markt einkaufen, aber sich nicht mit den Komplexitätskosten belasten.

Von der Psychodynamik her gesehen ist ein Perfektionist ein Mensch, der übermäßig *liebt*. Oft den Gegenstand, mit dem er sich befasst. Und deshalb ist es ihm unerträglich, wenn andere Menschen nicht in der Lage sind, dieselbe Liebe für die Dinge aufzubringen.

Dieser energetischen Position nicht unähnlich ist der *Idealist.* Das Handeln des Idealisten ist aus einer tiefen moralischen Wurzel her bestimmt. Es geht ihm darum, das Richtige zu tun – das Detail ist ihm (im Gegensatz zum Perfektionisten) unwichtig. Jedes mögliche Handeln ist von vornherein markiert als gut oder böse, richtig oder falsch (eine Unterscheidung, bei der er selbst immer auf der guten Seite steht). Als Überzeugungstäter setzt er sich langfristige Ziele, denkt in langen Wellen, hat den Blick in die Zukunft gerichtet. Das Ideal am Horizont, davon ist er überzeugt, erfordert unbedingten Einsatz. Deshalb ist er im Regelfall ein engagierter, zuverlässiger Zeitgenosse. Sein Problem sind – die anderen. Jene, die nicht aus moralischen Gründen handeln, sondern aus pragmatischen. Denen die Gesinnung nicht so wichtig ist, sondern das praktisch Mögliche. Denen die Gegenwart mindestens so wichtig ist wie die Zukunft. Aber von einer Werte-Relativität wollen Idealisten nichts wissen, ein pragmatisches »einerseits … andererseits« oder gar ein »Heute so, morgen anders« ist für sie nur eines: unglaubwürdig. Sie verwechseln ein Unternehmen mit einer Gesinnungsgemeinschaft, die nur jene integrieren sollte, die das richtige »mindset« haben. Kurzum: Idealisten sind unverzichtbar. Aber im Unternehmen sollten Sie nicht zu viele davon haben.

Wendet man beide Typen ins Positive, dann können gut zusammenarbeiten – *erstens* – Menschen mit einer Gut-genug-Einstellung sowie – *zweitens* – mit einer pragmatischen Orientierung am Machbaren. Sie zu finden ist vor dem Hintergrund des verbreiteten Drangs zum normativen Denken mühsam. Angesichts der turbulenten Gegenwart ist es aber unentbehrlich. Sie sind gut beraten, wenn Sie das an den Pforten Ihres Unternehmens berücksichtigen.

reinhard k. sprenger

Fremdoptimierung

Ein Unternehmen ist in der Regel arbeitsteilig aufgebaut. Unter dem Prinzip der Arbeitsteilung geleistete Arbeit ist daher immer Arbeit *für andere*. Man leistet nicht für sich. Sondern die Frage lautet: Was kann ich für andere leisten? Wie kann ich dazu beitragen, dass meine Arbeit die Arbeit anderer befruchtet? Das ist auch der Kern des Wortes »Verdienst«. Wie kann ich anderen *dienen*? Der Verdienst ist dann eine Folge dieses Dienens. Als Regel gilt: Wer vielen dient, wird reich, wer wenigen dient, bleibt arm.

Dies setzt den Willen voraus, zu dienen – die Bedürfnisse anderer zu priorisieren. Dieser Zusammenhang wird oft vergessen, insbesondere im Topmanagement. Dort, wo das große Geld verteilt wird. Aber viel Geld stimuliert nicht die Bereitschaft, anderen zu dienen. Im Gegenteil: Es lässt glauben, dass man es nicht mehr nötig hat. Es läuft auf den Wunsch hinaus, ohne dienen zu verdienen. Diese Geisteshaltung betrachtet die Arbeit »für andere« mit Geringschätzung, macht Unternehmen zu Karrieremaschinen für macht- oder geldgetriebene Persönlichkeiten und bringt eine besondere Form des Managers hervor: den Selbstoptimierer. Die Kernaufgabe von Führung aber ist es, das wechselseitige Dienen strukturell zu organisieren und individuell zu unterstützen. Kaum beachtet wird dabei der fundamentale *Funktionswechsel*, wenn jemand erstmalig Führungskraft wird. Dieser Wechsel hat mindestens drei Dimensionen:

1. Wer Führungsverantwortung übernimmt, der muss die Unternehmensziele *über* die eigenen stellen. Als Führungskraft sind Sie Agent des Kapitals. Das mag Ihnen unsympathisch klingen und man kann es sicher wolkiger formulieren. Aber es ändert nicht die Tatsache: Ihnen wird anvertraut und zugetraut, dass Sie in besonderer Weise die

Interessen der Kapitaleigner berücksichtigen. Das können Sie klug machen, und Sie sollten es nicht zu einem missverstandenen Shareholder-Value-Denken verengen. Aber an der grundlegenden Tatsache ändert das nichts. Und Sie haben sich dafür entschieden.

2. Das, was Sie brauchten, um aufzusteigen: Biss, Talent, Fleiß, Durchsetzungsvermögen, Präsentationsfähigkeit, all das macht sie *nicht* zu einer guten Führungskraft. Insbesondere technisch ausgebildete Fachkräfte (wie zum Beispiel Ingenieure) unterschätzen die Bedeutung »sozialer« Faktoren bei der Führungsarbeit. Mit einigem Recht: Denn letztlich wurde man ja vorrangig befördert aufgrund der fachlichen Qualitäten, mit denen man sich profiliert hat. Aber jetzt gilt es, nicht sich selbst zu Höchstleistungen zu führen, sondern *andere*. Jetzt geht es nicht mehr darum, der Beste zu sein, sondern das Beste aus anderen zu machen. Und dazu bedarf es anderer Fähigkeiten als beim beruflichen Aufstieg. Die bisherige Kompetenz kann nun arrogant wirken und den Weg zum Leistungspotenzial des Mitarbeiters verstellen. Was nichts Geringeres bedeutet, als sich selbst neu zu erfinden.

Um den Kooperationsvorrang im Unternehmen zur Geltung zu bringen, braucht es also andere Führungskräfte, Leute ohne Super-Ego. Menschen, die die Leistung *anderer* fördern. Es braucht *Fremdoptimierer*. Ich würde das nicht schreiben, wenn ich nicht etlichen Fremdoptimierern begegnet wäre, Managern, die das Interesse des Ganzen über das eigene stellen, die tun, was zu tun ist, die sich vor allem dafür einsetzen, dass ihre Mitarbeiter aufblühen. Und dafür in Kauf nehmen, selbst nicht permanent im Rampenlicht zu

reinhard k. sprenger

stehen. Das heißt nicht, dass Sie als Führungskraft irgendeiner Idee der Selbstlosigkeit huldigen sollten. Die gibt es nicht, und wir beschreiben hier einen energetischen Zirkel, in dem Geben und Nehmen sich ausgleichen, wo gegenseitige Ergänzung und wechselseitige Förderung wahrscheinlicher werden. Es geht auch nicht um Gleichklang, sondern um ein Einstimmen in den Gesamtzusammenhang. Und man darf Zusammenarbeit keinesfalls mit »Kollektivismus« verwechseln, der kranken, unfreien, verantwortungslosen Form sozialer Organisation. Zusammenarbeit bedeutet nicht das Negieren des Individuellen. Auch Sie haben sicher Ihre persönlichen Ziele, wollen Ihre berufliche Identität weiterentwickeln oder Pläne für den Ruhestand schmieden. Aber das eigene Streben auf solche Ziele zu »beschränken« sabotiert die Idee der Zusammenarbeit und damit den Unternehmenserfolg.

Diese Frage haben Sie sich beim Lesen der letzten Seiten sicher schon gestellt: Sind *Sie selbst* die richtige Führungskraft in einem Unternehmen, das um die Kernidee der Zusammenarbeit herum gebaut ist? Sie müssen geschickter und einfühlsamer sein als herkömmliche Führungskräfte. Sie müssen einen Blick für Zusammenhänge haben, Nebenwirkungen, Spätfolgen. Sie müssen das Ressortdenken zurückdrängen – vor allem im eigenen Ressort. Sie dürfen im Mitarbeiter keinen Kostenfaktor sehen, sondern sollten ihn als Partner betrachten, den Sie ebenso benötigen, wie er Sie benötigt. Sie dürfen jeden Individualismus tolerieren, der *für* das Gemeinsame wirkt, und müssen alles unterbinden, was *gegen* das Gemeinsame spricht. Können Sie das? Wollen Sie das?

3. Wenn Sie die Zusammenarbeit im Unternehmen ermutigen wollen, dann müssen Sie das Unternehmen anders betrachten als mit einer vertikalen, zergliedernden und isolierenden Analyse einzelner Unternehmensbereiche. Diese muss zwingend um Sichtweisen ergänzt werden, die das Gesamte und die Beziehungsstruktur der einzelnen Teile in den Blick nehmen. Vor lauter Bäumen darf, anders gesagt, der Manager das Leben des Waldes nicht missachten. Gerade in Krisenzeiten darf die Verantwortung nicht an die Experten der Einzeldisziplinen delegiert werden, so, als stünde ihnen von Amts wegen das letzte Wort zu. Wir brauchen Manager mit intellektueller Breite, mit der Fähigkeit zur Zusammenschau und zum Zusammenbau: Es gilt, Personen, Ideen und Ressourcen miteinander zu verknüpfen. Diese Kompetenz ist umso gesuchter, als heute Menschen zusammenzubringen sind, die sich in Bezug auf ihren sozialen Hintergrund, ihr Fachwissen, ihr Alter und ihre kulturelle Prägung oft sehr unterscheiden.

Dies betrifft das Privatleben wie das Geschäftsleben: Nichts macht erfolgreicher, als andere erfolgreich zu machen.

Commitment für Zusammenarbeit

Auf Personalmärkten bewegt sich jeder einzelne im Ich-Modus. Beim Schritt ins Unternehmen findet ein nachgerade dramatischer Wechsel statt: vom Ich- zum *Wir-Modus*. Dieser Übertritt ist den meisten Menschen kaum bewusst und wird in den Unternehmen auch kaum thematisiert, ja er wird durch Reparaturinstitutionen wie »Teams« und das forcierte Gerede über »gute Kommunikation« eher übertüncht. Es ist ein Unterschied, ob Sie das Unternehmen begreifen als eine Gruppe von Menschen, die zusammen arbeiten – oder zusammenarbeiten.

Nicht wenige Mitarbeiter haben sich ins Unternehmen gleichsam hineinverirrt. Sie sind keineswegs in den Dienst eines Unternehmens getreten, sondern nur in seinen Schutz geflüchtet. Oder sie sind der Üblichkeit gefolgt, suchten einen Job, wollten sich und ihre Familie ernähren. Und fanden sich plötzlich in einer Kooperations-Arena wieder! Das heißt, sie fanden sich wieder in einer Umgebung, die nicht die Vektorsumme von Einzelinteressen ist, sondern um die Idee der Zusammenarbeit herum strukturiert ist. Die Konsequenzen aus diesem *normativen Umschwung* sind den meisten Menschen nicht bewusst. Sie wollen eigentlich »ihr Ding« machen oder möglichst unabhängig und ungestört eine Aufgabe erledigen, sind aber nun in einer Situation, wo wechselseitige Abhängigkeit und Unterstützung das Wesen des Spiels ist. Hand aufs Herz: Haben Sie das Unternehmen als Kooperations-Arena bewusst gewählt? Oder sind Sie da »hineingeraten«?

Wie immer Ihre Antwort ausfällt – wenn Sie im Unternehmen bleiben wollen, dann sollten Sie Ihre innere Einstellung dem Kooperationsvorrang anpassen. Denn Zusammenarbeit ergibt sich zwar durch den oben beschriebenen Strukturwechsel aus Weitsicht, aber ebenso durch individuelle Einsicht. Und da brauchen wir mehr als eine Mitläufer-Kooperation. Viel mehr. Wir brauchen einen neuen Gesellschaftsvertrag; wir brauchen *Commitment* für Zusammenarbeit. Ein Mentalitätswandel ist fällig. Gemeint ist die Qualität des Bewusstseins, mit dem Sie in Ihr Unternehmen gehen, die inneren Einstellungen, Anschauungen und Grundüberzeugungen, mit denen Sie als Führungskraft führen und Ihr Unternehmen mitgestalten.

Allgemein beschreibt Commitment das motivierte Engagement in der Arbeit, erlebt als Freude und Entfaltung, nicht als »Opfer« oder »Dienst«. In diesem speziellen Zusammenhang heißt Commitment ein bewusstes Wählen des Kooperationsvorrangs, eine klare Entscheidung für das Leben in einer Leistungspartnerschaft, und damit die bewusste Abwahl alternativer Arbeitsformen. Es ist die Bereitschaft, mit ganzem Herzen »Ja!« zu sagen zur Mitarbeit des Anderen, zum Anderssein des Anderen, zur wechselseitigen Abhängigkeit. Es ist Ihnen dann klar, dass Sie nicht Ihre Ego-Interessen priorisieren können, dass Sie andere beteiligen, einbeziehen, unterstützen müssen. Sie müssen auf andere Rücksicht nehmen, sich mit ihnen abstimmen, auch ihre Empfindlichkeiten berücksichtigen. Und Sie verzichten darauf, den internen Gegner vernichtend zu schlagen – weil sie damit das Gesamte schwächen. Eine Einstellung, die sich aktiv zur Zusammenarbeit anbietet, die Zusammenarbeit nicht als Last erlebt, sondern als Lust.

Die dahinterstehende Denkfigur, bezogen auf unser Arbeitsleben, ist diese: Sie haben gewählt, Ihr Spiel nicht allein zu spielen. Auf dem Spielfeld, auf dem Sie spielen, spielen noch andere: Ihre Mitarbeiter, Ihre Kollegen, Ihr Chef. Und diese Wahl hat Konsequenzen. Sie sind auf die anderen angewiesen, wenn Sie erfolgreich sein wollen. Sie können nur gemeinsam mit ihnen gewinnen. Sie werden also in dem Spiel nur erfolgreich sein, wenn Ihre Mitspieler auch erfolgreich sind. Verlieren Ihre Mitspieler die Lust am Spiel, wird die Qualität des gemeinsamen Spiels sinken. Deshalb ist es in Ihrem *eigenen* Interesse, den anderen mitgewinnen zu lassen. Das bedeutet, einen Teil Ihrer Interessen zugunsten des gemeinsamen Spiels zu opfern. Weil Sie wissen, dass Sie Kompromisse machen müssen. Ja, natürlich, Sie können sich Ihre Berufssituation noch etwas idealer vorstellen. Aber Sie schauen nicht auf das, was fehlt, sondern auf das, was möglich ist. Es ist einfach unintelligent, über den Mangel zu klagen. Sie haben sich entschieden und können sich täglich neu entscheiden, dafür oder dagegen. Wenn Sie sich aber *dafür* entscheiden, müssen Sie Zusammenarbeit als Kern des Spiels anerkennen. Wie eine Spielregel. Und zu dieser Spielregel mit ganzem Herzen »Ja!« sagen.

reinhard k. sprenger

Entschiedenheit ist das Geheimnis. Entschiedenheit verändert die Situation vollständig. Plötzlich wirkt die Situation anders – obwohl die Faktenlage dieselbe ist. Weil Sie bewusst gewählt und anderes abgewählt haben. Ohne eine bewusste Entscheidung für ein Unternehmen als Kooperations-Arena, ohne einen klaren Blick auf den Preis, der dafür zu zahlen ist, also: ohne Commitment, gibt es keine belastbare Zusammenarbeit.

Aus der Forschung wissen wir, dass Firmen, die länger als 200 Jahre existieren, sich in erster Linie als menschliche Gemeinschaft verstehen und erst in zweiter Linie als Geldmaschine. Voraussetzung für den Erfolg dieser Unternehmen scheint es zu sein, zu hundert Prozent loyal zueinanderzustehen und null Prozent für interne Gefechte zu verwenden. Wenn Sie also wirklich langfristig erfolgreich sein wollen, müssen Sie mehr als nur miteinander arbeiten, dann müssen Sie *füreinander* arbeiten.

Damit zu beginnen, dafür gibt es keinen besseren Zeitpunkt als jetzt. Sie werden vielleicht an die Sonthofen-Strategie von Franz Josef Strauß denken, wonach die Verhältnisse sich erst verschlimmern müssen, bevor sinnvoll interveniert werden kann. Und Sie können zu keinem Zeitpunkt sicher sein, ob die Wende zu mehr Zusammenarbeit gelingt, selbst wenn Sie sie beherzt angehen. Aber sie ist auch niemals komplett unwahrscheinlich. Denn viel, nein: alles spricht dafür. Wenn Sie Zusammenarbeit mit dem Erwartungsnutzen – Sie werden schneller, effizienter, erfolgreicher – multiplizieren, ergibt sich daraus etwas wirklich Großes. Was aus dieser Wurzel wächst, hat Kraft. Alles andere bleibt schwach.

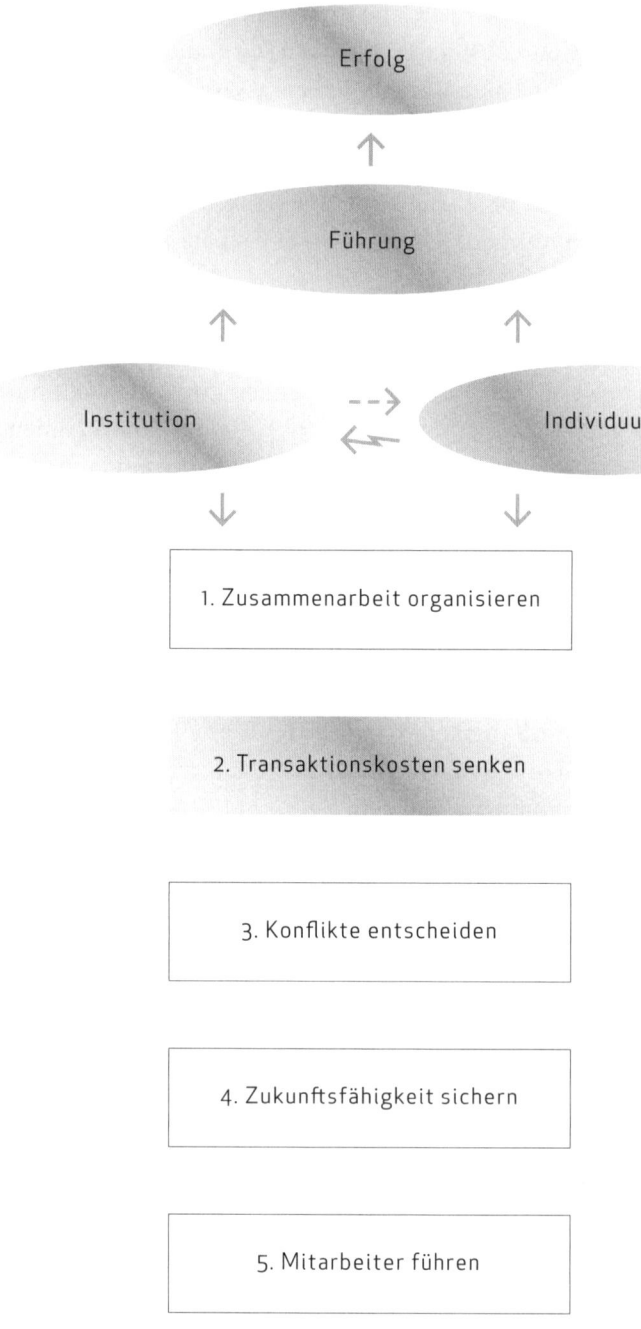

Erfolg

↑

Führung

↑   ↑

Institution   --→   Individuum
          ⇠

↓   ↓

1. Zusammenarbeit organisieren

2. Transaktionskosten senken

3. Konflikte entscheiden

4. Zukunftsfähigkeit sichern

5. Mitarbeiter führen

Zweite Kernaufgabe

Transaktionskosten senken

Was sind Transaktionskosten?

Knappheit

Wie heißt das Problem, auf das »Ökonomie« die Antwort ist? Mit dieser zunächst etwas seltsam anmutenden Frage wenden wir uns der zweiten Kernaufgabe von Führung zu. Es muss ja einen »radikalen« Grund (im Sinne von »tief liegend«) dafür geben, dass es so etwas wie die Wirtschaft gibt. In welchem menschlichen Bedürfnis gründet sie? Welche Nachfrage befriedigt sie?

Knappheit. So heißt das Problem, für das Ökonomie die Antwort ist. So heißt das Radikal der Wirtschaft. Wir leben in einer Welt nach dem Sündenfall, wurden aus dem Paradies hinausgeworfen. Knapp waren die Dinge daher schon in der aristotelischen Polis, weshalb man einen Haushalt erstellte, den *oikos*. Und irgendetwas ist auch heute irgendwo für irgendjemanden knapp: Lebensmittel, Rohstoffe, Boden, Zeit, Geld, Arbeitskräfte, technische Lösungen. Also sucht dieser Jemand nach Orten, Möglichkeiten und Quellen, um diese Knappheit aufzufüllen. Diesen Suchprozess nennt man gemeinhin »Markt«. Der Markt ist ein »Signalapparat« (Alfred Müller-Armack), der Knappheitsverhältnisse anzeigt und Angebot und Nachfrage zusammenbringt. Unter optimalen Bedingungen (wenn zum Beispiel alle Marktteilnehmer über dieselben Informationen verfügen) gelingt es dem Markt, Knappheit in kurzer Zeit auszugleichen.

Nun kann es aber sein, dass das Vertrauen in diesen Suchprozess geschwunden ist oder aber aus ideologischen Gründen nie vorhanden war. Zum Beispiel findet sich kein Angebot für eine Nachfrage – jedenfalls nicht zu diesem Preis. Oder jemand beobachtet, dass sich nicht nur die Nachfrage ein Angebot sucht, sondern dass sich – umgekehrt – ein Angebot seine Nachfrage schafft: die sogenannte »angebotsinduzierte Nachfrage« (was Kapitalismuskritiker auf die Barrikaden treibt). Und so kommt man auf die Idee, den Suchprozess auszuhebeln und gegen einen Zuweisungs- und Kontrollprozess zu wechseln. Der »Staat« ersetzt nunmehr die Marktmechanismen. Oder zumindest soll er das.

Zwischen »Markt« und »Staat« aber gibt es eine dritte Möglichkeit, mit dem Problem der Knappheit umzugehen: das *Unternehmen*. Ein Unternehmen ist in seiner heutigen Form ein relativ neues Phänomen, eine Entwicklung des späten 19. Jahrhunderts. Ein Mischgebilde: verlässlicher als der Markt, flexibler als der Staat. Dennoch sind manche Forscher überrascht, dass es sich so lange hält.

Effizienz

Welche Organisation des Wirtschaftens ist nun am besten geeignet, das Problem der Knappheit zu lösen? Der Staat? Der Markt? Das Unternehmen? Das ist die zentrale Frage der Ökonomie.

Man hätte meinen können, dass spätestens 1989 klar war, dass der Staat niemals in gleicher Weise wie der Markt das

reinhard k. sprenger

Knappheitsproblem lösen kann. Aber die Menschen vergessen schnell. Und so ist kaum zu übersehen, dass der Staat sich offen oder verdeckt immer stärker in das Wirtschaftsleben drängt. Die Politik sonnt sich in ihrer Gestaltungskraft und steuert, reguliert und dirigiert. Mit zweifelhaften Folgen.

Schieben wir also den Staat zur Seite und konzentrieren uns auf Markt und Unternehmen. Gehen wir zudem für einen Moment davon aus, dass der Markt grundsätzlich die beste Ausgleichslösung darstellt: Er sorgt selbstregelnd für effektive Preisbildung. Aber warum gibt es dann Firmen? Wenn der Marktmechanismus doch so leistungsfähig ist – warum das Geben und Nehmen nicht grundsätzlich über Märkte organisieren? Warum ist nicht jede Person ein selbstständiges Profitcenter? Was ist der Unterschied zwischen Markt und Unternehmen?

Es sind die einfachen Fragen, deren Beantwortung uns hilft, wiederum zur Wurzel der Führung vorzudringen. Der Ökonom Ronald Coase ist diesen Fragen nachgegangen und hat schon 1937 einen Vorschlag präsentiert, für den er 1991 den Wirtschaftsnobelpreis erhielt. Seine Antwort: Sowohl auf Märkten als auch im Unternehmen fallen »Transaktionskosten« an – aber die sind unterschiedlich hoch. In Unternehmen sind sie tendenziell niedriger. Die Interaktionen sind gleichsam »günstiger«, weil die Hierarchie die individuellen Handlungen nicht über Preise koordiniert, sondern über Weisungen. Damit liegt der Unterschied zwischen Markt und Unternehmen in der *Effizienz*. Bis zu einer gewissen Firmengröße (je größer die Firma, desto mehr nimmt dieser Kostenvorteil ab) sind also Firmen Oasen der Effizienz in einer Wüste chaotischer Suchprozesse.

Vom Wettbewerber zum Kooperationspartner

Transaktionskosten entstehen, wenn »Übertragungen« stattfinden, wenn Angebot und Nachfrage einander suchen müssen, wenn Informationen schwer zu beschaffen und Märkte intransparent sind. Es kostet Zeit und Geld, wenn Sie bestimmte Dienstleistungen am Markt besorgen müssen.

Stellen Sie sich wieder das Radikale vor, den Moment der Unternehmens-Gründung: Sie suchen einen Mitarbeiter, schalten eine Personalanzeige, führen einige Telefonate und Gespräche. Sie finden schließlich jemanden, führen ein Einstellungsgespräch, Sie handeln einen Vertrag aus, müssen sich vielleicht sogar rechtlich beraten lassen. Dann zeigen Sie Ihrem neuen Partner, was er zu tun hat, arbeiten ihn ein, integrieren ihn in Gruppen und Prozesse. Bei all diesen Aktionen entstehen Transaktionskosten. Dann ist der Job getan, man trennt sich, jeder geht wieder seiner Wege – bis vielleicht eine ähnliche Aufgabe zu lösen ist und Sie Ihren ehemaligen Partner wieder einsetzen wollen. Der hat jedoch mittlerweile eine andere Aufgabe übernommen, empfiehlt Ihnen einen Kollegen, den Sie aber nicht kennen – und mit diesem beginnt der Prozess von vorn. Vielleicht ist das Projekt so groß, dass Sie sogar noch einige zusätzliche Mitarbeiter brauchen. Aber jedes Mal, wenn die Aufgabe erledigt ist und Sie ein Mitarbeiter verlässt, gehen diese Investitionen mit ihm.

Wenn Sie eine Unterstützung nur *einmal* brauchen, mögen die Kosten gerechtfertigt sein. Sollten Sie aber diese Unterstützung häufiger, sogar permanent brauchen, dann ist es kostengünstiger, die Arbeitsbeziehung vertraglich zu regeln und dann die Vorteile aus der ständigen Verfügbarkeit zu ziehen. Was liegt also näher, als bei zu erwartender Nachfrage sich diesen Mitarbeiter zu »sichern« und damit die Transaktionskosten zu sparen – die Kosten für Information, Beschaffung, Einarbeitung, Verwaltung und Ausbildung von Mitarbeitern? Vor allem aber könnten Sie Vertrauens-Vorteile ausbeuten: Sie kennen den anderen, haben gute Erfahrungen mit ihm gemacht und wollen sein Wissen dauerhaft nutzen.

Dadurch kommt es zu einer grundlegenden Transformation, die in einem toten Winkel des Unternehmensbewusstseins schlummert: Aus Wettbewerbern werden Kooperationspartner! Es geht jetzt um Gemeinsames. Vertrauen ersetzt nun das Misstrauen (sollte es zumindest). Der andere ist ab sofort »zuständig«, leicht erreichbar und stellt seine Arbeitskraft ausschließlich Ihnen zur Verfügung. Man begegnet sich nicht mehr auf dem Markt als Nachfrager oder Anbieter, sondern tritt als Leistungspartner auf. Sie bieten nicht mehr unterschiedliche Produkte an, sondern *ein* Produkt. Dadurch sinken die Transaktionskosten.

Das also ist der Unterschied: Märkte sind *Koordinations*-Arenen. In ihnen werden Angebot und Nachfrage koordiniert. Ihr Nachteil ist: Adam Smiths »unsichtbare Hand« mag zwar unsichtbar sein, aber sie ist nicht kostenlos. Es entstehen hohe Reibungsverluste durch Informationsbeschaffung, Preisvergleiche, Verhandlungen – eben Transaktionskosten. Und es herrscht Wettbewerb unter den Marktteilnehmern, also ein »Gegeneinander«.

Unternehmen hingegen sind (wie schon im vorigen Kapitel ausgeführt) *Kooperations*-Arenen. Angebot und Nachfrage haben sich gefunden, man nutzt Pool-Ressourcen, es geht um Zusammenarbeit, um ein Miteinander. Also um das Gegenteil von Wettbewerb. Man hat die Zusammenarbeit hierarchisch geordnet, sich auf feste Arbeitsverträge geeinigt, man plant langfristig miteinander. Es fallen zwar immer noch Transaktionskosten an, aber sie sind deutlich niedriger als auf Märkten.

Ronald Coase stellte nun die These auf, dass Unternehmen gegründet werden, um diesen Vorteil zu nutzen: Suchkosten, Vertragskosten, Koordinierungskosten, Kontrollkosten zu senken. Alles Kosten, die auf Märkten anfallen. Pointiert formuliert: Der Kern der Unternehmensgründung ist die *Markt-Ausschaltung*.

Marktausschaltung ist eine Denkfigur, die meiner Erfahrung nach nicht einmal im Topmanagement geläufig ist. Es lohnt sich daher, diesen Gedanken noch einmal zu wiederholen: »Grund« der Unternehmens-Gründung sind niedrige Transaktionskosten; es geht darum, Marktmechanismen auszuschließen. Alles, was im Unternehmen die Transaktionskosten senkt, ist produktiv; alles, was sie steigen lässt, kontraproduktiv.

Bis hier klingt das für Ihre Ohren möglicherweise unproblematisch. Tatsächlich aber hat die Berücksichtigung der Transaktionskosten für die Führung sehr weitreichende Folgen. Nimmt man sie ernst, verändert sie die Bewertung vieler Management-Praktiken dramatisch.

Interne Märkte

Eine Kernaufgabe von Führung ist es, bei allen Entscheidungen die Transaktionskosten im Auge zu haben. Das liegt auf der Hand bei Entscheidungen, denen man das Transaktionskostenproblem gleichsam »ansieht«: etwa bei Make-or-Buy-Entscheidungen, bei Joint Ventures, bei Fragen des Outsourcens oder Insourcens. Hingegen ist es nicht so auffällig bei lange erprobten und gleichsam »geheiligten« Institutionen. Führungsinstrumente wie die Leistungsbeurteilung oder die Mitarbeiterbefragung sind jedoch gleichzusetzen mit der Eröffnung eines *internen Marktes*. Eines Beurteilungs-Marktes. Und jedes Meeting, jedes Monitoring-System, jedes Reporting-Tool, der Prozess der Zielvereinbarung, die Budgetplanungen – alles das *erzeugt* Transaktionskosten, die einzusparen das Unternehmen einst gegründet wurde.

Ich möchte Sie deshalb daran erinnern, dass alle unternehmens*intern* eröffneten Märkte die erhöhten Transaktionskosten rechtfertigen müssen. Für das Inkaufnehmen mancher Transaktionskosten gibt es sicher gute Gründe. Dort akzeptieren Sie dann einen Kostennachteil um eines wertvolleren Vorteils willen. In anderen Fällen mag man zweifeln. Aus konkretem, jüngst erlebtem Anlass: Ist es wirklich notwendig, fünfzig Key Performance Indicators in jedem Winkel der Erde auf Knopfdruck zur Verfügung zu haben? Viele Kennzahlen im Unternehmen haben mit einer Wertorientierung nichts zu tun.

reinhard k. sprenger

Sie sind lediglich so beliebt, weil sie sich gut kommunizieren lassen. Insofern haben sie so viel Dynamisierungspotenzial wie ein Gespräch über das Wetter.

Welche Transaktionskosten Sie zu zahlen bereit sind, hängt vom Reifegrad des Geschäfts ab und auch davon, in welcher Phase sich das Unternehmen befindet. In Aufbauphasen sind hohe Transaktionskosten in Ordnung. Auch die relative Kundennähe einer Investition ist wichtig (dazu gleich mehr). Grundsätzlich gilt: Das Senken der Transaktionskosten ist kein absoluter Wert – er ist immer gegen andere Werte zu balancieren. Wenn Sie zum Beispiel bei Entscheidungen Ihre Mitarbeiter einbeziehen, mitreden und mitentscheiden lassen, dann haben Sie vielleicht einen Transaktionskostenvorteil verspielt, aber unter Umständen viel Produktivität geschaffen. So sehen viele Manager immer nur die Schwierigkeiten von zu viel Information, niemals die Risiken zurückgehaltener Information. So wie sie die Kosten von Gesprächen fürchten, niemals aber die Kosten nicht geführter Gespräche. Insgesamt aber ist festzustellen: Wir leiden zunehmend an bürokratischen Wasserköpfen und der Verlangsamung der Abstimmungsprozesse.

In diesem Zusammenhang noch ein Wort zu den großen Beratungsfirmen. Was immer sie den Unternehmen verkaufen – auffällig ist, dass sie niemals ein Wort über Transaktionskosten verlieren. Viele der von ihnen empfohlenen Interventionen sind ja nichts anderes als intern eröffnete Märkte. Das heißt, sie greifen Praktiken auf, die auf den (externen) Märkten gut funktionieren, und bauen sie in die Unternehmen ein. Viele Instrumente verlieren dann ihren instrumentalen Charakter, sie verselbstständigen sich und dienen sich in ihrer Marktförmigkeit als neue Sinnlieferanten an. Damit verwischen sie den Transaktionskosten-Vorteil, den das Unternehmen gegenüber dem Markt hat. Sie schwächen die Effizienzstruktur des Unternehmens, dessen Existenz ja gerade auf der *Marktausschaltung* beruht.

Warum ist das so? Warum sind die Unternehmen hier so wenig sensibel? Wie ist es zu verstehen, dass in heutigen Unternehmen die internen Märkte wuchern, als hätte es die Ideen von Coase und anderen nie gegeben?

Eine Antwort lautet: Es ist für viele Unternehmen schwer bis unmöglich, sich gegen engmaschige Regulierung von Corporate Governance, Compliance, Social Responsibility, Risk-Management und internen Kontrollsystemen zu wehren, die ihnen vom Gesetzgeber und immer mehr »notengebenden« Institutionen aufgezwungen werden. Wie gesagt, das ist *eine* Antwort, denn Transaktionskosten sind häufig selbst gemacht und werden schnell als Zeichen der Moderne akzeptiert. Gerade die Apostel der Effizienz, die Controller, erzeugen in ihrem Bemühen, die Effizienz zu steigern, oft neue und höhere Transaktionskosten. Sie sind nicht selten blind dafür, dass sie mit der einen Hand umwerfen, was sie mit der anderen aufgebaut haben. Mehr noch: Viele Instrumente gelten als modernitätskonstitutiv – wer sie nicht hat, ist irgendwie »hinterm Berg«. Also macht man das, was alle machen, und muss sich wenigstens nicht den Vorwurf anhören, man ginge nicht mit der Zeit.

Die wichtigste Antwort aber lautet: Transaktionskosten kann man nicht »sehen«. Oder besser: Sie haben eine Querschnittfunktion im Unternehmen; man kann sie daher kaum isolieren und zuordnen. Daher sind sie auch nicht »messbar«, es gibt für sie keine Kostenstelle, es existiert keine Kostenplanung. Im Unterschied zu Reisekosten, Werbe- oder Personalbudgets. Die kann man »sehen«. Deshalb blühen Transaktionskosten im Schatten der allseits akzeptierten bürokratischen Erfordernisse, ohne dass sie jemand als Kosten wahrnimmt und thematisiert. Das macht es leicht, sie zu ignorieren. Es ist dieselbe Schwierigkeit wie eingangs bei der Führung dargestellt: Was »nicht sichtbar« ist, wird leicht »übersehen«.

Insofern ist der nachlässige Umgang mit Transaktionskosten ein Kennzeichen unserer betriebswirtschaftlichen Gegenwart. Denn nichts existiert so richtig, bis die Datensammler in unseren Unternehmen einen Weg gefunden haben, einen Parameter zu isolieren und seine Veränderung messbar zu machen.

reinhard k. sprenger

Mitunter scheint es, als sei die Messung ein Synonym für das, was im Unternehmen überhaupt unter vernünftig und rational zu verstehen ist. Alles jenseits des Messens ist Voodoo.

Und das hat Konsequenzen. Denn oft wird, wenn es um die Senkung von Kosten geht, an den falschen Dingen gespart, nämlich ausschließlich solchen, die sich messen und beziffern lassen und die deshalb im Blickfeld des Managements liegen. Die Entwicklung ist fatal: Der dynamisierte Wandel auf den globalen Märkten führt dazu, dass Wettbewerbsvorteile schnell wegschmelzen. Viele Unternehmen reagieren darauf mit immer neuen Kostensenkungs-Programmen. So brechen in regelmäßigen Abständen Wellen des »cost cuttings« über die Unternehmen herein. Plötzlich erinnert man sich und das Unternehmen daran, dass Kosten die Tendenz haben, ins Uferlose zu wuchern. Und dass es solides Handwerk ist, sie immer wieder zurückzuschneiden. Im Regelfall kürzt man dann Budgets, stellt keine Leute mehr ein und verhängt eine Ausgabensperre. Was die Mitarbeiter verärgert. Oder man fängt sogar an, Leute zu entlassen. Wie ein Manager sagte: »Wir können den Laden auch zumachen, dann haben wir die Kosten auf null.«

Downsizing ist aber nicht nur gesellschaftlich umstritten, sondern auch wirtschaftlich. Immer wieder ist von der Forschung nachgewiesen worden, dass nur in etwa der Hälfte der Fälle durch Personalabbau tatsächlich die Gesamtkosten sinken und dass sich in der Regel nur kurzfristig die operative Effizienz verbessert. Eine von den Wyatt Company Consultants in den 90er Jahren herausgegebene Studie kam zu dem Ergebnis, dass nur jedes zehnte Unternehmen nach dem Downsizing seinen Marktanteil und seine Profitabilität steigern konnte. Langfristig wurde sogar eine negative Wirkung auf den Unternehmenserfolg nachgewiesen. Wir sprechen hier von der Differenz zwischen Gesundschrumpfen und Kaputtsparen. Und wir haben gelernt, dass gerade in diesen Prozessen die Kultur des Unternehmens nachhaltig geprägt wird. Und damit dessen Zukunft.

Angesichts dieser sehr begrenzten Wirksamkeit von Personalabbau ist zu fragen, was Unternehmen tun können, um ihre
Kostenstruktur zu optimieren. Um es klar zu sagen: Aller Erfahrung nach ist Downsizing ein Reaktion auf frühere Passivität. Es ist versäumt worden, die Prozesse und Strukturen *permanent* zu überdenken. (»Soziale Verpflichtung« ist heute nicht
selten eine Schutzbehauptung für unterlassene Rationalisie-
rung – die dann umso teurer wird.) So wie die Voraussetzung
für Revolutionen jeglicher Art immer Verspätungen sind.

Vor allem aber hat man über Jahre keinen Blick gehabt für die
wuchernden Transaktionskosten – die verdeckten Kosten, die
durch unternehmensinterne Märkte entstehen. Es genügt nicht,
jeder Einheit einfach gewisse Kostenziele zu setzen oder dieselben Aufgaben auf weniger Köpfe zu verteilen, ohne die Strukturen selbst anzutasten. Man muss auch die Strukturen hinterfragen, nicht nur das »Wie?«, sondern auch das »Was?« Müssen wir
nicht auch die Anzahl der Berichtsebenen reduzieren? Müssen
wir nicht auch obsolete Prozesse eliminieren, die zwar »nice to
have« sind, aber nicht »need to have«? Müssen wir nicht Institutionen abschaffen, die früher mal nützlich waren, heute aber ihre
Existenzberechtigung nur noch aus der Gewohnheit ziehen?
Meine These: Hätte man ein geschärftes Bewusstsein für Transaktionskosten und würde man den Wildwuchs unternehmensin-
terner Märkte verhindern, könnten wir auf den periodisch auf-
und abschwellenden Kostenvernichtungsscharfsinn verzichten.

Institution

Der Umgang mit Transaktionskosten hat mitunter groteske
Züge. Da ist zum Beispiel die Chefetage eines großen deutschen
Flughafens der Überzeugung, die Mitarbeiter und Abteilungen
handelten nicht kostenbewusst. Man installiert unternehmens-
übergreifend ein System der innerbetrieblichen Leistungsver-

rechnung. Ein bürokratisches Monster wächst heran: Alle nur denkbaren internen Dienstleistungen werden nun bewertet und gleichsam mit Preisschildern behängt. Das kennt man von Märkten. Und tatsächlich: Das Kostenbewusstsein innerhalb des Unternehmen steigt. So sehr, dass Kooperationsgelegenheiten ungenutzt bleiben, weil sie zu »teuer« erscheinen oder – im Gegenteil – sich nicht quantifizieren lassen. Das Wichtigste aber bleibt undiskutiert: die immensen Transaktionskosten, die durch die innerbetriebliche Hin-und-Herschieberei entstehen. Man will Kostenbewusstsein schaffen und erzeugt nur zusätzliche Kosten. Der Unterschied: Die Transaktionskosten misst niemand. Aber sie zu reduzieren ist – wie oben gezeigt – ein »Grund« des Unternehmens. Wenn es also heißt »Jeder Cent ist transparent« – dann können Sie sicher sein: Das wird teuer.

Im Folgenden möchte ich anhand einiger Beispiele zeigen, was »Transaktionskosten senken« praktisch bedeuten kann.

Planungen und Zielvereinbarungen überprüfen

Wie schaffen Sie es, dass die Menschen das tun, was Ihnen nützt? Wie machen Sie das Verhalten der Menschen vorhersehbar? Wie besiegen Sie die Angst, die das Anderssein des Anderen erzeugt? Viele Menschen brauchen *Gründe* für Vertrauen. Aber diese Gründe können nicht von einem Menschen kommen, dem man misstraut. Deshalb greift man zu Vertrauens-Prothesen. Zum Beispiel Zielvereinbarungen.

Zielvereinbarungen entstammen einer Zeit planbarer, ruhiger Abschöpfungsmärkte. Der Austro-Amerikaner Peter Drucker war es in den 50er Jahren, der sie als »Management by Objectives« popularisierte. Damals ging er implizit von zwei Voraussetzungen aus:

1. Märkte sind planbar.
2. Menschen ohne Ziele wissen nicht, was sie tun sollen.

Zu Beginn einer Geschäftsperiode setzte man sich also zusammen, kalkulierte die Marktentwicklung, die wirtschaftlichen Rahmendaten, die eigenen Produkte, plante Initiativen, legte noch ein »herausforderndes« Plus oben drauf und einigte sich dann auf »Ziele«, die man mit Geldsäcken behängte, um ihnen Gewicht zu verleihen.

Schon allein dieser Abstimmungsaufwand ist aus Sicht der Transaktionskostenanalyse problematisch. Aber Transaktionskosten waren damals noch weitgehend unbekannt, und wenn man sie kannte, nahm man sie in Kauf. Das konnte man sich leisten: In jener Zeit waren Märkte träge und vorhersehbar. Die Zukunft dachte man in stetig aufsteigender Linie und gestaltete sie durch kluge Vorausschau. Vor allem die Idee der Steuerbarkeit war ungemein attraktiv, entsprach sie doch dem Selbstbild des Managers, der das Unternehmens-Schiff durch stürmische See lenkt. Diese Denkfigur hat sich als Planung, Budgetierung und Zielvereinbarung bis in die Gegenwart gehalten.

Aber ist die Welt heute noch so? Ist der Mythos des heroischen Managers nicht rettungslos veraltet? Ist es heute nicht vielmehr anders herum: Die Märkte treiben die Unternehmen, und die Unternehmen treiben die Manager? Es ist die Zeit des Internets, aufgeklärter Konsumenten, rapider Absatzschwankungen. Muss nicht heute, wer erfolgreich sein will, hochflexibel sein und schnell reagieren können?

Auch wer diese Fragen mit Skepsis liest, wird zugeben müssen: Die wirtschaftlichen Rahmendaten haben sich seit Mitte der 50er Jahre drastisch geändert. Wir haben nur noch sehr selten ruhige Abschöpfungs-Märkte. In der Kunst der Zukunftsprognose tun wir uns von Tag zu Tag schwerer. Alles drängt, alles muss schnell gehen. Die Kette der Herausforderungen reißt nicht ab. Jede Situation ist neu. Die Innovations-Notwendigkeit explodiert und die Bindungs-Notwendigkeit schrumpft. Häufig sind schon vierzehn Tage nach der Vereinbarung die Ziele nicht mehr das Papier wert, auf dem sie stehen: Ein neuer, aggressiver Wettbewerber taucht auf, ein wichtiger Handelspartner bricht weg, ein Produkt überrascht mit schwerwiegenden Schwächen und muss vom Markt genommen werden. Oder etwas bricht aus: ein Vulkan, der Rinderwahn oder eine Wirtschaftskrise.

Menschen haben schon immer geplant – aber Planen will gelernt sein. Wenn es von oben herab geschieht, wird es scheitern. Wenn die Zentrale gegen die Realität vor Ort angeht, kann die Zentrale nur verlieren. Das haben die meisten Menschen schon mal gehört, aber nicht verstanden.

Die Krise ist das Stichwort, sie bringt es an den Tag: Wer schnell reagiert, kommt besser durch. Aber gerade große Konzerne mit ihren vielfach ineinander verwobenen Zielsystemen tun sich schwer. Sie sind zu starr, die Systeme zu zeitaufwändig. Viele halten an dem einmal eingeschlagenen Kurs auch dann noch fest, wenn sich das Umfeld längst geändert hat. Da wird neues Personal eingestellt, wenngleich die Umsatzentwicklung schon geraume Zeit nach unten weist. Es wird weiter produziert, obwohl der Absatz längst stockt. Oder aber, im günstigen Fall, es tauchen unvorhersehbare Impulse auf, neue Marktchancen ergeben sich, überraschende Geschäftsmöglichkeiten eröffnen sich. Wegsehen oder hingehen?

Auf der Mitarbeiterseite erzeugt die Planung eine Verdrehung der Prioritäten. Statt sich auf den Kunden zu konzentrieren, orientiert man sein Handeln an der Planung. Auf der individuellen Ebene führen Zielvereinbarungssysteme häufig dazu, dass sich die Mitarbeiter auf die Zielerreichung konzentrieren, statt sich um Marktchancen zu kümmern. Die Gefahr ist groß, dass man auf überraschende Veränderungen im Markt nicht oder zu spät reagiert. Die Energie konzentriert sich dann weiterhin »innen«, fließt zum Gehalt, beschäftigt sich mit allen möglichen Manipulierungsstrategien. Das ist Energie, die das Unternehmen beim Kunden keinen Meter weiterbringt. So wie im Unternehmen insgesamt zu oft gefragt wird: »Was will der Chef?« Aber der ist dem Kunden ziemlich egal.

Please the Boss – man ist damit beschäftigt, dem Management zu schmeicheln (oder nicht verhauen zu werden). Wie wenig dabei die Transaktionskosten beachtet werden, zeigt das amerikanische Unternehmen Cisco, das mittlerweile einen wöchentlichen (!) Forecast hat. Wie reagieren die Mitarbeiter? Sie halten Puffer in der Schublade, um nicht in einen negativen Fokus zu geraten. Die Kundenorientierung muss man dann aufwändig über Seminare und Workshops wieder einführen. Und wieder entstehen Transaktionskosten. Und wenn die Vorhersagen nicht mit der Realität übereinstimmen, ist die Folge Frust und die Neigung, Schuldige für die Abweichung zu finden. Entweder verliert der Mitarbeiter (er ist nicht auf der Höhe der Marktentwicklung) oder der Planer (er hat schlecht geplant). Ohne Verlierer geht es nicht.

Wer mit Planungen versucht, die Komplexität in den Griff zu kriegen, dem schießen die Transaktionskosten durch die Decke: dauernde Abweichungskontrolle, wenn permanent nachverhandelt wird und immerfort die Pläne angepasst werden müssen. Planung wird daher in einer Welt der Turbulenzen zur Anmaßung.

Niemand kann heute mehr den Zeitraum eines Jahres verlässlich überblicken – es sei denn, er ist nicht am Markt. Müssen, dürfen wir uns weiterhin und unbeirrt an einer *intern* definierten Wirklichkeit orientieren? Oder sagen uns nicht die Kunden und die Märkte, worauf wir uns einzustellen haben? Zugespitzt kann man sagen: Wer Planzahlen erreicht, ist kein Unternehmer. Sondern ein Bürokrat. Im Grunde ist das Planwirtschaft, die so tut, als sei sie Kapitalismus.

Wenn Sie Ihr Unternehmen auf wechselnde Kundenbedürfnisse, Marktveränderungen und Umweltbedingungen einstellen wollen, dann kann das eine zentrale Planung nicht leisten. Leisten kann das in effizienter Weise ein Unternehmen nur, wenn alle Einheiten, Teile und Stellen *selbstgesteuert* handeln. Nur die Konditionen der Zusammenarbeit müssen fremdgesteuert sein: Die Vorgaben zur Rentabilität etwa oder zur Marktführerschaft müssen von der Zentrale kommen.

Das heißt: Wer heute auf turbulenten Märkten agiert, kann nur um den Preis permanenten Nachverhandelns an Zielvereinbarungen festhalten. Viele Praktiker beklagen, dass, wenn sie das Instrument ernst nehmen, sie im Nachverhandlungsstrudel versinken. Und je schärfer die Zielvereinbarung gefasst ist, desto größer der Nachverhandlungs-Aufwand – vor allem natürlich, wenn sie direkt mit dem Entgelt-System gekoppelt ist. Gegen das Prinzip der *Marktausschaltung* verstößt, wer in turbulenten Zeiten und auf volatilen Absatzmärkten laufend die variablen Einkommensanteile nachverhandeln muss. Es ist erstaunlich, wie unbeirrt vielerorts an den Planungsprozessen ruhiger Abschöpfungsmärkte festgehalten wird.

Fassen wir zusammen: Jede Verhandlung und Vereinbarung erhöht die Transaktionskosten. Das wird der Dynamik der Märkte heute vielfach nicht mehr gerecht. So sinnvoll die Planung im Einzelnen auch sein mag, der Nutzen ist den Kosten gegenüberzustellen. Mit Blick auf die Kostenseite hätte eine Allianz frei flottierender Selbstständiger kaum weniger Nachteile. Das heißt: Zielvereinbarungen sind teuer.

Daher mein Vorschlag: Lassen Sie die Jahresplanung und die Budgetverhandlung mal wegfallen. Setzen Sie sie für ein Jahr aus. Können Sie sich vorstellen, auf Dienstpläne zu verzichten und der Selbstorganisation der Mitarbeiter zu vertrauen? Wenn Sie fragen, welche Unternehmen schon so arbeiten, dann gibt es da einige: Aldi zum Beispiel, oder Hilti, Egon Zehnder, Southwest Airlines (eines der wenigen Luftfahrtunternehmen, das wirklich profitabel ist), Google, der amerikanische Dosentomatenhersteller Morning Star, die Svenska Handelsbank. Und viele Mittelständler, deren Namen zwar nicht allgemein bekannt sind, die aber zum Teil auf ihren Märkten weltweit erhebliche Anteile halten. Alle diese Unternehmen sind seit Jahren sehr erfolgreich. Das ändert nichts daran, dass sie eine Minderheit darstellen. Die Mehrheit der Unternehmen arbeitet weiterhin mit Planung und Budgets. Das heißt aber doch nur: Es gibt mehrere Wege, erfolgreich zu sein; und es ist Ihre Wahl, auf welchem Sie sich wohler fühlen. Womit wir wieder bei der ungeliebten Kontingenz wären.

Es geht mir hier nicht vorrangig um eine Kritik – Zielverein-barungen haben ihre Vorteile und eingespielten Routinen. Aber sie müssen zeitgemäß sein. Und sie dürfen kein Selbst-zweckritual sein. Und sie sind gegen den Transaktionskosten-nachteil zu verteidigen. Wenn das nicht gelingt, wenn man sieht, dass bürokratischer Aufwand und Ergebnis in keinem Verhältnis stehen, dann muss man sie überdenken. Zum Bei-spiel, wenn die Innovations-Notwendigkeit drängt und die Bindungs-Notwendigkeit schrumpft – dann sollte eine harte Planung durch eine weiche oder »rollende« Planung ersetzt werden. Die Ansätze, die sich mit »Beyond Budgeting« be-schäftigen, weisen hier sicher in die richtige Richtung.

Mitarbeiter-Loyalität erhöhen, Fluktuation mindern

Neue Mitarbeiter anzuwerben und einzustellen ist teuer. Sich von ihnen zu trennen ebenso. Das zeigt sich zum Beispiel im Vertrieb. Dass eine hohe Kundenfluktuation hohe Transakti-onskosten erzeugt, ist unmittelbar plausibel. Loyale Kunden-beziehungen setzen eine gewisse personelle Konstanz voraus. Nimmt man grundsätzlich an, dass Mitarbeiterbindung auch eine wesentliche Voraussetzung für Kundenbindung ist, dann geht es abermals um Transaktionskosten. Weniger beachtet wird, dass die Bindungskette Kunde-Mitarbeiter auch wichtig ist für eine effiziente Arbeitszeitgestaltung des Mitarbeiters. Treue und erfahrene Mitarbeiter brauchen erheblich weniger Zeit für die Vor- und Nachbereitung von Besuchen. Sie sparen also Zeit für das Wesentliche: das Kundengespräch.

Höhere Transaktionskosten entstehen nicht nur durch Mit-arbeiterfluktuation. Auch der häufige Wechsel von Kooperati-ons- und Vertragspartnern erzeugt Kosten. Besonders kos-tenintensiv ist eine hohe Fluktuationsrate bei »wissensintensiven Gütern«. Denn diese sind schlecht im Voraus zu prüfen. Sie können zum Beispiel einen Rechtsanwalt nicht vorher testen.

reinhard k. sprenger

Wenn Sie ihm nicht vertrauen wollen, wird es teuer. Dann führen Sie weitere Auswahlgespräche, und das kostet Zeit und Geld. Das heißt: Die häufige Abwahl bisheriger und Auswahl neuer Kooperationspartner und Mitarbeiter sollten Sie möglichst vermeiden. Zumindest aus Kostengründen.

Aber nicht nur deshalb. Denn der Wettbewerb der Zukunft wird auf den Personalmärkten entschieden. Dort gibt es immer *weniger* Leute und immer weniger *gute* Leute. Selbst in wirtschaftlichen Krisenzeiten mangelt es an Fach- und Führungskräften. Sicher nicht überall im gleichen Maße. Dennoch wird die Frage »Wie halten wir unsere guten Leute?« für viele Unternehmen immer dringlicher.

Leider verhalten sich die meisten Unternehmen hier falsch. Wenn jemand sich entscheidet, ein Unternehmen zu verlassen, hat er dafür Gründe. Die sind zu respektieren. Sie müssen vor allem zunächst einmal erkannt werden. Genau das aber tun die Unternehmen nicht. Sie fragen nicht, *warum* jemand ging. Stattdessen wird rasch jemand Neues eingestellt und weitergemacht wie bisher. Das ist bloßes Bekämpfen der Symptome. Welche Kräfte aber hinter dem Rücken des eiligen Wiederherbeiredens wirken, das bleibt im toten Winkel des Machbarkeitstheaters. Um sie zu entdecken, wäre die Frage »*Warum* will jemand weg?« die eigentlich wichtige Frage.

Es ist nichts damit gewonnen, wenn jemand bleibt, obwohl er eigentlich gehen will. Denn was ist gut daran, wenn jemand aus den falschen Gründen bleibt? Führungskräfte sollten nicht versuchen, die Trennungsabsicht zu unterlaufen – zum Beispiel mit Geld, Karriereversprechen, langen Kündigungsfristen oder verzögerter Bezahlung. Denn damit beseitigen sie nicht die Ursachen der Demotivation und verzögern nur das unausweichliche Lebewohl. Wenn Führungskräfte diese Ursachen nicht erkennen oder beheben wollen, dann sollten sie wenigstens nicht klammern.

Eine stärkere Mitarbeiterbindung erreichen Sie, wenn Sie jemanden *loslassen*. Wenn Sie gleichsam »absichtslos« führen. Wir wissen aus der Sozialpsychologie: Gerade durch das Loslassen erzeugen wir Bindung. Selbstbindung. Die schwachen Fesseln sind die starken. Sie sollten also nicht versuchen, Mitarbeiter durch Belohnungsversprechen oder Sanktionen zu binden, sondern die Chance für die Entwicklung echter Loyalität verbessern. Wie können Sie es schaffen, dass Mitarbeiter sich bei Ihnen wohlfühlen, gerne kommen und bleiben? Und damit Transaktionskosten senken?

Um diese Frage zu beantworten, müssen wir zunächst verstehen, dass die Gründe für das Kommen nicht dieselben sind wie die Gründe für das Gehen. Das ist eine fundamentale Wahrheit: Menschen kommen zu Unternehmen, aber sie verlassen Vorgesetzte. Auf die Beziehung zwischen Chef und Mitarbeiter kommt es an! Wir wissen aus der Forschung, dass ein hoher Grad an Vertrauen Mitarbeiter weit mehr an ein Unternehmen bindet, als es »goldene Fesseln« je könnten. Es sei denn, Sie verwechseln bloße Anwesenheit mit Produktivität.

Negativ gewendet: Wenn das Vertrauen zwischen Chef und Mitarbeiter fehlt, dann erhöht sich die Fluktuationsrate überproportional. Daher noch einmal in aller Deutlichkeit: Nicht Belohnungen oder Sanktionen binden uns, sondern die Qualität zwischenmenschlicher Beziehung. Das gilt auch über die Chef-Mitarbeiter-Beziehung hinaus: Ein Unternehmen ohne einen Freund ist ein Feind.

Ein weiterer Grund für Mitarbeiter, in einem Unternehmen zu bleiben, besteht im Zugang zu spannenden und herausfordernden Projekten. Ein Mangel an anspruchsvollen Aufgaben demotiviert Mitarbeiter. Stattdessen muss es gelingen, die »Neugieraktivität« (so der psychologische Fachterminus) der Mitarbeiter zu befriedigen, wenn man verhindern will, dass sie über kurz oder lang die Flucht ergreifen.

Und nicht zuletzt wollen die Mitarbeiter den Namen ihres Unternehmens mit Stolz nennen können. Sie wünschen, dass der Glanz des Unternehmens sich auch auf sie überträgt. Ihr Stolz kann aus vielem erwachsen – aus Produkten und Traditionen, der Unternehmenspolitik – oder dem gesellschaftlichen Beitrag ihres Unternehmens (und viele Unternehmen haben Nachholbedarf darin, diesen aufzuzeigen). Fehlt es an jeglichem Glanz, dann suchen Mitarbeiter die erstbeste Gelegenheit, für ein Unternehmen mit größerer Reputation zu arbeiten. Sie tun dies spätestens dann, wenn das Unternehmen zusätzlich weder funktionierende zwischenmenschliche Beziehungen noch reizvolle Aufgaben zu bieten hat. Halten kann man Mitarbeiter dann nur noch mit Geld. So lange, bis ein Wettbewerber mehr bietet.

Kundenorientierung

Immerfort werden irgendwo in Deutschland Innovationspreise verliehen. In nahezu allen Dankesreden wird darauf verwiesen, dass das Hauptproblem für Innovation in den Unternehmen weder technischer noch kreativer Natur ist, sondern die innerbetriebliche Regelungsdichte. Schraube festziehen: zwei Sekunden; Dokumentation: zwei Stunden. Es ist oft leichter, schwierige Kundengespräche zu führen, als sich in irgendeinem Projekt mit Kollegen abzustimmen. Erst wird ein »Steering Commitee« eingerichtet, und weil da nicht alle beteiligten Unternehmensteile repräsentiert sind, wird darunter ein »Sounding Board« installiert. Da aber auch dort nicht alle mitreden können, die irgendwie mit dem Projekt zu tun haben, wird darunter auch noch ein »Support Board« gebildet. Vielleicht sollte man darunter noch ein »Stupid Board« hängen, das nur die Aufgabe hat zu fragen, ob es so viele Boards unbedingt geben müsse. Wir sind oft unser eigener Gegner. Unternehmerisches Handeln ist nicht mehr Kampf um Kunden, sondern gegen Bürokratie.

Man muss nicht Verschwörungstheorien anhängen, um zu sehen, dass große Apparate eine ausgeprägte Eigendynamik entwickeln; je größer der Apparat, desto größer das Selbstinteresse. Seit Parkinsons berühmten Studien sind wir genügend informiert über die Logik großer Organisationen: Sie sind »Selbstauslöser«, die sich eigenaktiv immer neue Regulierungen ausdenken, die wieder neue Sachbearbeiter erfordern, die sich wieder neue Regulierungen ausdenken, die wieder neue Sachbearbeiter erfordern und so weiter. Und je kleiner die Regelungslücke, desto größer der Wunsch, diese auch noch zu schließen. Man verzweifelt förmlich unter dem verbleibenden »Restrisiko«. Das Nicht-Verregelte erscheint bei immer höherem Sicherheitsniveau immer gefährlicher. Und glücklicherweise finden sich immer wieder Einzelfälle, für die »klare Richtlinien« fehlen. Je mehr also neue Policies in Kraft treten, desto lauter wird der Ruf nach weiteren Regeln. Sperren Sie hundert Manager in ein Verwaltungsgebäude ein, und in einem halben Jahr werden sie untereinander so beschäftigt sein, dass sie keinen Kontakt zum Markt mehr brauchen. Erfahrene CEOs nicken, wenn man sagt: Management beschäftigt sich zu 90 Prozent mit Problemen, die es selbst erzeugt hat.

In einem Unternehmen der Energiewirtschaft kursiert dazu folgendes Bonmot: »Wenn die ganze Welt von einem atomaren Super-GAU zerstört wäre, und nur die Zentrale unseres Unternehmens stünde noch – wir würden locker fünf Jahre unbeirrt weiterarbeiten. E-Mails gingen hin und her, Telefone würden klingeln, Conference Calls, Business Reviews, Meetings ohne Ende. Erst nach etwa fünf Jahren würden wir nach draußen schauen und fragen: Ist da noch jemand?«

Die Neigung von Organisationen, sich mit sich selbst zu beschäftigen – das treibt Transaktionskosten ins Unermessliche. So wird zum Beispiel ein Unternehmen oft als »internes« Netzwerk von Kunden-Lieferanten-Beziehungen beschrieben. Meist beklagt man, dass sich jeder vorwiegend als Kunde begreift und den jeweils anderen als Lieferanten. Auch Führung sieht sich im Regelfall eher als Kunde denn als Lieferant. Und das Organigramm legt das ebenso nahe wie auch Formulierungen, dass jemand »an mich berichtet« oder »für mich arbeitet«. Führung könnte sich aber auch als Lieferant begreifen: als Lieferant von Möglichkeiten, Freiräumen, Unterstützungen. Führungsaufgabe wäre dann, die eigene Lieferantenrolle anzuerkennen. Und das Motto von Führung wäre: »Ich bin dafür da, dass die anderen ihren Job tun können.«

Vertikal oder horizontal?

Alle diese Perspektiven haben ihr Für und Wider. Aus der Perspektive der Transaktionskosten aber – und das ist das große Ungesagte – sind das Luxus-Diskussionen. Beide Sichtweisen verfehlen den Kern. Und der Kern ist: Im Unternehmen sind *alle* Lieferanten. Es gibt keine Kunden im Unternehmen. Der Kunde ist draußen – auf dem Markt! Und wir müssen das Unternehmen so bauen, dass es eben keine oder zumindest möglichst wenig Kunden-Lieferanten-Beziehungen *innerhalb* des Unternehmens gibt. Weil die uns beim Kunden nicht weiterbringen.

Das alte Allokationsproblem weist den Weg. Wenn Sie einen Sack Geld zu verteilen haben, dann haben Sie die Wahl, ihn nahe am (externen) Kunden oder weit weg von ihm einzusetzen. Das ist der Lackmustest. Wenn Sie bei einer Investition siebenmal um die Ecke denken müssen, um sich beim Kunden durch diese Investition zu profilieren, und wenn Sie ausgeprägte Ursache-Wirkungs-Akrobatik leisten müssen, damit diese Investition irgendwann durch dessen Auftrag überkompensiert wird, dann sollten Sie überlegen, ob Sie das Geld nicht lieber direkt nahe am Kunden investieren.

Die Nachfrager-Anbieter-Interaktion, das ist die kleinste Einheit der Wirtschaft und ihre wichtigste. Sie ist gleichsam das Ur-Fraktal. An sie sollten Sie sich immer wieder erinnern, wenn Sie eine Gestaltungsaufgabe lösen wollen. Darauf kommt es dann an: Vieles, was auf dem Markt der Managementtheorie angeboten wird, orientiert sich an der hierarchischen Leitunterscheidung »Oben/Unten«. »Oben« fordert meistens, »Unten« muss liefern; »Oben« fragt, »Unten« antwortet; »Oben« klagt an, »Unten« rechtfertigt sich. Die Hauptkommunikation der Hierarchie ist ja die Frage: »Wer beobachtet wen beim Beobachten?« Man weiß, wenn man in eine Hierarchie eintritt, von wem man beobachtet wird und wen man zu beobachten hat. Die Energien fließen also vorzugsweise vertikal von oben nach unten und umgekehrt. Sie verlassen selten das Funktionssilo. Aber, und das sei hier mit Nachdruck gesagt: Für diesen Autismus werden Sie vom Kunden nicht bezahlt! Er interessiert sich nicht dafür, was und wen Sie monitoren, wem Sie Feedback geben oder nicht und ob Sie Mitarbeitergespräche führen. Bezahlt werden Ihre Bemühungen um eine andere Leitunterscheidung: »Innen/Außen«! Wir brauchen dringend eine Horizontalisierung der Energien. Stellen Sie das Unternehmen unter *Horizontalspannung*! Draußen am Markt müssen Sie einen Unterschied machen, nicht auf den Kinderspielplätzen der Organisation.

Doch leider werden unentwegt interne Märkte beliefert, wird die Vertikalspannung intensiviert, werden immense Transaktionskosten verursacht – ohne dass diese auf irgendeinem Konto aufliefen und sichtbar würden. Man kann sie nur ahnen. Unmittelbar plausibel ist diese Tendenz beim Controlling. Soweit ich das überblicke, hat auch noch kein Kommentator bemerkt, dass große Teile der »gestaltenden« Personalarbeit die durch sie entstehenden Transaktionskosten wegblenden. Die gute Absicht scheint es zu erlauben, immer neue interne Märkte zu eröffnen und darüber die externen zu vergessen. Die Ideen hinter vielen Instrumenten wie etwa der »Mitarbeiterbefragung« oder der »Balanced Scorecard« klingen attraktiv; ihr Nutzen scheint offenkundig und konkret – etwa »Stärken analysieren und Schwächen beheben«. Aber all diese Instrumente bilden innerbetriebliche »Märkte«, die die Energien der Beteiligten binden. Unter der Hand werden die kooperativen Beziehungen zwischen den Menschen so in *marktförmige* Beziehungen umgestaltet. Darf man dann noch Söldnermentalität von Mitarbeitern beklagen?

Nehmen wir die »Balanced-Scorecard«. Aus einer respektablen Idee ist in vielen Unternehmen eine »Scorecard« geworden, an der nichts mehr »balanced« ist. Zudem hat man viel Zeit darauf verwendet, das System immer kleinteiliger zu perfektionieren. Immer mehr Kennzahlen, immer mehr Stellschrauben. Glaubt man wirklich, damit mehr zu leisten als die Aufrechterhaltung der Steuerungsillusion?

Die dadurch entstehenden Kosten wirken aber eher abstrakt, mögen breit verteilt sein und lassen sich selten direkt nachweisen. Obwohl sie sehr real sein können – wie zum Beispiel im Falle eines deutschen Polizisten, der im Durchschnitt weniger als ein Zehntel seiner Arbeitszeit Kontakt mit dem Bürger hat, 90 Prozent seiner Zeit aber für »innerbetriebliche« Zwecke verbraucht. In vergleichbarer Weise investieren manche CEOs den Großteil ihrer Arbeitszeit in die politische »Bearbeitung« des Aufsichtsrates. Und wenn ich mir anschaue, dass gesamte Vorstandsgremien oft eine Woche lang paralysiert sind, um einen Conference Call mit der Holding vorzubereiten, dann verhöhnt das die Marktausschaltung – von betriebswirtschaftlicher Rationalität ganz zu schweigen.

Was tun?

Wie können wir das Unternehmen in einer Horizontalspannung halten? Wie können wir einen Zug nach außen erzeugen, zum Markt, zum Kunden?

1. Zunächst, indem wir alles verhindern, was Vertikalspannung erzeugt. Indem wir also alles unterlassen, was die Leitdifferenz Oben/Unten beliefert, was interne Märkte eröffnet, was die bürokratischen Krakenarme verlängert. Bei jeder Intervention in die Organisation sollten Sie fragen: »Welche Leitdifferenz wird da befeuert?« Wenn die Antwort lautet »Oben/Unten«, dann rennen Sie zehnmal um den Block, denken Sie nach und prüfen Sie, ob Sie das wirklich brauchen. Stattdessen sollte es für jedermann leicht sein, die eigene Arbeit als sinnvoll entlang der Unterscheidung Innen/Außen zu erleben.

2. Richten Sie rechtfertigungsbefreite Zonen ein. Wehren Sie sich aktiv und täglich gegen die Springfluten des Reportens und Monitorens. Lassen Sie sich nicht ins Misstrauen jagen. Eröffnen Sie zumindest keine weiteren internen Märkte. Führen Sie keine zusätzlichen Personalsysteme ein, sondern schaffen Sie welche ab, wenn sie nur noch bürokratische Onanie sind. Überlegen Sie, ob die soundsovielte Mitarbeiterbefragung auch noch sein muss. Das spart Transaktionskosten, die unerkannt und weit weg vom Kunden die Energien der Mitarbeiter fesseln.

3. E-Mails: Bei dem französischen IT-Dienstleister ATOS hat man herausgefunden, dass Manager bis zu 20 Stunden wöchentlich mit E-Mails verbringen; bis 2014 will man eine »zero e-mail company« werden. Wer das für hinterwäldlerisch hält, wird dennoch zugeben müssen: In den meisten Unternehmen kommunizieren viel zu viele Leute mit viel zu vielen Leuten (nicht ohne gleichzeitig darüber zu klagen, dass sie nicht richtig informiert seien). Wenn Sie das nicht hierarchisch unterbinden wollen: Reduzieren Sie wenigstens die Zahl Ihrer CCs und vermeiden Sie die Funktion »Allen antworten« – allein schon dadurch explodiert die Produktivität Ihres Unternehmens.

4. Man muss es immer wieder im Unternehmen zur Geltung bringen, immer wieder sagen, immer wieder daran erinnern: Der Existenzgrund des Unternehmens ist der Kunde. Er ist der Arbeitgeber aller Arbeitgeber. Also: Vergessen Sie nicht den Zweck der Zusammenarbeit! Denken Sie vom Kunden her – einerlei, ob marktgetrieben oder markttreibend. Früher haben die großen Handelsfirmen Marken ge-

macht – heute machen Kunden die Marke. Sie mischen sich ein, sie sagen: »Ich will es anders haben.« *Darauf* müssen Sie reagieren, nicht auf das, was die Hierarchie will. Und geben Sie Ihr Geld möglichst nah am Kunden aus.

5. Immense Transaktionskosten werden erzeugt durch inkonsequente Personalauswahl. Insbesondere bei Missgriffen auf der Führungsebene revidiert man selten und meistens viel zu spät die Auswahlentscheidung. Vielmehr versucht man über Personalinstrumente ihre schädlichen Konsequenzen abzumildern. Mit geringem Wirkungsgrad. Insofern handelt es sich dabei um eine Reparaturintelligenz, die Klarheit und Konsequenz umgehen will. Seien Sie entschieden!

6. Stellen Sie keine Berater und keine MBAs ein – man kann Unternehmen nicht aus dem Fernsehsessel per Fernbedienung managen. Man muss dahin gehen, wo die Kunden sind, dort sitzen, wo auch sie sitzen, nach *außen* schauen, nicht ständig nach oben oder unten.

7. Firmen-Konglomerate sind Dukatenesel für Transaktionskosten. Firmen wie General Electric in den USA, Tata in Indien oder Haniel in Deutschland sind oft auf so vielen Geschäftsfeldern tätig, dass sie kaum mit Sachverstand gesteuert werden können. Dazu braucht man extrem gute Leute – und extrem gute Geschäftsfelder. Auch große Fusionen sind nicht nur reine Rechenexempel. Meist ist man so begeistert von synergetischen Zukünften, dass man die Transaktionskosten keines Blickes würdigt. Die aber laufen schon bald als »kulturelle Unterschiede« auf. Als jüngere

Beispiele mögen die gescheiterten Verbindungen von VW und Suzuki oder Sony und Ericsson gelten. Klüger ist es, in einzelnen, eingegrenzten Projekten miteinander zu kooperieren. Das nützt beiden, schont die jeweiligen Unternehmenskulturen und hält die Transaktionskosten niedrig.

Von diesen Vorschlägen werden sich die Aufsichts- und Verwaltungsräte, die Holding-Manager und die Zentralen kaum beeindrucken lassen (auch nicht die Großverregler aus Berlin und Brüssel). Sie aber, Sie sollten tun, was möglich ist, statt festzustellen, dass manches unmöglich ist.

Vertrauenskultur

Überliefert ist ein Satz des ehemaligen Rennfahrers Mario Andretti: »Wenn du alles im Griff hast, bist du nicht schnell genug.« Das gilt auch für Unternehmen. Warum? Weil die Transaktionskosten explodieren. Und die werden sichtbar als Bürokratie. Und Bürokratie bedeutet Krieg, genauer: Papierkrieg. Moderner: E-Mail-Krieg. Warum wird dieser Krieg geführt? Mangels Vertrauen. Egal, ob den Unternehmen von außen durch den Gesetzgeber oktroyiert oder von innen induziert durch Absicherungsmentalität: Bürokratien sind immer ein Zeichen von Misstrauen. Man will sich schützen und absichern. Bürokratie erzeugt Kosten; sie dient lediglich der wechselseitigen Beruhigung, schafft aber sonst keinerlei Wert.

Unter Umständen wird sogar in noch größerem Maße Wert vernichtet. Denn die Kontrollaktivitäten erschöpfen die kreativen Energien der Mitarbeiter. Überall sind sie zu vernehmen, die Klagen über Rechtfertigungswahn und Kontrollexzesse: »Für alles und jedes brauchst du eine Bewilligung.« »Die Finanzkompetenz ist so kleinlich geregelt, dass ich für jede Selbstverständlichkeit den Instanzenweg beschreiten muss.« Insbesondere die

Kosten, die anfallen, um hoch spezialisierte und vor allem »geistig« arbeitende Menschen zu kontrollieren, sind erschreckend hoch. Die Systeme der Überwachung sind kostspielig: Sichtkontrolle (»Tut der Mitarbeiter auch, was er soll?«), zentralisiertes Controlling, hochtechnologische Arbeitskontrollsysteme. Wenn wir nun noch die zunehmende Virtualisierung der Unternehmen anschauen – keine festen Institutionen, keine festen Orte und kein dauerhafter Bestand mehr; wenn wir sehen, wie viele Aufgabenbereiche dezentralisiert werden; wenn wir anerkennen, dass viele Arbeitsprozesse nicht mehr quantitativ zu erfassen und gleichsam de-materialisiert sind; wenn die Spezialisierung und Ausbildung der Mitarbeiter immer weiter voranschreitet, dann stellen wir fest: Das ist hierarchisch kaum noch zu kontrollieren. Und wir wissen mittlerweile, dass die Kosten von Überwachungssystemen selbst die Kosten einer weit verbreiteten Neigung zum Betrug überwiegen können.

Menschen, die einander nicht vertrauen, kooperieren nur im Rahmen von formalen Regeln und Vorschriften. Dieses formale System muss ausgehandelt, operationalisiert, durchgesetzt, überwacht und sanktioniert werden. Die administrativen Kosten wirken wie eine Art Steuer auf alle Interaktionen, machen sie teurer, als sie eigentlich sein müssten – jedenfalls teurer als Interaktionen innerhalb von Organisationen mit hohem Vertrauenspegel. Deshalb ist Misstrauen immer ein Kostentreiber. Und bei Ihnen als Führungskraft sollten vor allem dann die Alarmglocken läuten, wenn die administrativen Kosten schneller wachsen als der Umsatz.

Misstrauen steckt schon im Kleinen, dort, wo Sie es vielleicht gar nicht sehen. Nehmen wir ein triviales Beispiel (stellvertretend für viele nicht-triviale): Sie treffen sich mit Ihrem Mitarbeiter, setzen sich eine Stunde zusammen, vereinbaren eine bestimmte Vorgehensweise und sagen ihm dann: »Ich schaue mir das in zwei Wochen noch einmal an.« Wie lautet die versteckte Botschaft? »Ich vertraue Ihnen nicht, dass Sie sich an die Vereinbarung halten.« Oder auch: »Ich vertrauen Ihnen nicht, dass Sie Ihrerseits aktiv werden und zu mir kommen, wenn etwas erneut abstimmungsnotwendig ist.« Es ist dasselbe Misstrauen, das sich durch monatliche Budget-Reportings äußert – anstatt zu vereinbaren, dass der Mitarbeiter sich selbst meldet, wenn etwas aus dem Ruder läuft.

Werden wir an dieser Stelle grundsätzlich: Was glauben Sie, was passiert, wenn Sie gar nicht da wären? Wenn der Mitarbeiter Sie nicht als Anlaufstelle hätte? Würde er plötzlich tot umfallen? Wäre er völlig paralysiert? Wüsste er dann nicht mehr, was er tun sollte? Oder würde er das Problem mit eigenen Ressourcen lösen können? Sie sollten sich öffnen für diese Perspektive: Ihre bare Existenz als Führungskraft erzeugt schon Transaktionskosten. Weil Sie wie eine lebende Aufforderung wirken: Stimme dich mit mir ab! Nimm mich mit ins Boot! Ignoriere nicht meine Kompetenzen! Sie senden fortwährend Botschaften, die empfangen, verarbeitet und beantwortet werden. Sie erzeugen eine angebotsinduzierte Nachfrage. Eine Nachfrage, die vielleicht gar nicht entstünde, wären Sie nicht da. Je mehr Chefs also, desto mehr Transaktionskosten (zum Beispiel bei Matrix-Organisationen). Fragen Sie sich ernsthaft: Rechtfertigt Ihre Anwesenheit die durch Sie entstehenden Transaktionskosten? Leisten Sie wirklich mehr, als Sie kosten – wenn man die verdeckten Kosten mitdenkt? Wenn Sie im Zweifel sind, dann können Sie wenigstens die Transaktionskosten reduzieren, die durch Sie entstehen. Durch Vertrauen.

Offiziell und auf Unternehmensebene klingt das dann so: »Wir wollen mehr in Wachstum und Innovation investieren und weniger in Administration.« Das sagte 2011 Marijn Dekkers, der Vorstandsvorsitzende der Bayer AG. So klingt heute der Ruf nach mehr Vertrauen. Denn erst vor einem Vertrauenshintergrund können sich die Routinen der täglichen Kooperationen kostengünstig entfalten. Wir können diejenigen Ressourcen einsparen, die wir als Vorbereitung auf »böse Überraschungen« in Reserve halten müssen. Damit entfallen die Kosten expliziter vertraglicher Sicherungsmaßnahmen und Monitoring-Aktivitäten.

Man kann aber nicht, wie das vielfach getan wird, mit moralisierendem Unterton eine »Vertrauensorganisation« fordern. Es muss vermittelt werden, wieso Vertrauen Komplexität reduziert. Prozesse beschleunigt. Problemlösungen effektiv macht. Effizient ist. Und dann müssen strukturelle Konsequenzen gezogen werden. Hierzu gehören zuerst der Kontrollverzicht und der Abbau von Regularien, Reporting- und Monitoring-Systemen. Angemessen, überlegt, aber entschieden. Dabei geht es gar nicht darum, *alle* Kontrollsysteme abzuschaffen. Wichtig ist, dass die Mitarbeiter die Rücknahme beobachten können. Wenn ein Unternehmen auf strukturelles Misstrauen verzichtet, so wird das belohnt. Vertrauen schafft Vertrauen. Und Misstrauen schafft Misstrauen.

Mach mal!

Aus der Perspektive der Transaktionskosten ist nichts so »billig« wie Vertrauen. Vertrauen, dass wir intelligente, selbstverantwortliche Mitarbeiter haben, die einen guten Job machen wollen und flexibel auf die Anforderungen der Kunden reagieren. Wenn man ihnen die Freiheit dazu gibt und sie nicht mit Boni und Incentives zu einem Verhalten verleitet, das ihre Sachlogik und kundenorientierte Rationalität aushebelt. Das Hamburger Handelsunternehmen Gebr. Heinemann ist seit 130 Jahren erfolgreich auf der Basis einer Formel, die genau dies auf den Punkt bringt: »Mach mal!« Das ist der kürzeste Ausdruck einer vertrauensbasierten Zusammenarbeit. »Mach mal« – das ist Zusammenarbeit, die nicht einfach nur »das eigene Ding durchzieht«, sondern sich mit anderen abspricht und auf Vertrauen gründet. Die verzichtet auf Verhandlung, Vereinbarung und Verschriftlichung, Kontrolle auf das Notwendige begrenzt – und insofern Transaktionskosten spart.

Wie sich Individuelles und Systemisches wechselseitig bedingen, kann man am Beispiel des Vertrauens gut illustrieren. Soll sich Selbstverantwortung entwickeln, braucht der Mitarbeiter Vertrauen. Solange Unternehmen von der Vorstellung geradezu besessen sind, ihre Mitarbeiter wollten Sie nur betrügen, werden sie ein Fluchtverhinderungssystem nach dem anderen installieren, welches wiederum nur Systemumgehungsintelligenz erzeugt. Hoher Rechtfertigungsdruck verschleißt Vertrauen. Dann fehlt es an der Bereitschaft, Verantwortung zu übernehmen. Je höher der Rechtfertigungsdruck, desto mehr herrscht die Devise »Cover your ass«. Dann wuchern die CCs in den E-Mails – alles »Hineinzieh-CCs« nach der Methode: »Du hast es auch gewusst!« Lauter misstrauensinduzierte Transaktionskosten.

Noch einmal, weil ich diese Klage fast täglich höre: Wenn gesagt wird, dass zu wenig Bereitschaft vorhanden sei, Verantwortung zu übernehmen, dann kann man natürlich individuelle Defizite dafür haftbar machen. Praktischer ist es, den *institutionellen Rechtfertigungsdruck* zu analysieren und gegebenenfalls zurückzufahren. Das heißt zum Beispiel: Keinen Fehler-Trüffelhund zum Chef machen! Denn unter Rechtfertigungsbedingen gehen Menschen immer den sicheren Weg, niemals den, der scheitern könnte. Also niemals den kreativen.

Warum aber wird dann nicht mehr und öfter vertraut? Weil die Kosten, an der falschen Stelle zu vertrauen, für den einzelnen höher sein können als die Kosten, überhaupt nicht zu vertrauen. Vertrauen kann zu großen Gewinnen führen, die allerdings nicht oder nur schwer direkt auf Vertrauen zurückgeführt werden können. Es kann aber auch zu großen Verlusten führen, die sehr wohl auf Kontrollverzicht zurückzuführen sind. Hingegen lässt sich der Verlust durch Misstrauen nicht messen. Woran orientiert sich der Manager? Im Regelfall am Risiko, nicht am möglichen Gewinn.

Nimmt man diese Argumente zusammen, dann verwandelt sich die alte Redensart, dass »Vertrauen gut, Kontrolle aber besser« sei, in das Ziel, Kontrolle weitgehend durch Vertrauen zu ersetzen. Zumindest dort, wo sie nicht überlebensrelevant ist und dennoch hohe Transaktionskosten verursacht. Wer die Herzen der Menschen erreichen will, sollte sich ohnehin auf das Vorschießen von Vertrauen verstehen. Alles Vertrauen beginnt mit Großzügigkeit. Und es ist sehr schwer, sich dem Charme großzügig unterstellten Vertrauens zu entziehen.

Individuum

Man könnte meinen, die Organisation »an sich« produziere schon hohe Transaktionskosten. Es ist ja auch eine paradoxe Situation, dass der Akt des Organisierens komplexe Vorgänge vereinfachen, mithin Transaktionskosten senken will, gleichzeitig aber Transaktionskosten anhäuft durch Schnittstellen, Meetings und Systeme. Hier sind Führungskräfte gefragt, die dieses Dilemma sehen und täglich das Wuchern der Transaktionskosten zähmen.

Welche *individuellen* Anlagen und Verhaltensweisen vermeiden nun hohe Transaktionskosten?

Das Unsichtbare sehen

Zu nennen ist zunächst Ihre Bereitschaft und Fähigkeit, sich auf eine relativ komplexe Denkfigur wie die Transaktionskosten überhaupt einzulassen. Wie bereits mehrfach erwähnt, kann man diese Kosten ja nicht »sehen« und auch – weil nicht messbar – kaum sichtbar machen. Es gibt dafür eben keine Kostenstelle. Sie müssen also mit offenen Augen durch Ihr Unternehmen gehen und die Abläufe durch die Transaktionskosten-Brille prüfen. Sie brauchen ein Gespür für das Verborgene, das nicht unmittelbar Sichtbare, die Fähigkeit, das Unternehmen als Ort einer zu entdeckenden Wahrheit anzuschauen. Um das Wichtige zu sehen, auch wenn es nicht messbar ist.

Sofort daran schließt sich die Bereitschaft an, für dieses Wichtige auch aktiv einzutreten. Und dafür zu kämpfen. Kollegen und Mitarbeiter auf Transaktionskosten aufmerksam zu machen. Das ist nicht ohne Ungemach möglich. Denn so, wie die Dinge in einer veränderungswütigen Zeit liegen, ist das Beachten der Transaktionskosten eine Schwester des Beständigen. Es folgt nicht den hektischen Bewegungen der Management-Moden. Für diese Nachdenklichkeit ist es schwieriger geworden, sich gegenüber dem Zeitgeist Geltung zu verschaffen, der vornehmlich auf das Neue setzt, auch wenn auf das Klügere nur das Blödere folgt. Heute glaubt man ja, dass nur derjenige gute Arbeit leistet, der sich vieler Managementinstrumente bedient. Es geht mithin darum, das Bewährte zu schützen. Nicht aus Vergangenheitsverklärung, sondern aus der nüchternen Perspektive der Transaktionskosten.

Die Frage nach Ansätzen zur Vermeidung von Transaktionskosten ist durchaus abhängig von der Unternehmensgröße. In KMUs mag es angezeigt sein, erst einmal ein paar Strukturen einzuführen. Schon allein, um bei Führungswechseln eine gewisse Stabilität zu sichern. Aber wichtiger erscheint mir, dass viele KMUs den *Vorteil organisatorischer Rückständigkeit* haben. Sie haben Raum für Menschen; die Lücken für das Besondere sind größer. Sie haben nicht jede Management-Mode mitgemacht, ja häufig halten sich dort noch renitente Reste des gesunden Menschenverstandes. Der weiß instinktiv, dass neue Tools oft viel Lärm um nichts sind.

Das ist also gefordert: die Bereitschaft, *Nein* zu sagen. Sie ist nicht sehr verbreitet. Denn der Begründungsaufwand ist groß. Man hat sich aus der Harmonie mit seiner Umwelt verabschiedet – man ist nicht mehr »everybody's darling«. Mit einem Nein geht man ein höheres Risiko ein – wenn man falsch lag, haben es alle anderen besser gewusst. Und ein Nein-Sager weiß präzise, *wogegen* er ist, aber selten genau, *wofür* er ist. Das diskreditiert ihn in den Augen der Herde. Er hat sich für das Offene entschieden, wehrt sich gegen die Schließung. Oder, wie es Peter Lau ausdrückte: »Ja ist eine Straße. Nein ist ein Horizont.« Also nur etwas für souveräne Manager.

reinhard k. sprenger

Sie müssen also schon ein gewisses Maß an innerer Unabhängigkeit haben, eine autonome Persönlichkeit, die auch Gegenwind aushält und sich einsetzt für Ergebnistragendes, obwohl es nicht sichtbar ist. Weil es zwar nicht zu rechnen ist, aber sich rechnet. Man kann in diesem Zusammenhang sehen, wie desaströs ein Führungsinstrument wie das 360-Grad-Feedback wirkt. Zuerst baut es einen internen Markt auf, bindet Energie, für die Sie der Kunde nicht bezahlt. Und dann nötigt uns das Instrument, möglichst niemandem im Unternehmen auf die Füße zu treten. Es ist mir schleierhaft, wie man diesen Zangengriff der Fehlsteuerung mit Wirklichkeitssinn vertreten kann.

Mögen sich Transaktionskosten »verstecken« und nicht oder nur mit hohem Aufwand messen lassen, so kann man doch wenigstens auf sie hinweisen, sie einschätzen und bewerten. Denn das *Management von Aufmerksamkeit* gehört zu den wichtigsten Steuerungsinstrumenten im Unternehmen.

»Auf-den-anderen-zu«

Verbleibt man beim Senken der Transaktionskosten nicht nur auf der rein »technischen« Ebene des Institutionendesigns, sondern forscht weiter nach *individuellen* Beiträgen, so kommt man um eine Einstellung nicht herum, die ich beschreiben möchte als »Auf-den-anderen-zu«. Ich meine damit die Bereitschaft und Fähigkeit, das egozentrische Kreisen um sich selbst zu verlassen und *vom anderen her* zu denken. Wenn Sie in der Lage sind, sich auf die Denk- und Vorstellungswelt des anderen einzulassen, *adressatenorientiert* zu denken, sprechen und zu handeln, dann genügen Sie dieser Forderung.

Im therapeutischen Kontext ist immer wieder die Fragehaltung spürbar: »Was kann ich kriegen?« Zwar stellt niemand diese Frage explizit. Aber deutlich spürbar ist ein »nehmendes« Verhältnis zu Welt. Möglichst viel, möglichst gut, möglichst schnell. Eine Auf-den-anderen-zu-Einstellung würde anders fragen: »Was kann ich *bieten*?« Sie denkt sich in das Gegenüber ein, versucht durch seine Brille zu sehen, berücksichtigt seine Interessen. So artikuliert sich ein »gebendes« Verhältnis zur Welt, das keineswegs mit Selbstlosigkeit verwechselt werden darf, sondern zunächst an den anderen denkt und den eigenen Vorteil als *Folge* des Gebens begreift.

Im Unternehmen ist der Kunde, der immer nur »stört«, geradezu sprichwörtlich geworden für Unternehmens-Autismus. Ach, was hätten wir es gut, wenn nicht immer diese blöden Kunden unsere Selbstumkreisung behinderten! Weshalb ja viele Unternehmen am liebsten auch ohne den »Umweg« über den Kunden ihren Kapitalmarktwert erhöhen wollen, gleichsam Geld aus Geld schaffen, und sich als hermetisch geschlossene Wertsteigerungsgeneratoren verstehen. Dass wir mal unsere Existenz dem Willen verdankten, mit unseren Produkten und Dienstleistungen die Lebensqualität unserer Kunden zu verbessern, mein Gott, ist das lange her! Prototyp dieses Menschenschlages ist, ganz ohne böse Absicht, der technikverliebte Ingenieur, der fasziniert ist davon, was seine Maschine alles kann – nicht was der Kunde braucht. Und wenn die Kunden dann sagen: »Ach übrigens, wenn ihr fertig seid mit eurer Nabelschau – wir haben hier Aufträge!«, dann schalten wir eine »Service-Abteilung« dazwischen, die verhindert, dass wir von »denen da draußen« verwirrt werden.

Auf-den-anderen-zu: Das meint eine »dienende« Haltung, die um die wirtschaftliche Abhängigkeit von anderen weiß, die sich an *kundendefinierten* Qualitätsmaßstäben orientiert, die bereit ist, das Handeln, das Produkt, die Prozesse, ja die eigene Ausbildung zu ändern, wenn der Markt es erfordert. Die sich nicht immer nur selbst als Kunde begreift, sondern *zunächst* als Lieferant (um an dem Dienen zu verdienen), die einen *Unterschied* im Leben anderer machen will. Die die Produktqualität des Unternehmens in Lebensqualität der Kunden verwandelt.

Sie zeigt sich auch in der Kommunikation innerhalb des Unternehmens. Nennen wir das Beispiel des Vorstandsvorsitzenden, der auf einer Führungskräfte-Veranstaltung zum Redner-pult geht. Er beginnt zu sprechen. »Sehr geehrte Damen und Herren, liebe Kollegen …« Was passiert in diesem Moment in den Köpfen der Zuhörer? Wovon ist es abhängig, dass seine Worte nicht nur gesagt, sondern auch gehört, ja verstanden, vielleicht sogar wirksam werden?

In solchen Momenten stellen sich die Anwesenden unbe-wusst zwei Fragen: *Erstens:* Ist er glaubwürdig? *Zweitens:* Meint er mich? Wie gesagt: unbewusst! Niemand spricht diese Fragen aus, und doch bleiben sie während des ganzen Vor-trags vital. Sie entscheiden darüber, ob die Zuhörer den Saal anders verlassen, als sie ihn betraten. Schieben wir das Prob-lem der Glaubwürdigkeit zur Seite (es ist für unseren Zusam-menhang zu vernachlässigen) und betrachten wir die zweite Frage: »Meint er mich?« Da ist zunächst das Formale: Spricht er *über* ein Thema, oder spricht er *zu* mir? Spricht der Redner zu einem Kollektiv-Singular, zum »Personal«, zur »Beleg-schaft«, oder meint er mich als Individuum? Spüre ich, dass er *mich* erreichen will, dass ihm etwas daran liegt, mich persön-lich zu bewegen? Oder ist es erkennbar, dass er lediglich selbst eine gute Figur machen will? Ich möchte spüren, dass der Spre-cher mein Interesse verfolgt, nicht nur sein eigenes oder das anonymer Anteilseigner. Redet er über »wir«, meint aber »sich«? Ist er offen für meinen Einwand, für meine Perspek-tive? Oder möchte er seine Überzeugung am liebsten zum all-gemeinen Handlungsstandard aufblähen?

Nur wenn diese Fragen durchgängig mit »Ja« beantwortet werden, wird der *Anwesende* zum *Zuhörer*. Sonst hält er nur durch und sitzt die Zeit bis zu nächsten Pause ab. Und baut zwischenzeitlich beträchtliche Aggressionen auf. Sie können solche Reaktionen Ihrer Zuhörer vermeiden. Es ist ganz ein-fach: Die Menschen müssen Ihnen nur wichtiger sein als das Redemanuskript.

Wer aber dauernd um sich selbst kreist, wer das Unterneh-men als in sich geschlossenes System sieht, wer sich an der

Leitunterscheidung Oben/Unten orientiert, der weist mit seinem Handeln nicht nach außen, sondern auf sich selbst zurück. Mit seinem organisatorischen Narzissmus produziert er Transaktionskosten, die von keinem externen Marktteilnehmer freiwillig beglichen werden. Deshalb greift er zum Mittel des *Zwangs*. Als Manager zwingt er die Mitarbeiter; als Politiker zwingt er die Bürger. Als Manager hat er es (vor allem finanziell) »nicht nötig«, sich vom Mitarbeiter abhängig zu machen; als Politiker suspendiert er durch Kartellbildung der politischen Eliten den Parteienwettbewerb. Man dreht sich halt gerne um sich selbst. Wer anderen nicht dienen kann, versucht sie zu beherrschen.

Ich möchte diesen Punkt zuspitzen, um ihn kritikfähig zu machen. Eine innere Einstellung, die ich mit »Auf-den-anderen-zu« beschrieben habe, hat zur Konsequenz, das berufliche Handeln nicht als konstitutiv für die eigene Identität betrachten zu dürfen. Es ist ein Unterschied, ob ich mich vor dem Hintergrund meiner Ausbildung zum Beispiel als Lehrer begreife (und dann erwarte, dass der Markt mich in dieser Identität anerkennt) oder ob ich mich mit meiner Ausbildung und meiner Dienstleistung danach richte, was gebraucht wird (und dann vielleicht als Journalist arbeite). Unsere Produkte und Dienstleistungen – wir *haben* sie, aber wir *sind* sie nicht. Die anderen sind nicht dafür da, uns in unserer beruflichen Selbstdefinition zu bestätigen. Wir können viele Dinge tun und anbieten – aber wir werden nur überleben, wenn wir dafür Tauschpartner finden. Wenn wir vom Markt her denken, wenn es dafür eine Nachfrage gibt. »Auf-den-anderen-zu« handeln wir, wenn wir souverän über unser Angebot verfügen, nicht, wenn wir echsenhaft an ihm kleben. Es darf nicht so sehr Teil unserer Selbstdefinition sein, dass eine Änderung im Marktverhalten und in der Präferenz der Kunden mit dem Verlust unserer Identität gleichzusetzen wäre. Wer sich als Nukleartechniker versteht, der muss in Zeiten des gesellschaftlichen Klimawandels seine Fähigkeiten in anderen Technologien einsetzen (oder auswan-

reinhard k. sprenger

dern). Es geht nicht darum, etwas zu *werden*, sondern etwas zu *erwerben*. Vom anderen her gedacht ist daher unsere berufliche Situation immer prekär. Wir sind allenfalls das, was uns unsere Tauschpartner zu sein erlauben.

Es ist unsicher, ob diese Position im korporatistischen Meinungsklima Deutschlands zustimmungsfähig ist. Sicher bin ich mir hingegen, dass die sehr deutsche Frage »Was ist er?« mit der Antworterwartung eines bestimmten »Berufs« die Energierichtung gleichsam umdrehen will: Alles läuft »auf-mich-zu«! Der andere ist dafür da, mich zu bestätigen, mich anzuerkennen, mir abzukaufen, was ich im Angebot habe. Dann will man sich vom Tauschpartner unabhängig machen, dann will man Wahlmöglichkeiten einengen, dann will man Märkte umgehen, dann will man Demokratie aushebeln. Kein Zweifel: Die Tatsache, dass das »Auf-den-anderen-zu« verloren gegangen ist, hat zu jener ignoranten, atomistischen und rücksichtslosen Atmosphäre beigetragen, für die die Arroganz der parteipolitischen Parallelgesellschaft sowie die Gehaltsexzesse gewisser Topmanager nur die sichtbare Spitze bilden.

Risikomündigkeit und Selbstvertrauen

Die Deutschen sind Panik-Weltmeister. Angestachelt werden sie darin von Verbraucherschützern, Politikern und einer alarmistischen Presse. Da kann man noch so sehr darauf verweisen, dass statistisch die Wahrscheinlichkeit, durch die eigene Waffe zu sterben, in der westlichen Welt weit höher ist, als von einem Kriminellen erschossen zu werden. Gerade der Staat ist mit seiner Regelungswut und seinen überbordenden Verbraucher-Belehrungspflichten Teil jener Wachstumsindustrie, die nichts anderes verkauft als *Angst*. Viele Informationspflichten der Unternehmen gegenüber dem Kunden sind derart überhöht, dass man dem Kunden vor Vertragsabschluss gleich sagen könnte: »Ich betrüge Sie – überlegen Sie sich gut, ob Sie das wirklich wollen.« Entsprechend fürchten die Deutschen sich vor den falschen Dingen und können ein *Risiko* nicht von einem manifesten *Schaden* unterscheiden. Menschen, die täglich besinnungslos Fett und Alkohol in sich hineinstopfen, werden hysterisch bei Rinderwahn, Vogel- oder Schweinegrippe, Pestiziden im Gemüse oder Dioxin-Eiern. Die »German Angst«, weltweit bekannt, blockiert den Verstand. Dabei ist es erstaunlich, wie statistisch extrem unwahrscheinliche Risiken gefürchtet werden, aber die Menschen bedenkenlos Auto fahren, auf Haushaltsleitern klettern oder gefährliche Bergtouren unternehmen. Manche heiraten sogar.

Fühlen Sie als Führungskraft sich ängstlich, erleben Sie den anderen als Risiko, dann versuchen Sie, seine Handlungen vorhersehbar zu machen und die Enttäuschungswahrscheinlichkeit zu minimieren. Der angstgeöffnete Weitwinkel sucht dann das Heil in der Kontrolle. Sie überziehen Ihre Umwelt mit einem Netz an Sicherungsaktivitäten, führen Reporting-Systeme ein und monitoren alles und jeden. Ihr Ideal heißt dann: »Alles im Griff!« Und die Bürokratie wuchert. Angst ist das trojanische Pferd der Transaktionskosten.

Energische Schritte in die Richtung einer Vertrauenskultur gehören – wie oben beschrieben – zur systemischen Kernaufgabe der Führung. Aber wer geht sie? Wer ist bereit, die Kontrollsysteme angemessen, überlegt und differenziert zurückzufahren? Nur Menschen mit einem ausgeprägten *Selbstvertrauen*. Fragen Sie sich selbst: Haben Sie die Fähigkeit, sich dem Fremden, dem Unvertrauten zu stellen? Zu vertrauen, obwohl es eigentlich keinen Grund dafür gibt? Fühlen Sie sich innerlich sicher? Sie müssen sich als denjenigen kennen, der auch bei Überraschungen *gelassen* bleibt. Sie benötigen die Fähigkeit, mit dem Unerwarteten umzugehen und zu tun, was eine ungeplante Situation erfordert. Wenn etwas nicht klappt, behalten Sie die Fassung, denn Sie verfügen über ein verlässliches Vertrauen in Ihre eigenen Fähigkeiten. Sie wissen, dass Sie auch im Falle eines Vertrauensbruchs mit der Situation fertig werden.

Den souveränen Umgang mit dem anderen auf der Grundlage von Vertrauen nenne ich »Risikomündigkeit«. Sie hat nichts mit blindem Vertrauen zu tun, sondern weiß, dass Menschen sich oft unverantwortlich verhalten. Sie weiß um das Risiko, das Vertrauen stets mit sich bringt. Sie hat die Illusion hinter sich gelassen, »alles im Griff« haben und die Umwelt kontrollieren zu können. Sie integriert unsere Wissensdefizite und den Mangel an Vertrautheit mit dem anderen in einen stabilen Rahmen und macht uns handlungsfähig.

Vertrauen erfordert Risikomündigkeit, und diese setzt voraus, dass Führungskräfte sich selbst vertrauen. Wer das nicht kann, wer sich selbst misstraut (weil er sich verdächtigt, unter Umständen Vertrauen zu enttäuschen), der wird bei anderen ein gleiches Verhalten mindestens für möglich, wenn nicht gar wahrscheinlich halten. Er wird Kontrollmaßnahmen ergreifen, die Kontrollumgehungen provozieren, wodurch sich sein Misstrauen noch verstärkt. So setzt er eine Misstrauensspirale in Gang. Der für Transaktionskosten geschärfte Blick schaut daher vor allem auf misstrauische Manager. Manager mit geringem Selbstvertrauen. Manager, die nicht damit leben können, dass es in jeder Organisation eine kriminelle Grundlast von etwa 5 Prozent gibt. Und die nichts so sehr fürchten, als die nicht im Griff zu haben. Weil sie nichts verlieren wollen, gewinnen sie nichts. Und erschaffen bürokratische Monster.

Wir kommen also zu dem kaum überraschenden Ergebnis, dass, wenn es Ihnen darum geht, Vertrauen aufzubauen (und dadurch Transaktionskosten zu senken), Sie aufhören müssen, sich selbst zu täuschen und zu belügen. Verfügen Sie über die Eigenschaften, die für Vertrauen unabdingbar sind? Vertrauen Sie sich selbst?

Gehen wir zum Schluss noch einen entscheidenden Schritt weiter. Auch wenn ich es schon oft gesagt habe, ich werde nicht damit aufhören: Wer führt, soll die, die sich ihm anvertraut haben, vor allem in ihrem *Selbst*vertrauen stärken. Nur dann entsteht eine Kultur der Erfolgs-Zuversicht.

Erfolg

↑

Führung

↑   ↑

Institution   --→   Individuum
       ←⚡

↓   ↓

1. Zusammenarbeit organisieren

2. Transaktionskosten senken

3. Konflikte entscheiden

4. Zukunftsfähigkeit sichern

5. Mitarbeiter führen

Dritte

Konflikte entscheiden

Kernaufgabe

Entscheidungen

Die Überfülle der Möglichkeiten

Unser Leben ist voller Entscheidungen ganz unterschiedlicher Art. Es gibt die kleinen, alltäglichen Entscheidungen – etwa über die Frage, ob ich morgens mit dem Auto oder dem Fahrrad zur Arbeit fahre oder ob ich mittags in der Kantine noch einen Nachtisch nehme oder nicht. Und es gibt die großen Entscheidungen, die mein Leben bestimmen werden: Die Berufs- und Partnerwahl gehören dazu oder vielleicht die Entscheidung über einen Immobilienerwerb. Manche Entscheidungen fallen uns leicht, manche nicht. Mit den Folgen mancher Entscheidungen sind wir glücklich – wir sprechen dann von »richtigen« Entscheidungen. Manche Entscheidungen machen uns unglücklich, wir bedauern sie und nennen sie dann »falsch«. In jedem Fall aber ist es die Existenz einer *Alternative*, die uns zur Entscheidung drängt: Welche soll ich wählen? Wir können nicht alles haben. Der Tag hat nur vierundzwanzig Stunden, das Leben ist begrenzt und die Mittel, mit denen ich Ziele verfolge, sind *knapp*.

Alternativen und knappe Mittel nötigen uns zur Entscheidung. Wir müssen über die Verwendung knapper Mittel im Hinblick auf konkurrierende Ziele entscheiden. Ökonomen erklären das mit den »Opportunitätskosten« – jene Kosten, die dadurch entstehen, dass wir ein knappes Gut auch alternativ verwenden könnten: Wenn wir Geld für ein Auto ausgeben, können wir es nicht gleichzeitig für den Urlaub nutzen. Ob uns die Knappheit zur Entscheidung »zwingt«, ist ein philosophisches Problem: Man kann sich ja auch zur Unentschiedenheit entscheiden – und hätte auch dann entschieden. Insofern kann man *nicht* Nicht-Entscheiden. Man entscheidet immer – aber ist sich dessen oft nicht bewusst.

Das eigentliche Problem dabei ist die *Überfülle der Möglichkeiten*. Das berühmte Marmeladen-Experiment veranschaulicht das: Wenn wir morgens nur eine Marmelade auf dem Frühstückstisch haben, erscheint uns das unzureichend und wir wünschen uns die Wahl zwischen mehreren (unter der Voraussetzung, dass Sie Marmelade mögen). Haben wir dann, sagen wir: drei Marmeladen auf dem Tisch, geht es uns gut. Wir freuen uns über die Auswahl und die Abwechslung. Haben wir aber dreißig Marmeladen zur Wahl, dann geht es uns wieder schlecht. Wir »leiden« gleichsam unter der Tatsache, dass wir so viele Marmeladen nicht probieren, so viele Möglichkeiten nicht nutzen können. Das lähmt unsere Entscheidungskraft. Das weiß zum Beispiel der Retail-Handel, der sein Angebot an uns begrenzt.

Die Überfülle der Möglichkeiten ist es, die manche Menschen zögern lässt und das »Aufschieben« erklärt. Sie wissen zu viel oder nicht genug, ihre Kapazität, Informationen zu verarbeiten, ist begrenzt, ihre Präferenzen schwanken. Wie Nina Hagen einst sang: »Ich kann mich gar nicht entscheiden, es ist alles so schön bunt hier!« Der Zwang, ständig Entscheidungen treffen zu müs-

reinhard k. sprenger

sen, noch dazu meist unter Zeitdruck, das kann überfordern. Und dieser menschenfreundlichen Ausrede entspricht die große Versuchung, beim Status quo zu bleiben. Vielen Menschen fällt es unendlich schwer, den Schwebezustand des Immer-noch-Möglichen aufzugeben. Sie leiden lieber, als dass sie handeln. Sie lassen dann ihr Leben von anderen entscheiden: von Ärzten, Pädagogen, Politikern. Oder von Führungskräften.

Entscheidbarkeit sichern

Warum gibt es Führung? Greifen wir die eingangs dieses Buches gestellte Frage noch einmal auf und formulieren sie negativ: Was fehlt, wenn Führung fehlt? Denken wir uns Führung also weg und folgen Experimenten der Sozialwissenschaften, in denen Führung versuchsweise »abgeschafft« wurde. Was passiert dann? Die Antwort ist eindeutig: Gruppen, die zusammen auf ein Problem oder ein Ziel hin orientiert sind, bilden nach kurzer Zeit wieder neue Führungsstrukturen. Man wählt sich einfach eine neue Führung. Offenbar erfüllt Führung ein Bedürfnis. Im Alltag kann man ja auch immer wieder erleben, dass in bestimmten Situationen nach »Führung« gerufen wird. Welche Situationen sind das?

Es sind Konflikte. Man will zwei Dinge, die sich aber logisch ausschließen. Oder man streitet über Ziele und Wege. Irgendetwas ist risikoreich oder widerspruchsvoll. Es stauen sich Fragen, Informationen und Probleme. Man steckt fest in einem Dilemma. Der Organisation droht die *Paralyse*. Dann braucht es eine Instanz, die den Stillstand verhindert beziehungsweise auflöst. Dann hat Führung ihren Auftritt. Führung muss in die Verantwortung gehen, etwas Festgefahrenes in Bewegung bringen, die *Entscheidbarkeit sichern*.

Ich vermeide bewusst die Formulierung »Führung muss entscheiden«. Denn es wäre natürlich wünschenswert, wenn die Organisation beziehungsweise die Mitarbeiter selbst die

Entscheidung träfen (dazu komme ich noch einmal am Schluss des Buches). Soll zum Beispiel eine Entscheidung auf breiter Basis *umgesetzt* und nicht gegen Widerstände *durchgesetzt* werden, dann bietet es sich an, jene bei der Entscheidung einzubeziehen, die von der Entscheidung direkt betroffen sind. Das ist intelligent, aber langsam. Der Dialog ist daher kein Allheilmittel. In manchen Situationen ist es besser, schnell zu entscheiden und klar anzuweisen.

Das gilt nicht nur im Turnaround-Management. Nehmen wir Innovationen. Wer immer nur darauf wartet, dass die Wirtschaftlichkeit des neuen Produktes »bewiesen« ist, der wird erleben, dass der Wettbewerb schneller war. Viele Führungskräfte trauen sich jedoch nicht mehr, schnelle Top-down-Entscheidungen zu fällen. Sie halten das für unkooperativ. Doch das ist unbegründet, wenn Mitarbeiter *im Regelfall* dialogisch eingebunden werden. Dann tragen sie auch eine situationsgebundene Anweisung mit.

Besonders in konfliktären Situationen ist eine von allen respektierte Hierarchie notwendig. Wenn sich die Menschen nicht einigen können, muss Führung eingreifen. Etwa so, wie es Hans-Otto Schrader gesagt hat, seit 2007 an der Spitze des Versandhandelsriesen OTTO: »Wenn erstrebenswerte Zielzustände nicht im Konsens entstehen, bin ich in der Lage, sie durchzusetzen.« Wohlgemerkt: Die erste Priorität ist die Entscheidung der Mitarbeiter, die zweite gehört ihm.

Führung wird also *erst dann* wertvoll, wenn Routinen versagen. Ich kann es gar nicht klar genug machen: Führung hat ihren Aufgabenbereich »jenseits« der Routine, nämlich im Konflikt, in dilemmatischen Situationen. Ein Unternehmen braucht keine Führung, wenn das Unternehmen in ruhigen Gewässern segelt. Um aber Stillstand zu vermeiden, muss Führung entscheidungsbereit sein. Auf dem Schreibtisch des amerikanischen Präsidenten Truman stand ein kleines Schild mit dem Satz: »The buck stops here« – etwa: Bis hierhin kann man den Schwarzen Peter schieben, nicht weiter.

reinhard k. sprenger

Ich will es zuspitzen: Es ist nicht so, dass, wie oft geschrieben, sich Führungskräfte bei der Bewältigung ihrer Aufgabe mit Konflikten und Dilemmata konfrontiert sehen. Vielmehr wird die Führungsaufgabe durch Konflikte überhaupt erst geschaffen. Die Wahrscheinlichkeit von Konflikten macht Führung notwendig.

Entscheidung oder Wahl?

Wenn wir fragen, warum sich Menschen mit Entscheidungen schwertun und es deshalb in Organisationen eine Institution gibt, die die oft beobachtbare Entscheidungshemmung überwindet, dann müssen wir fragen: Was ist überhaupt eine *Entscheidung*? Und was unterscheidet sie von einer *Wahl*? Entscheidung und Wahl liegen begrifflich nahe beisammen, die Alltagspraxis unterscheidet sie kaum. Ihre Nähe ist so groß, dass die Wahl sich sogar wie eine Anwendung der Entscheidung ausnimmt. Das zu verstehen scheint mir keine überflüssige Gelehrsamkeit, sondern praxisrelevant.

Wenn Sie eine *Wahl* treffen, dann verfolgen Sie einen Wert, den Sie anderen Werten vorziehen (zum Beispiel nur im Inland zu produzieren). Oder Sie haben ein transparentes Bild von einer erwartbaren Zukunft vor Augen und kalkulieren entsprechend Wahrscheinlichkeiten. Sie haben jedenfalls *gute Gründe* für Ihre Wahl. Das heißt: Die Bewertung der beiden Seiten einer Alternative ist *asymmetrisch*, eine Seite wiegt schwerer – wenn vielleicht auch nur wenig.

Um eine *Entscheidung* davon abzuheben, stellen Sie sich bitte vor, Sie stehen vor einer Weggabelung. Es geht nur rechts herum oder links herum, und die jeweiligen Wege verlieren sich schnell hinter einer Biegung. Sie können nicht wissen, wohin welcher Weg Sie führt. Die Bewertung der beiden Seiten der Unterscheidung ist nun *symmetrisch*, beide Seiten wiegen exakt gleich viel. Dann, und nur dann, können wir im strengen Sinn von einer Entscheidung sprechen. Also in einer Situation, die zuerst vom Philosophen Jean-Paul Sartre entwickelt wurde (und nicht – wie im systemtheoretischen Schrifttum immer behauptet – auf den Kybernetiker Heinz von Foerster zurückgeht): *wenn in einer prinzipiell unentscheidbaren Situation entschieden werden soll.* Wenn in einer Welt voller Alternativen gleichwertige Argumente für oder gegen ein Handeln sprechen. Wenn fünf Ihrer Mitarbeiter sagen »Rechts herum!«, und diese gute Gründe dafür haben. Und fünf andere Mitarbeiter sagen »Links herum!«, und auch sie haben gute Gründe. Wenn Sie für jedes Gutachten ein Gegengutachten finden. Das ist die Pointe: Bei einer Entscheidung *fehlen Gründe*, sich für oder gegen eine Alternative zu entscheiden. Oder aber es gibt viele Gründe, die gleich verteilt sind. Oder die Zukunft ist völlig unkalkulierbar (wie zum Beispiel die Finanzmärkte zur Zeit der Schulden-Euro-Krise). Entscheidungen sind genau dann nötig, wenn sie unmöglich sind – unmöglich im Sinne von »schlüssig zu begründen«. Sie könnten auch eine Münze werfen oder einen Strohhalm ziehen. Es ist gerade das *Fehlen* der Begründung, die uns zur Entscheidung drängt.

Eine Entscheidung weiß also nicht, wie ihr Ergebnis aussieht. Gäbe es keinen Zweifel angesichts von Handlungsalternativen, bräuchten Sie nur den besten Effekt zu berechnen und wüssten damit schon, was Sie zu tun hätten. Die Lösung des Problems fiele Ihnen wie eine reife Frucht in die Hände. Das wäre eine Wahl. Eine Entscheidung ist keine Rechenaufgabe. Sondern ein Springen durch die Flammenwand des Zweifels. Nur wenn es unklar ist, wohin die Reise geht, dann ist eine Entscheidung fällig. Mithin ist jede Wahl eine Entscheidung; aber nicht jede Entscheidung ist eine Wahl. Entscheidung ist der größere Begriff.

Vielfach werden Manager aufgefordert, auch mal »riskante« Entscheidungen zu treffen. Das ist gut gemeint, aber Unfug. Entscheidungen sind *immer* riskant – sonst wären sie keine. Und wenn Henry Kissinger im Rückblick auf sein Berufsleben sagt, »die schwierigsten Entscheidungen waren jene von 50,5 Prozent zu 49,5 Prozent«, dann sagt er etwas Falsches und Richtiges zugleich. Etwas Falsches: Er meint eigentlich eine »Wahl«. Etwas Richtiges: Selbst entscheidungsstarke Menschen tun sich schwer, Konsequenzen zu wählen, die unklar und eintrittsunsicher sind. Aber eine Entscheidung ist eben nur fällig, wenn Sie *gar nicht* wissen, was erfolgswahrscheinlich ist.

Dieser Zustand ist keineswegs theoretischer Natur. Sie erreichen ihn mühelos, wenn Sie sich bei Experten oder im Internet Entscheidungshilfe holen wollen. Dann verlieren Sie sich schnell in den Untiefen des Pro und Contra und wissen bald noch viel weniger, was Sie tun sollen. Und Sie beweisen einmal mehr die Tatsache, dass Entscheidungen durch Informationen nicht leichter fallen, sondern schwerer. Genauer: dass die Wahl sich zur Entscheidung verschiebt.

Und Entscheidungen dieser Art nehmen zu: So hat Ekkehard Schulz von ThyssenKrupp seinerzeit die Milliarden-Investitionen für Stahlwerke in den USA und Brasilien sicher nicht leichtfertig entschieden. Es wurde dennoch ein Desaster und Schulz zum Abschied genötigt.

Entscheidungszwang ist also die Existenzvoraussetzung für Führung. Und die Notwendigkeit der Entscheidung überschreitet immer die Möglichkeit der Erkenntnis – wie wir von Immanuel Kant gelernt haben. Wir entscheiden immer in Situationen unvollständiger Information. Abermals: Sonst wäre es keine Entscheidung. Sonst könnte man auch einen Computer zum CEO machen.

Wir dürfen bezweifeln, ob die meisten Führungskräfte wussten, dass sie sich für eine dilemmatische Existenzform entschieden haben, als sie erstmals Führungskraft wurden. Aber für einige Manager kam es dann doch dicker als für andere. Zum Beispiel für Auto-Manager. Bis zum Boom ab 2010 eilten sie von einer unklaren Marktsituation zur nächsten, sollten alternative Antriebe entwickeln, mit Wettbewerbern bei der extrem teuren Motorenentwicklung kooperieren, genau diesen Wettbewerbern auf gesättigten Märkten Kunden abjagen und dabei die Bedürfnisse ihrer Zielgruppe auf Jahrzehnte hinaus erahnen. Ein hartes Training im Hellsehen. Oder für Energie-Manager: Welcher Energieträger wird in dreißig Jahren den Markt bestimmen? Sind es Offshore-Anlagen auf den Weltmeeren? Sind es Sonnenkollektoren in den Wüstenregionen? Oder sind es nach wie vor Erdöl, Kohle und Erdgas? Was macht dabei eine hasardierende Politik, die auf kurzfristige Wahlerfolge schielt? Als Manager stehen Sie gleichsam vor einer Milchglasscheibe, durch die die Zukunft nur sehr vage erkennbar ist; ein, zwei Konsequenzen sind vielleicht noch antizipierbar, alles Weitere verliert sich im Dunklen. Niemand kann es wissen – und gerade deshalb müssen Manager entscheiden.

In der Praxis versucht man zuerst zu »rechnen«, Wahrscheinlichkeiten zu wägen, eine relative Sicherheit zu bekommen. Natürlich stützen sich auch Entscheidungen auf Sedimente der Erfahrung, basieren große Kapitalinvestitionen auf Kennzahlen, muss ein Mindestmaß an fundiertem Realitätsbezug vorliegen. Doch auch mit den Zahlen treffen Sie schlussendlich eine Bauchentscheidung. Zumindest müssen Sie ja Ihrem Gefühl vertrauen, ob die Zahlen verlässlich sind. Oder sie verlässlich gemacht haben. So wie es der ehemalige VW-Chef Hahn einst bekundete: »Wenn ich etwas nicht will, dann lass ich es rechnen.«

Das zweckrationale Verständnis der Unternehmensführung hat den »Entscheider-Mythos« unterstützt, nach dem die Organisation ein Instrument sei, das in den Händen einiger weniger Manager für ein beliebiges Ziel modelliert werden kann. Aber schon 1954 betonte Peter Drucker, dass es eine Fiktion sei, unternehmerisches Handeln zu einer Rechenaufgabe zu machen, die die Störung, das Auf und Ab des Wirtschaftslebens abblenden will. Statische Entscheidungstheorien, die von fixen Zielen, Mitteln und Wegen ausgehen, sind unter wechselnden Umweltbedingungen invalide. Mit der Realität hat der Entscheider-Mythos wenig zu tun. Noch nie waren Manager Spezialisten für Rationalität, sie »spielen« vielmehr diese Rolle für die Öffentlichkeit. Und das müssen sie auch. Ideologiekritik ist da völlig verfehlt. Was sie dabei brauchen, sind Fortune und die berühmte glückliche Hand, ohne die auch der Fähigste scheitert. Wenn Entscheidungen anstehen, könnten Sie also auch Karten legen oder zum Astrologen gehen. Oder einfach Glück haben.

»Richtige« Entscheidungen

Ein guter Manager, was ist das? Bringen wir die Alltagsintuition auf eine kurze Formel, dann heißt das: Er trifft die *richtigen* Entscheidungen. Darin zeigt sich sein Genie (wie auch sein Versagen). Richtig entscheiden ist also wichtig für Führungskräfte. Um die Schwierigkeit von Entscheidungen zu meistern, folgt man gemeinhin einem fast technokratischen Prozess: von der Situationsanalyse über die Alternativstellung, bis zum Ausschluss anderer Lösungsoptionen, zur Entscheidung selbst und schließlich zu deren Vermittlung im Unternehmen. Das alles ist ebenso korrekt wie »alte Schule«.

Aber gibt es überhaupt so etwas wie »richtige« Entscheidungen? Stellen Sie sich vor, Sie haben sich als Manager eines Handelshauses gegen das Russland-Geschäft entschieden und sehen, wie andere Handelshäuser in Russland erfolgreich unterwegs sind. War es dann eine falsche Entscheidung? So hat ein viele Jahre extrem erfolgreiches Handelsunternehmen lange gezögert, sich auf den Online-Handel einzulassen, hat gerechnet und gerechnet. Man wusste: Earlybirds sind selten profitabel. Im Gegenteil: Wer zu früh kommt, den bestraft der Trend. Nicht immer, aber wenn, dann heftiger als die Langschläfer. Währenddessen zogen die Wettbewerber davon. Erst dann entschied man sich. Zu spät?

Aus dem therapeutischen Kontext kennen wir die »verpasste Gelegenheit« als Auftakt zur Depression. Obwohl das Nicht-Gelebte ein für alle Mal verborgen bleibt, scheint es doch ein beklagenswertes Schicksal zu sein. Weil die Fantasien *das*

Beste im Abwesenden vorgaukeln. Aber es ist eine untaugliche Denkfigur. Denn vielleicht wäre man ja mit einer anderen Entscheidung noch viel unglücklicher geworden.

Ob eine Entscheidung »richtig« war, wissen Sie letztlich niemals: Es hat noch niemanden gegeben, der in einem Paralleluniversum überprüft hätte, zu welchem Ergebnis eine *andere* Entscheidung geführt hätte. Sie haben sich gegen eine Alternative entschieden und kennen daher ihre Folgen nicht. Sie können nur wissen, ob Sie danach mit der getroffenen Entscheidung zufrieden sind. Konsequent gedacht können Sie erst *nach* einer Entscheidung wissen, wie Sie sich entschieden haben. Die Entscheidung wird nämlich heute für die vergegenwärtigte Zukunft gefällt, aber die Bewertung findet morgen in der zukünftigen Gegenwart statt. Das gilt insbesondere – wie manche leidvoll erfahren mussten – auch für Karriere-Entscheidungen. Erst *nach* einer Entscheidung wissen Sie, was Sie sich da eingebrockt haben. Deshalb werden oft die getroffenen Entscheidungen argumentativ aufwändig gerechtfertigt, die Alternativen abgewertet. Die Psychologie nennt das »postdezisionale Dissonanz-Reduktion«.

Dass man es nicht wissen kann, macht es leicht, eine Entscheidung als »falsch« zu bezeichnen. Von der Tribüne lässt sich leicht »Buh!« rufen. Das ist völlig risikolos, da der Gegenbeweis niemals angetreten werden kann. Was Kollegen gerne veranlasst zu glauben, sie könnten besser entscheiden. Ironisch gewendet: Im Nachhinein weiß jeder besser, was er vorher hätte wissen müssen – jedoch unmöglich wissen kann.

Aber was ist zu entscheiden? Um welche Konflikte geht es?

Zielkonflikte und Wertkonflikte

Ein Straßenbahnfahrer ist mit 70 Personen im Wagen pünktlich unterwegs. An einer Haltestelle hat er die Türen wieder geschlossen, er fährt gerade an, da sieht er in einiger Entfernung eine alte, offenbar gehbehinderte Dame, die sich bemüht, die Bahn noch zu erreichen und deutlich Zeichen gebend ihn zum Warten auffordert. Was soll er tun? Soll er anhalten und auf die Dame warten? Oder soll er 70 Personen pünktlich an ihr Ziel bringen? Wie immer er sich entscheidet, er wird Widerspruch provozieren.

Man darf sich Konflikte, die nach Entscheidungen rufen, nicht immer dramatisch vorstellen. Da gibt es Konflikte als plötzlich auftretende Marktungleichgewichte, die zwar das alte Geschäftsmodell herausfordern, die aber auch ausgenutzt und in betriebswirtschaftliche Vorteile umgemünzt werden können. Da sind Konflikte durch mangelnde Kooperationsbereitschaft von Mitarbeitern, die ihre Egoismen pflegen und nur mühevoll auf eine gemeinsame Problemlösung auszurichten sind. Da gibt es Verteilungs- und Beurteilungskonflikte. Da sind vor allem *Zielkonflikte*. Jede Führungskraft kennt die Dilemmata, aus denen es keinen gesicherten Ausweg gibt: Zentral oder dezentral organisieren? Global oder lokal? Groß oder klein? Freie Handelsvertreter oder angestellter Außendienst? Langsam ändern oder rasch? Im Inland oder im Ausland produzieren? Diversifizieren oder konzentrieren? Fusionieren oder aus eigener Kraft wachsen? Wachstum oder Umweltschonung?

Im Grunde ist Leben immer Leben im Zielkonflikt. Immerfort muss zwischen verschiedenen Zielen entschieden werden, die nicht gleichzeitig und in gleichem Maße erreichbar sind. Oder aber an den *Wegen* dorthin scheiden sich die Geister. Immerfort müssen wir entscheiden zwischen Alternativen, die uns beide attraktiv erscheinen, deren Konsequenzen wir aber nicht kennen. Zumindest nicht vollumfänglich. Menschliche Handlungsbedingungen sind halt immer durch Widersprüchlichkeiten, Ungereimtheiten und Unsicherheit gekennzeichnet. Führung lebt *in* und *von* diesen Dilemmata.

Sind die Dilemmata eher abstrakt, spricht man besser von »Dualitäten« oder »Ambivalenzen«. So zum Beispiel bei *Wertkonflikten*.

Wertkonflikte sind komplexer als Zielkonflikte. Zwei Unterschiede sind wesentlich. Erstens: Zielkonflikte *müssen* entschieden werden; Wertkonflikte *können* entschieden werden – man kann sie auch unentschieden lassen. Zweitens: Zielkonflikte haben (zumeist) die Grundstruktur des Entweder-oder, Wertkonflikte haben (zumeist) die Grundstruktur des Mehr-oder-weniger. Beispiele für Wertkonflikte: Sie sollen als Führungskraft Ihren Mitarbeitern vertrauen und sie gleichzeitig kontrollieren; Sie sollen Kosten senken und möglichst schnell produzieren, und die Qualität darf nicht leiden. Sie sollen zielorientiert handeln und ergebnisoffen sein – für die Bewältigung solcher Widersprüche werden Sie bezahlt.

Hinter Zielkonflikten stehen oft Wertkonflikte (wie am Beispiel des Straßenbahnfahrers illustriert). Oder sie haben welche zur Folge. So mag man sich geeinigt haben auf das Ziel, »das Überleben des Unternehmens langfristig zu sichern«, doch damit ist noch lange nicht entschieden, auf welche Weise das geschehen soll. Und hier werden oft sehr unterschiedliche Wertorientierungen artikuliert. Der eine mag sich dafür in Krisenzeiten von Mitarbeitern trennen, der andere will mit Blick auf dasselbe Ziel genau das vermeiden. Und falls Sie entschieden haben, sich von Mitarbeitern zu trennen – nach welchen Kriterien entscheiden Sie das? Der eine bevorzugt soziale Kriterien, ein zweiter Leistungskriterien, ein dritter will einfach die zuletzt Gekommenen opfern. Für das gemeinsame Ziel der Überlebenssicherung mag der eine die (in einigen Ländern) übliche Korruption mitmachen, ein anderer ist strikt dagegen. Und was genau ist Korruption? Auch schon die *strukturell* verankerte Korruption, zum Beispiel das Verbonifizieren von Verkäuferleistungen?

Institution

Auf die Wahrscheinlichkeit von Konflikten reagieren die Unternehmen mit dem Prozess des Organisierens. Dadurch werden viele potenzielle Konflikte vorentschieden – man muss nicht permanent zum Beispiel darüber diskutieren, wer für eine Aufgabe zuständig ist oder bis zu welcher Summe Sie Investitionen entscheiden können. Das hat zweifellos Effizienzvorteile. Aber die Welt dreht sich schnell – zu schnell für manche Unternehmen. Immer mehr geraten sie in Situationen, wo frühere Festlegungen nicht mehr funktionieren, wo das eine getan, das andere aber nicht gelassen werden darf, wo Policies der Dynamik der Märkte nicht mehr gerecht werden. Was ich am Beispiel der »Werte-Diskussion« verdeutlichen will.

Auf Prinzipien verzichten

Es gibt Unternehmen, die haben mehr Kultur als der Normalmensch in seinem Kulturbeutel. Sie haben Teamkultur, Leistungskultur, Veränderungskultur, Konfliktkultur, Förderungskultur und Führungskultur. Vor allem aber haben sie »Werte«. Aber sie haben sie nicht nur, sie *verkünden* sie auch. »Codes of Conduct« gehören mittlerweile zum guten Ton, Kongresse zum Thema boomen, sogar Wert-Berater hat der Ethikmarkt erzeugt. Sie wissen: Mit nichts kann man so viel Geld verdienen wie mit Moral. Vor allem in Deutschland, wo man zwar weniger moralisch ist, dafür aber immer moralisierend. Der Zeitgeist schreibt hier die Agenda, man glaubt fest an eine wert(e)volle Zukunft.

Da ist zum Beispiel ein Unternehmen, fast 150 Jahre alt, familiengeführt. Es wächst und gedeiht, wird international, überschreitet die Umsatz-Milliarde, man fühlt sich bestimmten Traditionen verpflichtet. Viel Vertrauen ist im Spiel, der kurze Weg, der Dialog. Omnipräsent ist der Spruch: »Lieber mal um Verzeihung bitten als ständig um Erlaubnis fragen.« Eines Tages glaubt man, die zentrifugalen Tendenzen nicht mehr im Griff zu haben. Man setzt sich zusammen, um einen *Wertekanon* aufzustellen, der die Erfolgsfaktoren der Vergangenheit auch für die Zukunft sichern soll. Also selektiert man bestimmte Werte, und nun stehen sie da, schwarz auf weiß. Zehn Werte, nicht einmal unoriginell.

Und plötzlich ist der Teufel los. Wo früher jeder schnell entschied und trittsicher handelte, ist jetzt alles unklar. Nun ist jede Situation von vornherein eindeutig positiv oder negativ besetzt, jedes mögliche Handeln von vornherein gut oder böse, richtig oder falsch markiert. Nun wird infrage gestellt, ob eine Entscheidung mit diesem oder jenem Wert vereinbar sei; in Meetings hält jemand den Werte-Zettel hoch und reklamiert einen klaren Verstoß; man trifft sich in Workshops, um kleinzuarbeiten, was dieser oder jener Wert denn operativ eigentlich bedeute. Wertvolle Zeit wird nun in Aktivitäten investiert, die das Unternehmen beim Kunden keinen Meter weiterbringen. Was ist da passiert?

Man kann Unternehmen beschreiben als *Kommunikation von Entscheidungen*. Eine Entscheidung kommuniziert dabei immer mehrerlei: 1. *dass* entschieden wurde, 2. *was* entschieden wurde, 3. *wer* entschieden hat und 4. *wogegen* entschieden wurde.

Bei Werten hat es gerade diese letzte, vielfach unbeachtete Kommunikation in sich: *wogegen* entschieden wurde. Denn Werte sind nur scheinbar klar und eindeutig. In Wirklichkeit gibt es sie nur im Doppelpack. Immer sind sie gegengelagert gegen einen *polaren* Wert, der ebenso berechtigt ist. Nichts ist ohne sein Gegenteil wahr. Das gilt für Tugenden wie für Untugenden: So wie immer ein Haar in der Suppe ist, so finden sich auch Perlen bei den Säuen.

Einige Beispiele: Ist Offenheit nicht ebenso berechtigt wie Verschwiegenheit? Ist Wandel nicht ebenso berechtigt wie Stabilität? Ist Durchsetzungskraft für eine Führungskraft nicht ebenso wichtig wie Einfühlungsvermögen? Sie werden jeweils kaum zögern zuzustimmen. Und ist »Anweisungen befolgen« von Mitarbeitern zu fordern? Zweifellos. Aber ist »unternehmerisch handeln« nicht ebenso zu fordern? Wie aber wollen sie das zusammenbekommen? Und was ist mit Misstrauen – ist es nicht immer dort am Platz, wo Vertrauen Dummheit wäre?

reinhard k. sprenger

Führung muss immerfort entscheiden zwischen polaren Werten, die *beide* berechtigt sind (Ausnahme vielleicht: »Grausamkeit« auf der Negativseite). Und das erfordert unausweichlich Kompromisse zwischen den Alternativen. Wenn Sie aber die Zweideutigkeit negieren, sich mithin für einen bestimmten Wert *entscheiden*, und vor allem: diese Entscheidung *explizit* machen, springt Ihnen automatisch der Gegen-Wert auf den Tisch. Alltäglich. Denn Entscheidungen haben die unangenehme Eigenschaft, dass die *Alternative* nicht nur abgelehnt wird, sie wird auch *sichtbar*. »Jedes ausgesprochene Wort erregt den Gegensinn« (Goethe).

Alle Zustimmung ist also Verneinung. Einer positiven Behauptung steht immer eine negative zur Seite. Oder anders: Wenn Sie einen Wert vorziehen, setzen Sie einen anderen zurück. Kein Wert hat kommunikativen Sinn, wenn er nicht wirklich angibt, was er ausschließt.

In einer Entscheidung wird aus einem Dieses-oder-jenes ein Dieses-und-*nicht*-jenes. Es ist jetzt klar, dass es da etwas gibt, was nun offiziell diskriminiert ist. Was vorher latent im unentschiedenen Sowohl-als-auch schlummerte, je nach Situation hin- oder heroszillierte und daher in der operativen Hektik kaum auffiel, das wird plötzlich vom grellen Scheinwerferlicht angestrahlt. Und dann wird schlagartig klar, dass Offenheit im Unternehmen nur *eingeschränkt* möglich ist (weil strenge Vertraulichkeit eben auch wichtig ist); dass man als Führungskraft *nicht nur* Coach sein kann, sondern auch sich mal von einem Mitarbeiter trennen muss; dass in manchen Bereichen das Misstrauen eindeutig vor dem Vertrauen rangieren muss; und dass eine beim Wort genommene Ehrlichkeit im Unternehmen weder möglich noch human ist. Und wenn eine Gruppe von Individuen überleben will, braucht sie nicht entweder Egoismus oder Altruismus – sie braucht beides. Für alle wird sichtbar: Es könnte auch *anders* sein. Das Ausgeschlossene kehrt zurück.

Die im oben genannten Unternehmen zuvor impliziten, eher »gelebten« denn bewussten Werte wurden *explizit*. Und damit wurden sie scharf und absolut. Und einklagbar: Dadurch, dass man nun eine Verlautbarungsebene über die Verhaltensebene geschoben hatte, war ein Vergleich möglich – und den kann kein normaler Mensch gewinnen. Schon bald wurde auch dem Wohlmeinendsten klar, dass so niemand leben kann. Man nestelt halt nicht ungestraft an den Faltungen der Vernunft.

Mit einer Entscheidung für einen Wert wird so getan, als gäbe es keine Kontingenz. Aber man wird die abgelehnte Wert-Alternative nicht los. Sie wird immer heimlich mitkommuniziert. Diese fortlaufende Signalisierung der abgelehnten Alternative beeinträchtigt jedoch die Glaubwürdigkeit der Entscheider: Jeder weiß und spürt, dass auch sie zur Welt gehört und bisweilen sogar vorzuziehen ist. Jeder Mensch im Unternehmen weiß, dass das Geschäftsleben komplex ist, oft widersprüchliche Entscheidungen verlangt und keine Moralanstalt ist. Und dass, realistisch betrachtet, die nunmehr offiziell ausgeschlossene Seite auch oft ihr Gutes hat. Manchmal, wenn wir ehrlich sind, machen wir es ja auch *anders*. Jetzt aber liegt ein Werteverstoß vor. Den Beobachter beschleicht die vage Ahnung, dass die Trennung eines normativen Gegensatzpaares und die Verabsolutierung sowie Verkündung des Hälftigen von Anfang an ein Holzweg waren. Und dass Führung im täglichen Operieren an dem Bemühen um *Wiedervereinigung* nicht vorbeikommt.

Das ist an einer spontan-menschlichen Reaktion gut ablesbar: Wenn das Tabuisierte sich wieder ins Spiel bringt, dann *lachen* wir. Lachen ist die menschliche Reaktion auf die blitzartige Erkenntnis, dass das offiziell Ausgeblendete sich doch wieder zeigt. Deshalb wirken viele Werteprogramme so lächerlich. Oder lesen sich so langweilig, dass es (mit Luhmann) schon wieder interessant ist, warum sie so langweilig sind. Weil ihnen die Spannung genommen ist, das Widersprüchliche, das den Menschen herausfordert und ihn immer wieder neu zur Entscheidung ruft.

Unerfreulicher noch: Die Entscheidung »baut den Gegner auf«. Oft genug wird durch die Entscheidung gerade nicht die gewählte Alternative gestärkt, sondern die *nicht gewählte.* Wie eine Untote erhebt sie das Haupt, wird bei allen möglichen Gelegenheiten als konjunktivische Spielerei des »hätte«, »wäre« und »würde« wiederbelebt. Denn Pole stärken einander. Sie sind viel vitaler, durchdringen eine Organisation viel tiefer, als es eine einseitige Kraft je könnte. Sie werden jedoch schwächer, wenn man ihren Gegenpol abschafft. So wie der Westen schwächer wurde, seit der Ost-West-Gegensatz verschwand, hatten sich doch bis 1989 Kapitalismus und Sozialismus wechselseitig definiert und gebändigt. Seit dem Ende des Sozialismus kann man der Auffassung sein, dass auch der Kapitalismus durch den Wegfall der Alternativspannung massiv bedroht ist und zumindest in den Industriestaaten nicht mehr den Massenwohlstand generiert, der viele Jahrzehnte für ihn sprach. Was Georgi Arbatow, russischer Politologe und Berater Gorbatschows, hellsichtig prophezeite: »Wir werden euch etwas Furchtbares antun: Wir werden euch den Feind nehmen.« Was wird aber aus freien Gesellschaften, wenn sie keinen Gegner mehr haben?

Indem sie Doppeldeutiges zu »Werten« simplifizieren, halten viele Unternehmen an der Eindeutigkeitsfiktion fest. Und versuchen dann, das Abgewählte im operativen Alltag verschwinden zu lassen. Aber noch nie konnten zentrifugale Kräfte durch Werte gebändigt werden. Und man zahlt für diese kurzfristige Selbstberuhigung einen hohen Preis: Werte sind Zynismus-Generatoren. Mit der Werte-Bibel in der Hand brüllt man dann »Unglaubwürdig!«, sollte das offiziell Ausgeschlossene sichtbar werden. Und es sind oft moralisch hochstehende Menschen, die zynisch werden. Weil sie sehen, dass *andere* an den Ansprüchen scheitern, sie *selbst* scheitern – weil sie scheitern müssen. Es ist unmöglich, nach diesen Prinzipien zu leben. In nahezu allen Unternehmen, die eine Werte-Charta veröffentlicht haben, hat sich der Zynismuspegel sprunghaft erhöht. Die Werte-Chartas postulieren Fortschritt, bringen aber Rückschritt.

Der Übergang vom Impliziten zum Expliziten – das ist also der eigentliche Sündenfall. Das Explizitmachen von Werten löst keine Probleme, es *erschafft* sie. Dann gaukeln diese Werte-Leitlinien eine Eindeutigkeit vor, die der Lebenswirklichkeit in den Unternehmen nicht entspricht. Es ist eine *Paradoxie der Transparenz*, die wir hier besichtigen können. Prinzipienradikalität führt entweder in die Lächerlichkeit oder in den Totalitarismus. Nichts, aber auch gar nichts in dieser Welt ist »alternativlos« – das offizielle Unwort des Jahres 2010.

Die Flucht aus der Komplexität in den scheinbaren Konsens kann also nicht gelingen. Aber warum muss man denn überhaupt Werte explizit machen? Der gesunde Menschenverstand weiß doch (oder ahnt zumindest), dass wir Werte in Reinform nicht leben können. Dass jede Buchung eine Gegenbuchung hat. Dass das Entweder-oder tödlich ist, dass ein Alles-oder-nichts und Schwarz-oder-Weiß keine lebensfähigen Konzepte sind. Und dass eine gewisse *Unschärfe* einfach lebenspraktisch ist.

So sind Werte ein Beispiel für etwas, was im Unternehmen entschieden werden *kann*, aber nicht *muss*. Oder, wie hier vorgeschlagen, nicht entschieden werden *sollte*. Weil sich Werte letztlich einer Entscheidung entziehen. Es gibt sie nicht im Entweder-oder. Einen Wert kann man einem anderen vorziehen, ohne ihn aber deshalb loszuwerden. Daher ist *Ambivalenz* der beste Kompromiss. Denn es gilt Robert Musils tiefe Einsicht: »Würde auch nur ein einziges Mal mit einer der Ideen, die unser Leben bewegen, restlos Ernst gemacht, unsere Kultur wäre nicht mehr die unsere.« Also lassen Sie es besser beim Sowohl-als-auch. Lassen Sie es grundsätzlich unentschieden und entscheiden Sie nur bei Bedarf und situativ. Abwechselndes Vorziehen oder grundsätzliche »Gleich-Gültigkeit« sind überlebensfähiger. Denn sollte einmal eine Situation entstehen, in der das Gegenteil des Bevorzugten notwendig ist, dann könnte die entscheidende Handlungsoption nicht zur Verfügung stehen, weil man über viele Jahre auf diesem Auge blind war. Verzichten Sie besser auf explizite Werte. Lassen

Sie die Dinge lieber intransparent – das ist praktischer. *Vertrauen* Sie stattdessen Ihren *Führungskräften*. Führungskräfte müssen, um überhaupt ihren Job machen zu können, sich durch »Korridore relativer Gleichgültigkeit« (H. Edward Wrapp) bewegen. Diese Korridore sollten Sie nicht zu sehr verengen. Enthaltung ist manchmal eben auch eine Haltung.

Widersprüche aushalten

Der pragmatische Umgang mit Widersprüchen muss als Teil der Kultur in der gesamten Organisation verankert werden. Denn Führung ist widersprüchlich. Sie spiegelt generelle Entwicklungen der Arbeitswelt: rasche Marktänderungen, komplexe Kooperationsmodelle, zunehmende Projektorientierung, Internationalisierung. Die Marktbedingungen werden immer unsicherer. Gleichzeitig werden von Ihnen als Führungskraft Klarheit, Glaubwürdigkeit und Orientierung gefordert. Aber wie sollen Sie Sicherheit verströmen, wenn Sie selbst nicht wissen (können), ob der Weg, der beschritten wurde, auch in einigen Monaten noch gangbar ist? Wie können Sie »authentisch« sein, wenn Sie Entscheidungen vertreten müssen, die Sie selbst so nicht getroffen hätten? Und wie können Sie glaubwürdig sein, wenn ein situatives, angemessenes Verhalten mal Offenheit, in einem anderen Fall aber Verschwiegenheit fordert? Angesichts der vielen moralischen Zielkonflikte ist ein Leben mit weißer Ethikweste unmöglich. Und Sie sollten nicht eine Klarheit vortäuschen, die wirtschaftsfeindlich ist. Ideale legen fest, Wissen bewegt.

Deshalb wird es Zeit, dass wieder Abwägung und Differenzierung die Managementetage rückerobern. Es darf zwar keine Floskel sein, aber die Haltung »it depends«, »es kommt darauf an«, ist nicht dumm. Dadurch wird die Urteilsfähigkeit gesteigert – und damit die Lebenspraxis. Jedenfalls sind die in den Leitlinien zu lesenden Festlegungen im wahrsten Sinne

»einfältig«. Daraus folgt eine gute Nachricht für alle, die das Offene lieben: Die generelle Lösung gibt es nicht. Immer sind da Spielräume für verschiedene Lösungen. Die Auseinandersetzungen darüber sollten wir genießen. Denn über Streit jammert man so lange, bis man nicht mehr streiten darf. Dissens ist das Wesen jeglicher Gemeinschaft; Dissens, der nach bestimmten Regeln zu bearbeiten und zu entscheiden ist. Bloßer Integrationseifer wird uns zukunftstaugliche Antworten nicht mehr verlässlich liefern. Es wird Zeit, selber mit dem Denken zu beginnen.

Angesichts von Konflikten einen kühlen Kopf zu bewahren, bei Dilemmata die Gegenbuchung nüchtern zu kalkulieren, das gilt mitunter als herzlos oder unmoralisch. Man bevorzugt dann eine appellative Trivialmoral. Das ist der Jargon der Glaubwürdigkeit, der menschlichen Nähe, der Offenheit. Da soll man sich »eingeladen fühlen«, sich »in wechselseitigem Respekt« zu »begegnen«, was natürlich »wertschätzend« zu erfolgen habe. Kann man das leisten, wenn die Stürme des Wettbewerbs wüten? Ich denke, man kann *klar* kommunizieren. Dazu muss man kein Bildungsbürger sein. Aber man darf nicht banal werden. Das wird man, wenn man einen Wert für immer und unter allen Umständen und uneingeschränkt gültig erklärt. Solch ein kategorischer Ausschluss einer Seite aus prinzipiellen Erwägungen führt in den Ruin. Moralischer Heroismus ist nicht überlebensfähig.

Von der Moral zum Kunden

Unternehmen sind heute nicht mehr »aus einem Guss«, sondern ausdifferenzierte Gebilde, in denen unterschiedliche Rationalitäten nebeneinander agieren. Es ist fraglich, ob sich diese Gebilde noch aus einer unternehmerischen Zentralperspektive steuern lassen. Aber wenn es dafür eine Möglichkeit gibt, dann ist es der *Kunde*. Nur der Kunde kann die Perspektivendifferenz wieder bündeln. Nur er kann es schaffen, dass alle an einem Strang ziehen.

Aber genau dieser Kunde ist es, den die Wertediskussion in den Unternehmen unter der Hand zum Verlierer macht. Es wird von Workshops berichtet, auf denen stundenlang über Werte diskutiert wird, aber nicht ein Mal das Wort »Kunde« fällt. Zwar wird beteuert, das alles mache man doch nur, um letztlich dem Kunden zu dienen. Aber der Kunde interessiert sich wahrscheinlich nur in Ausnahmefällen für Ihre Werte, Ihre Unternehmenskultur und Ihre »internen« Märkte. Er möchte ein gutes Produkt zu einem fairen, das heißt marktdefinierten Preis. Ihm ist es (hoffentlich) auch egal, ob dieses Produkt von Christen, Islamisten, Baptisten oder Atheisten, von Moralathleten oder Immoralisten hergestellt wird. Wenn das gilt, braucht man über Werte nicht zu sprechen.

Nochmals: Das Einzige, was zählt, ist die profitorientierte Schaffung von Kundennutzen. Negativ gewendet: Wenn Sie einheitliche Werte deklarieren, um ähnliche Entscheidungen in allen Bereichen des Unternehmens wahrscheinlich zu machen, dann haben Sie den Kunden vergessen. Das ist marktferner Fundamentalismus. Sie können doch nicht firmenintern und marktignorant irgendwelche Werte priorisieren, für die Sie der Kunde nicht bezahlt! Wenn aber jeder im Unternehmen die Frage »Was will mein Kunde?« substanziell beantworten kann, dann kann man sich alle Mühen der Werte-Proklamation sparen. Die Unterschiede, die Vielfalt und auch die gegenlaufenden Interessen werden jedenfalls immer wieder verlässlich im Punkt der Kundenzufriedenheit konvergieren. Wo das nicht der Fall ist, bleibt ein Unternehmen unter seinen wirtschaftlichen Möglichkeiten. Im Extremfall haben wir es dann nicht mehr mit Unternehmen zu tun, sondern mit Kirchen, Kunst oder Politik (auch »Politik« in Familien-Unternehmen). Oder eben mit solchen Unternehmen, die nicht am Markt sind oder nur so tun, als seien sie dort. In allen anderen Fällen entscheidet der Kunde, was im Unternehmen vorzuziehen und hintanzustellen ist. Es gilt dann die Goldene Regel: Behandeln Sie Kunden so, wie diese behandelt werden möchten.

Keine Unternehmenskultur kann wirklich effizient sein, die sich nicht weitgehend von selbst versteht. Man muss in ein Unternehmen eintreten können und sofort arbeitsfähig sein. Wenn man erst einen Einführungskurs in Werte und Üblichkeiten des Unternehmens besuchen muss, dann kann man sicher sein, dass sich das Unternehmen recht weit vom Markt entfernt hat. *Dark clouds ahead!* Berechenbarkeit und Starrheit machen ein Unternehmen unbeweglich. Und damit langfristig kundenfeindlich. Es gibt nur eine Frage, die zu beantworten ist: *Wer ist mein Kunde und was braucht er?* Der wahre Gegensatz ist also nicht dieser oder jener Wert, sondern interner *Fundamentalismus* oder *Kundenorientierung*.

Die Transformation des Unternehmens wird also nicht über eherne und ewig gültige Werte gelingen, sondern über den Kunden. Erinnert man sich an den Ur-Grund der Unternehmensgründung, dann kann die Lösung nur heißen: Denken Sie die Organisation *vom Kunden her* und tun Sie alles, um seine Bedürfnisse zu befriedigen. Welche Ordnung entsteht, wenn sich der externe Kunde einen Produzenten sucht? Wie zentral oder dezentral Sie sind, hängt ab von den Kundenerwartungen – und nicht von kurzsichtigen Effizienzbestrebungen. Und seien Sie skeptisch, wenn jemand vom »Ausrollen« von Initiativen spricht – meist meint er damit Prozesse, die von innen nach außen gedacht sind. Und eben nicht anders herum.

Man muss sich also erinnern an die wirtschaftliche Wurzel des Unternehmens und daraus alles andere ableiten. Das bedeutet *permanentes* Beobachten der Kunden und der Märkte. Weder sind die Produkte festgeschrieben, noch die Herstellungsverfahren, weder das Personal, noch die Finanzierung, noch die Organisation, noch der Ort, noch die Rechtsform! Weil nichts so bleibt, wie es ist, weil nichts garantiert ist, muss sich das Unternehmen immer wieder neu erfinden.

reinhard k. sprenger

Wenn jeder im Unternehmen weiß, wer sein Kunde ist und was dieser braucht, dann weiß er auch, was er tun muss, und ist sicher einfallsreicher als jede zentrale Steuerung. Alle Einheiten des Unternehmens müssen in der Lage sein, sich mit Blick auf den konkreten Kunden vor Ort weitgehend selbst zu führen. Denn dieser Suchprozess, das wusste schon von Hayek, ist intelligenter als jedes Top-down-Design. Dann muss man auch nicht am grünen Tisch markt- und wirklichkeitsferne Gesamtarchitekturen entwerfen. Natürlich, die Organisation eines Unternehmens kann geplant sein; besser ist sie (weil kundenorientierter), wenn sie sich *ergibt*. Wenn sie den Kundenwünschen folgt.

Gute Unternehmensstrukturen, Produkte und Dienstleistungen kommen also erst zustande, wenn man den Kunden an ihrer Produktion gleichsam »beteiligt«. Dann würden Sie zum Beispiel erfahren, dass die Befriedigung von Kundenbedürfnissen Vorrang hat vor der technisch besten Lösung. In Deutschland wird immer noch mehr für den Ingenieur als für den Kunden entwickelt. Dabei könnte die Inflation letztlich wertloser Produktfunktionen durch eine streng kundenorientierte Kostenplanung vermieden werden. Was nicht nur für den Kunden das gute Gefühl erzeugt, dass er nur das bezahlt, was er auch braucht. Sondern auch für Sie: Das technisch Machbare mag noch so herausfordernd sein, das wirtschaftlich Machbare ist profitabler. Deshalb sollte man sich beim Kunden erkundigen. Nur der Kunde entscheidet, wie nah oder wie fern wir ihm stehen dürfen.

Wer auf die Expertise seiner Kunden baut und ihre Wünsche zur Weiterentwicklung von Produkten und Dienstleistungen systematisch nutzen will, der sollte *Austauschflächen* pflegen. Traditionell kann man über die Bildung eines Kundenbeirates nachdenken. Die Zukunft gehört aber sicher IT-Interfaces, mit denen man die Kunden in die Innovationsprozesse einbezieht. Was eine Öffnung der Unternehmensgrenzen bedeutet. Es ist jedenfalls klug, beim Bau einer Organisation mittels Beobachtungen, Befragungen, Experimenten und IT-Tools die Wunschvorstellungen der Kunden zu analysieren. Sie müssen die Grundlage der Organisation sein. Und nicht der Glaube, man wisse schon, was Kunden wollen. Und auch im täglichen Geschäft sollten Sie so nah wie möglich am Kunden bleiben. Gute Führungskräfte auch der obersten Ebene tun dies. Rick Goings etwa, der Chef des amerikanischen Konzerns Tupperware, der selbst mehrmals jährlich eine Tupperware-Party ausrichtet, um den Kontakt zu den Kunden nicht zu verlieren. Oder Ulf Schneider, Chef des Medizinkonzerns Fresenius, der für sein »Layer Skipping« bekannt ist. So nennt er es, wenn er sich direkt an die Quelle der Kundeninformation begibt. Häufig arbeitet er als Pflegehelfer einen Tag in der Krankenstation, um sich vor Ort beim Kunden zu informieren: Wenn »ein Thema von mehreren Kunden an einem Tag unabhängig voneinander angesprochen wird«, sagt er, »dann weiß ich sofort: Hier müssen wir uns kümmern, hier bewegt sich etwas im Markt.«

In Interviews geben CEOs auffällig häufig zu Protokoll, sie ärgerten sich über Mitarbeiter, die die Maxime »Kunden im Zentrum« nicht verstünden. In diesem Ärger drückt sich die typische Individualisierung struktureller Schieflagen aus. Man kann natürlich in tradierter Weise den Einzelnen anklagen und verändertes Verhalten fordern. Aber sind denn die Mitarbeiter Deppen, die aus lauter Dummheit oder Bosheit nicht das tun, was dem Unternehmen zuträglich ist? Stattdessen sollte man besser fragen: »Welche Organisationsstruktur legt kundenfeindliches Verhalten nahe?« Oft sind die Strukturen wahre Dienstleistungs-Wagenburgen, so gebaut, dass der Kunde operativ tatsächlich keine Rolle spielt. Er muss dann »künstlich« wieder eingeführt werden. Das Management setzt sich dann stellvertretend an dessen Stelle. Aus dem »Achte auf den Kunden!« wird unbemerkt wieder »Achte auf den Boss!« Die Blickrichtung wechselt aus der Horizontale in die Vertikale. Wollen Sie das?

Auch beim Thema Kundenorientierung wird oft Wasser gepredigt und Wein getrunken. Der Nachteil von Werten ist ja (und ich weiß nicht, wer das gesagt hat, aber ich zitiere es ungeniert), »dass jedes Arschloch sie im Munde führt«. So wird oft als Ziel akklamiert, die Kundenzufriedenheit und -bindung zu erhöhen. Gleichzeitig werden quartalsweise Umsätze vorgegeben, an denen die Leistung der Geschäftsführer wie der Vertriebsmitarbeiter gemessen werden sollen. Die aber erzwingen nichts anderes als den schnellen und möglichst hohen Abschlusserfolg. Das steht in Spannung zur langfristigen Kundenbindung. Wenn dann noch sogar sehr detailliert einzelne Produkte incentiviert werden, dann tun Verkäufer das, was ihnen nutzt – und nicht dem Kunden.

Stattdessen gilt: Machen wir einen guten Job für die Kunden, so können wir darauf vertrauen, dass sie wiederkommen. Wenn der Kunde erlebt, dass sich unsere Mitarbeiter nach Kräften bemühen, dann möchte er sich *selbst* binden. Wenn unsere Produkte oder Dienstleistungen verlässlich und stets aufs Neue seine Bedürfnisse befriedigen und seine Probleme lösen, dann wird er unser Kunde bleiben.

Kundenbindungsprogramme jedoch sind kontraproduktiv. Sie sind allzu oft Ersatz für Qualität oder werden als solcher wahrgenommen. Ihr impliziter Aufruf lautet: »Bleibe *dennoch* bei mir!« Weil Sie als Anbieter keine Qualität liefern, müssen Sie den Kunden irgendwie nötigen. Unerkannterweise zerstören daher diese Programme das Bemühen der Mitarbeiter; sie entlasten sie von der täglichen Mühe um Kunden. Zudem verunmöglichen solche Programme die Selbstbindung des Kunden, seinen Stolz, der aus der freien Entscheidung kommt. Werden die Fluggesellschaften dafür geliebt, dass sie die Vielflieger zu irrationalen Entscheidungen nötigen?

Statt Lächeloffensiven zu starten, sollten Sie also besser alles unterlassen, was die gewinnorientierte Befriedigung von Kundenbedürfnissen *behindert*. Die entsprechenden Strukturen können Sie so befragen:

▶ Welche Bedingungen zerstören das Bewusstsein, für den Kunden zu arbeiten?

- ▶ Wie muss unser Unternehmen gebaut sein, damit sich kundenfreundliches Verhalten gleichsam von selber ergibt?
  - ▶ Unter welchen Bedingungen würde sich die Wertschätzung unserer Kunden ganz von selbst einstellen?
    - ▶ Was lässt uns vergessen, dass der Kunde unser Gehalt bezahlt?
      - ▶ Welche Organisationsformen verhindern Kundenorientierung? Und: Was tragen wir als Management dazu bei?

Zusammengefasst: Da sich unsere Welt immer schneller verändert und wir alle vom Kunden abhängen, von den Märkten, sollten Sie in der Wirtschaft nicht wie Moralphilosophen argumentieren – breitbeinig stehen Sie besser. Das gilt auch – wiederum – für die Moral selbst. Wenn der Kunde erwartet, dass Sie irgendwelche Werte öffentlich plakatieren und sich dazu bekennen (wie hoch auch immer der Gebrauchswert dieser Demonstrativmoral sein mag), dann sollten Sie das tun. Aber glauben Sie bitte nicht, Sie hätten bei den Kunden einen Missionsauftrag. Und nutzen Sie besser die positive Kraft des negativen Denkens. Schreiben Sie also auf, was Sie *nicht* wollen. Was Sie ausschließen. Nur das ist konkret, nur das gibt Orientierung, nur das hat Klarheit und Kraft.

Individuum

Führen – die Kunst des Als-ob

Wir wissen nicht, wie die Zukunft aussieht, und dennoch müssen wir so tun, als ob wir es wüssten. So investieren wir vielleicht in eine private Ausbildung, können aber nicht sicher sein, ob genau diese Ausbildung auch gebraucht wird, wenn wir sie abgeschlossen haben. Oder wir entwickeln ein Produkt, können aber nicht sicher sein, ob dieses Produkt zum Zeitpunkt seiner Markteinführung noch einen Bedarf deckt. Wir müssen uns »aufs Spiel setzen«, um auf Märkten zu überleben.

Ist man kein völlig durchgeknallter Kontrollfreak, dann muss man zugeben: Gerade die Mischung aus *Planung* und *Überraschung* ist das Medium der Führung. Auch auf dem Spielfeld »Wirtschaft« läuft nichts automatisch. Zwar ist Wirtschaft kein Glücksspiel, da rollt keine Kugel. Aber es kann auch nichts eindeutig vorausberechnet oder detailliert geplant werden. Zu viele Unwägbarkeiten sind zu berücksichtigen. Planbarkeit und Vorhersehbarkeit sind *Illusionen*, deshalb können Entscheidungen auch immer nur Improvisationen sein.

Jeder Praktiker weiß, dass Wirtschaftlichkeitsrechnung, Kosten-Nutzen-Analyse und Investitionsplanung fiktional sind. Aber es sind keine Fiktionen des Vortäuschens, sondern des Gelten-als (Günther Ortmann): Die Wirtschaftlichkeitsrechnung *gilt als* gesicherte Realität. Deshalb tun wir so, als ließe es sich ausrechnen, und *nennen* es dann Entscheidung. Durch die Entscheidung fabrizieren wir ein Als-ob: Lasst uns so handeln, als ob wir wüssten, worauf wir uns verlassen können. Stefan Kühl hat von den »afrikanischen Regentänzen« im Unternehmen gesprochen; da kommt ja auch kein Regen – aber tanzen muss man! Die Kunst ist es, zynismusfrei mitzutanzen. Und dabei anzuerkennen, dass Unternehmen nicht ausschließlich Veranstaltungen betriebswirtschaftlicher Rationalität sind. Nicht sich und andere abzuwerten, sondern diese Tänze als Spielelemente zu begreifen, die der Organisation *als Organisation* geschuldet sind.

Wir Menschen tun in der Regel so, als ob die Art, wie wir leben (allein oder zu zweit, mit Kindern oder ohne) der eigene Entschluss gewesen sei, ein Plan. In Wirklichkeit haben wir wohl nachträglich beschlossen, genau das geplant zu haben, was eingetroffen ist. Rückblickend behandeln wir Entscheidungen, als seien sie sinnvoll (oder unsinnig) gewesen. Im Handeln selbst können wir es nicht wissen – oder es wäre eben keine Entscheidung. »Strategie« nennt man hinterher, was sich zuvor aus Zufall ereignet hat. Was nicht heißt, dass Sie nicht als Manager so tun sollten, *als ob* Sie gewusst hätten, was Sie da entscheiden. Ein Manager *gilt als* Entscheider. Es reicht völlig aus, dass Sie wissen, dass Sinnstiftung immer nachträglich erfolgt. Der Manager lebt von der Lizenz zur Nachträglichkeit.

Entscheidungsstärke

Führungskräfte gibt es, weil es Konflikte gibt. Konflikte als Zielkonflikte, Wertkonflikte, soziale Konflikte. Einige von ihnen *müssen* entschieden werden, einige *können* entschieden werden. Wenn die Organisation nicht vorentschieden hat und die Mitarbeiter selbst nicht entscheiden, wenn also die Gefahr der Paralyse droht, dann müssen Sie als Führungskraft »einspringen«. Sie müssen die Entscheidungsfähigkeit von Konflikten sichern.

Das ist eine klassische Schwäche vieler Leitungsgremien: Falls sich kein Konsens ergibt, wird diskutiert und diskutiert und die Entscheidung vertagt. Oft dauert es schon ewig, einen Konsens darüber herzustellen, ob es überhaupt ein Problem gibt. Von einer Entscheidung über die Einleitung von Maßnahmen ganz zu schweigen. Bei Restrukturierungsprojekten trifft man immer wieder auf Manager, denen die Probleme ihres Unternehmens schon seit Langem bekannt sind, die aber nicht entscheiden beziehungsweise keine Entscheidung durchsetzen können. Nicht wenige Führungskräfte, häufig auch die friedliebenden, entziehen sich einer Entscheidung und sehnen sich nach der Aufhebung der Gegensätze. Damit wird aber eine existenzielle Dimension der Führung verfehlt. Entscheidungen müssen fallen, wenn kein Konsens möglich ist.

Das erfordert Entscheidungsstärke – die individuelle Fähigkeit, Unsicherheit und Unklarheit zu akzeptieren und *dennoch* zu entscheiden. In dem Wissen, dass nicht alle Folgen vollumfänglich zu überschauen sind. Natürlich wird man sich mit Daten, Zahlen und Fakten versorgen. Und bei Entscheidungen darf man den Wert der *Erfahrung* nicht geringschätzen. Zwar wissen wir, dass Erfahrung auch einschränkt und häufig innovationsskeptisch ist. Aber sie erleichtert uns doch, Hypothesen aufzustellen und Wahrscheinlichkeiten zu kalkulieren. Jedoch, wie oben schon bemerkt: Zu viele Informationen machen Entscheidungen nicht leichter, sondern schwerer. Wer alles weiß, handelt nicht mehr. Wer alle Spät- und Nebenwirkungen seines Handelns überblickte, wäre gelähmt. Deshalb bedarf es eines gewissen Tunnelblicks, um handlungsfähig zu sein, einer *aufgeklärten Ignoranz*. Man muss auch den Mut zur Lücke haben, man muss wissen, dass sich zu jeder wissenschaftlichen Studie zig Gegenstudien finden lassen. Insofern ist jede Entscheidung eines Konflikts ein Risiko.

Vor jeder Ihrer Entscheidungen muss die Einsicht stehen, dass sich Risiken prinzipiell nicht beherrschen lassen – sonst wären sie keine. Risiken muss man eingehen und sich darauf verständigen, *welches* Risiko man *zu welchem Preis* akzeptieren will. Eintrittswahrscheinlichkeit und Schadensausmaß sind zu kalkulieren. Dazu ist es zunächst hilfreich, einen Konflikt erst einmal als solchen anzuerkennen. Das scheitert oft an dem Willen, sich überhaupt auf einen Konflikt einzulassen. Der Mensch stellt sich nicht gerne komplexen Situation, Streitfällen und scheinbaren Unlösbarkeiten. Und in einem Klima der professionellen Selbstverständlichkeiten, der »schnellen« und »klaren Entscheidungen« ist es schwierig, öffentlich zu bekunden, man wisse nicht immer sofort, was zu tun ist.

Wenn keine bewährten Handlungsmuster für konfliktäre Situationen vorliegen, brauchen wir Menschen, die in die Verantwortung gehen und entscheiden. Aber was heißt hier entscheiden? Entweder-oder ist die klarste Entscheidung. Da, wo

Sie sitzen, kann ich nicht sitzen (etwa bei Beförderungen) – das schließt sich aus. Mehr-oder-weniger ist die iterative Verschiebung zwischen den Polen: Einmal neigt man mehr zur einen Seite, ein anderes Mal zur anderen (etwa beim Dilemma Preisführerschaft versus Serviceführerschaft). Das ist eine akzeptable Form des Umgangs mit Konflikten. Aber sie bleibt noch auf einer geraden Linie zwischen den Polen. Oft hingegen wünschen wir uns eine andere Möglichkeit, wie sie Robert Musil als existenzielle Erfahrung in *Die Schwärmer* beschrieb. Das Leben, so sagt dort Regine, lasse den Menschen »immer zwischen zwei Möglichkeiten wählen, und immer fühlt er: eine ist nicht darunter, immer eine, die unerfundene dritte Möglichkeit.« Mit dem Finden einer dritten Möglichkeit ließe sich die binäre Logik des Entweder-oder und des Mehr-oder-weniger umgehen.

Wer sich auf die Suche nach der dritten Alternative macht, der muss zunächst das zugrunde liegende Dilemma tiefer verstehen. Er muss herausfinden: Worum geht es wirklich bei diesem Dilemma? Nehmen wir als Beispiel die Frage »Sollen wir den Einkauf zentralisieren oder dezentralisieren?« Beide Alternativen zielen darauf, die Beschaffungskosten zu senken. Die zentralisierende Vorgehensweise nutzt dabei Preisvorteile, die dezentralisierende Vorgehensweise geringere Dispositions-, Abwicklungs- und Überwachungskosten. Wenn wir aber die Frage so wie oben formulieren, dann ist das schon zu sehr von möglichen Lösungen her gedacht. Im Kern geht es nämlich um eine andere Frage: »Wollen wir große und billige Bestelleinheiten oder kleine und flexible?« Schon allein dieses vertiefte Verstehen des Dilemmas hilft, dessen Personifizierung zu vermeiden und es sachlich anzuschauen. In einem nächsten Schritt kann man dann nach Gemeinsamkeiten der beiden Seiten des Dilemmas suchen. Um beim Beispiel zu bleiben: Kann man den Einkauf dezentralisieren, *ohne* die Bestelleinheiten zu verkleinern? Ja, man kann: zum Beispiel durch die Einführung eines computergestützten Poolings der dezentralen Bestellungen. Gegenfrage: Kann man den Einkauf zentralisieren, *ohne* die Bestelleinheiten zu vergrößern? Ja, man kann: zum Beispiel durch den Abschluss von Rahmenverträgen mit den Lieferanten über Gesamtmengen, die aber in beliebigen Einheiten abgerufen werden können. Auch diese Alternativen sind ein Ausweg aus dem Dilemma, sollten bewertet und gegebenenfalls in Handlungen umgesetzt werden.

In der Regel aber läuft Entscheiden auf den Ausschluss von Alternativen hinaus. Dann gilt: »You can't have the cake and eat it too« – wer sich für das eine entscheidet, muss auf das andere komplett verzichten. In diesen Fällen heißt Entscheiden immer auch: sich *schuldig* machen. Jede Entscheidung diskriminiert eine Handlungsalternative, die von anderen Menschen vorgezogen worden wäre. Sie erzeugt also potenziell immer *Widerstand*. Es gibt keine Entscheidung ohne Widerstand. Groß ist die Wahrscheinlichkeit, dass einige Ihrer Mitarbeiter andere Wege favorisieren, anders entschieden hätten, andere Werte bevorzugt hätten. Ohne die Bereitschaft zur Schuld ist Handeln nicht möglich. Deshalb erzeugt die Entscheidung eines Konflikts immer neue Konflikte – man hat sich gleichsam »geschieden« von jenen, deren Interessen man hintanstellte. Wer unschuldig bleiben will, wer dem Widerstand ausweicht, bleibt schwach.

In Tests schließen Manager traditionell besonders schlecht ab, wenn es um Umgang mit Unsicherheit geht. Viele Führungskräfte sind Schönwetterkapitäne, die nie wirklich aktiv führen, nie wirklich bei Gegenwind segeln. Als Bonbononkel sind sie prima, wenn es etwas zu verteilen gibt. In schwerer See aber sind sie Fehlbesetzungen. Wenn Klarheit und Konsequenz gefragt sind, wenn Entscheidungen gefällt werden müssen, wenn es riskant wird, dann gehen sie in Deckung. Oder, um im Bild zu bleiben, gehen dann »auf Tauchstation« – was der Selbstabschaffung als Führungskraft gleichkommt.

Die innere Haltung, die bei Zielkonflikten hilfreich ist, ist die Gelassenheit des Seemanns. Er will die Welle der Veränderung reiten, statt sich von ihr begraben zu lassen. Er ist wach und entspannt zugleich, weiß um die Unterschiedlichkeit der Interessen, dass die Dinge anders als geplant laufen können, ja werden, dass Zielerreichung selten gradlinig gelingt, dass Ursache-Wirkung-Unterstellungen oft naiv und vereinfachend sind, dass er nicht alles vorab regeln kann, sondern die Probleme aus der Situation heraus lösen wird. »Richtig« und »falsch« sind für ihn ungeeignete Kategorien, er bevorzugt »angemessen« und »nützlich«. Er weiß, dass man für Entscheidungen verprügelt wird – je nach Tribünenplatz von der einen oder anderen Seite. Denn Entscheiden heißt: Gegner produzieren. Wer als Führungskraft geliebt werden will, entscheidet nicht. Was auch eine Entscheidung ist. Ihre Folge jedoch: unklare, widersprüchliche Aufgaben, ungelöste Konflikte, Scheinlösungen, Ineffizienzen.

Führungsstärke – das ist Entscheidungsstärke, Mut, Zuversicht. Heute mehr denn je. Die innere Haltung »Es wird schon gut gehen!« Und wenn nicht, können wir es korrigieren. Wir können anders entscheiden. Sicher nicht auf demselben Niveau wie zuvor, aber doch so, dass es besser wird: Die Software kann überarbeitet oder ausgetauscht werden, die Fertigungstiefe kann nach schlechten Erfahrungen korrigiert werden, das Auslandsengagement zurückgenommen werden. Wer Entscheidungen als subjektive Verhaltensdisposition versteht, die sich nicht anpasst, sondern die Welt *gestaltet*, der spricht nicht mehr von »richtigen« oder »falschen« Entscheidungen. Er spricht nur noch von »Entscheidungen«. Die zu treffen und für eine gewisse Spanne stabil zu halten ist schon schwer genug in turbulenten Zeiten.

Das wird nicht gehen ohne die innere Unabhängigkeit des Selbstvertrauens. Wer »everybody's darling« sein will, der kann gar nicht aus eigener Kraft entscheiden. Er muss sich absichern. Das Wuchern der Bürokratie ist der präzise Hinweis auf mutlose Führung.

Manager stehen (nicht erst seit heute) im Zentrum widerstreitender Ansprüche. Kritische Kunden, dividendenhungrige Aktionäre, sensible und schwankende Banken vertreten ganz unterschiedliche Interessen, denen Sie unmöglich allen gleichzeitig gerecht werden können. Auch sind die Bedürfnisse des Mitarbeiters mit den Interessen des Unternehmens nicht immer leicht in Einklang zu bringen. Die unterschiedlichen Erwartungen sind prinzipiell nicht einlösbar, sondern nur ausgleichbar. Das führt zu Enttäuschungen. Die muss man schlicht aushalten.

Es galt schon immer als gebildet und mental gesund, eine gewisse Spannweite von Unvereinbarkeiten auszuhalten. Einfacher ausgedrückt: nicht zu einseitig zu sein. Denn Bildung galt ja nur den Ungebildeten als Waffenarsenal, den Gebildeten aber als Erfahrungshorizont. Je breiter der war, als desto gebildeter galt man. Mit vielen und widersprüchlichen Informationen umzugehen, das erfordert Toleranz für Mehrdeutigkeiten. Es erfordert, sich emotional nicht zu sehr mit den Spannungen zu belasten, die den Dingen gleichsam eingebaut sind. Führung lebt in diesen Widersprüchen, weiß, dass beide Alternativen unverzichtbar sind, muss täglich eine neues Gleichgewicht finden, täglich wählen, welche Alternative sie *in dieser Situation* vorzieht.

Der niederländische Professor für interkulturelles Management Geert Hofstede fand heraus, dass deutsche Manager bemerkenswert wenig Toleranz für Mehrdeutigkeit besitzen. Sie haben eine Präferenz für das Entweder-oder, Schwarz-oder-Weiß, Alles-oder-nichts: »Wenn das eine richtig ist, muss das andere falsch sein.« In Situationen, die nicht »berechenbar« sind, neigen Menschen mit geringer Toleranz für Mehrdeutigkeiten zu Stresssymptomen und einer linearen Denkweise. Meist wird die Alternative durch ein Regelsystem ausgeschaltet, um so wieder Ordnung und Struktur herzustellen. Wer nur einen Hammer hat, für den ist jedes Problem ein Nagel.

Kluge Manager hingegen (von »weisen« mag ich gar nicht sprechen) wissen um die Mehrdeutigkeit ihres Tuns, die Widersprüchlichkeit. Sie haben eine Fähigkeit, die die Wissenschaft »Ambiguitäts-Toleranz« nennt. Und heute sind sie nötiger denn je, die *Artisten des Ungefähr* – Führungskräfte, die wissen, dass beide Seiten einer Wertpolarität ihre Gültigkeit haben. Die mal so, mal so vorgehen und differenziert entscheiden. Denen man das »Raus aus den Prinzipien – rein in die Widersprüchlichkeit« auch zumuten kann. Die zum Beispiel kulturbedingte Unterschiede anerkennen und nicht reflexhaft positiv oder negativ bewerten. Meisterschaft im Führen hat den Blick für das Dazwischen. Für diesen Blick braucht es eine gewisse Distanz. Wer zu nah an den Dingen ist, wer sich zu heiß involviert, der wird nicht mehr erkennen können, dass das Gegenteil immer auch richtig ist.

Noch einmal: Die Fähigkeit, die von Ihnen als Führungskraft gefordert ist, ist eben *nicht* Wertebewusstsein, sondern *Ambiguitäts-Toleranz*. Der Blick für Mehrdeutigkeit. Damit ist die Fähigkeit gemeint, Widersprüche zu sehen, beide Seiten anzuerkennen, sich vor beiden zu verbeugen – und dennoch für eine zu entscheiden, wenn die Sachlage es erfordert.

Gelassenheit – die Leidenschaft des Ausgleichs

Es gibt Einsichten, die in unserem Privatleben selbstverständlich sind, die aber vergessen werden, wenn wir die Geschäftsarena betreten. Auf bestimmte Stichworte hin, zum Beispiel »Change« oder »Wachstum« oder »Qualität«, überbieten sich Manager in Maximierungsfantasien. Dann geht es nur noch darum, Ballast abzuwerfen, Tempo zu gewinnen, das Alte hinter sich zu lassen. Rigoros. Konsequent. Ohne Wenn und Aber. Dabei setzt man Maximum und Optimum einfach gleich. Der Raum zwischen den Extremen bleibt leer. Zwischen Alles-oder-nichts gibt es offenbar gar nichts, und wenn etwas dahingehört, dann lohnt es sich nicht. Es gilt als das Laue, das Unentschiedene, das Weder-Fisch-noch-Fleisch. Aber was ist mit Gelassenheit? Engagierter Gelassenheit meinetwegen? Etwas, was *brennt*, aber weder selber *aus*brennt noch anderes *ver*brennt?

Montesquieu stellte fest: »Es ist ein zweifelsfreier Grundsatz, dass die allgemeinen Ansichten einer Zeit immer überspitzt sind. Denn sie haben sich nur deswegen allgemein verbreitet, weil sie die Köpfe in Erstaunen versetzten.« Also muss das, was sich als Wert allgemeiner Zustimmung erfreut, einmal etwas Provokatives, Besonderes gewesen sein, das eine Sehnsucht der Zeit auf den Punkt bringt. Darüber wurde dann übersehen, dass das ganze Bild immer auch das Gegenteil beinhaltet.

Aber wenn man ins Extreme geht, wird in der Regel alles falsch. Sie brauchen nur die Position eines Gesprächspartners mit Worten wie »immer« oder »nie« ins Extreme zu schieben, dann steht er da, als nähere sich sein Intelligenzquotient seiner Körpertemperatur. Oder nehmen wir die Spannung zwischen Beraten und Verkaufen, in der jeder Außendienst-Mitarbeiter lebt: Ein extremes Verkaufen wird zur Drückerei, doch ein extremes Beraten macht brotlos. Es ist ein Gleichgewicht zu finden.

Fundamental für die Aufgaben von Führungskräften ist der Widerspruch zwischen den Anforderungen, »Freiräume zu eröffnen« und »Freiräume zu schließen«. Man kann auch sagen: zwischen den Aufforderungen »Handle unternehmerisch!« und »Halte dich an die Regeln!« Der erste Pol lässt Kontingenz zu, der zweite erzeugt Sicherheit. Der erste Pol ist ein Nutzungskonzept, der zweite ist ein Ordnungskonzept. Der erste erzeugt im Extremfall Haltlosigkeit und Beliebigkeit, der andere Verantwortungslosigkeit und Lähmung. Es ist Ihre Aufgabe als Führungskraft, solche widerstreitenden Kräfte, Interessen, Bedingungen, Positionen und Ideale miteinander zu versöhnen. Das ist die *Leidenschaft des Ausgleichs*.

Lange Zeit hieß »managen« ja nichts anderes als »sich durchwursteln«, etwas irgendwie »geregelt« kriegen; erst in neuester Zeit wurde daraus der Ehrentitel des planenden Lenkers. Aber war das Alte so falsch? Wer Unordnung in (kurzzeitige) Ordnung überführt, sich um das Unerwartete kümmert, Ungewissheit auffängt, mit Unklarheiten jongliert, wer sich also als *Jongleur* erlebt, der kann mit der Management-Maxime des »zielorientierten Durchwurstelns« (H. Edward Wrapp) etwas anfangen. Das klingt zwar nicht grandios, ist aber dafür realistisch. Und erfordert Gelassenheit.

Die Kunst des Managements liegt in der Balance. Deshalb müssen Sie als Führungskraft oft ein »Gegen-Handelnder« sein. Man muss gegen die vorherrschende Grundtendenz immer wieder auf Kompensation bestehen. Es geht um das Maß. Maß als mittlere Tugend und vermittelnde Tugend, die höchste Präsenz, höchste Aufmerksamkeit verlangt. Die Extreme werden nicht gelöscht, nicht ignoriert, sondern vermittelt im Sinne des Möglichen. Und immer wieder neu vermittelt. Ist das ein fader Kompromiss? Keineswegs. Der Ausgleich der Leidenschaften führt zur Leidenschaft des Ausgleichs. Ausgleich im Dienste des Unternehmens. »Diskrete Verwegenheit« oder »Mutige Besonnenheit« könnte man sie nennen, so wie der Fußball die »kontrollierte Offensive« kennt. Mittlere Tugenden sind einfach lebenspraktisch.

Die Idee eines auf Balance und Kompensation ausgerichteten Managements ist dabei nicht zwangsläufig konservativ. Sie kann auch mobilisierend wirken als Reaktion auf festgefahrene Situationen. Sie kann Menschen helfen, auf das Mögliche zu schauen, nicht auf das Unmögliche. Der Lebenslauf des Menschen bewegt sich in der Regel vom Potenzial zur Eindeutigkeit, von der Möglichkeit zur Tatsächlichkeit. Es ist wichtig, gegen diese Tendenz den Schwebezustand aufrechtzuerhalten. Das Dazwischen zu genießen, das Hin und Her. Was das lebenszeitliche Nacheinander von Lernen, Arbeiten und Genießen angeht, so ist eine extreme Spreizung dieser Schwerpunkte sicher abzulehnen. Es ist dagegen erstrebenswert, dass zwischen ihnen eine gewisse Gleichzeitigkeit, wenn man so will: »Balance«, herrscht. Warum nicht auch im Alter arbeiten? In der Psychotherapie ist man der Meinung, dass jede Einseitigkeit entwicklungshemmend ist und Leiden verursacht. Auch Reife ist auf diese Weise nicht zu erlangen. Nur das Akzeptieren und Integrieren von scheinbar Gegensätzlichem (und doch einander Ergänzendem) – wie Stabilität und Wandel, Gegenwart und Zukunft – kann Menschen reifen lassen. Das Radikale liegt hier im Ausgleich.

Verhalten im Konfliktfall

Entscheidungen des Managements haben in Unternehmen eine bedeutsame soziale Dimension. Ich möchte hier an eine Studie erinnern, die für die Unternehmensführung nahezu ikonografische Bedeutung hat. Der große alte Mann der Organisationspsychologie, Edgar H. Schein, hat sie Mitte der 80er Jahre veröffentlicht. Darin stellt er die Frage: »Was prägt die Arbeitsmoral?« Seine Antwort ist dreiteilig; sie lautet: Es ist das konkrete Verhalten der wertsetzenden Person im Konfliktfall, das die Mitarbeiter hoch sensibel wahrnehmen und zu einer Spielregel verallgemeinern. Daran orientieren sich alle.

Betrachten wir die drei Schritte näher.

Erstens: Das *konkrete Verhalten* entscheidet. Nicht das, was auf Hochglanzpapier steht. Nicht die »vision« oder »mission«, die als unternehmenskulturelle Sättigungsbeilage einen gewissen Unterhaltungswert hat, selten mehr. Nicht das, was jemand sagt. Sondern was jemand tut. Und das schließt auch ein: was jemand *nicht* tut. Was ist ihm unwichtig? Was lässt ihn kalt? Was zählt für ihn nicht zur »Leistung«? Wenn wir etwas positiv definieren und damit engführen, dann sagen wir gleichzeitig, was wir darunter *nicht* verstehen. Übernehmen wir für diese Ausschließungen auch Verantwortung?

Zweitens: Das Verhalten der *wertsetzenden Person*. Wer ist das? Natürlich der Vorstandsvorsitzende, Geschäftsführer oder Inhaber. In jedem Mikrokosmos ist das aber auch jede einzelne Führungskraft. Die wertsetzende Person für Ihren Verantwortungsbereich sind also Sie! Denn Menschen arbeiten streng genommen nicht in Unternehmen. Sie arbeiten in *Nachbarschaften*. Und die sind räumlich definiert, aber auch personell durch Kollegen und vor allem die direkte Führungskraft. Um Ihr Verhalten geht es also.

Drittens: im *Konfliktfall*. Nicht, wenn die Sonne scheint. Sondern bei schwerem Wetter. Wenn der Fehler passiert ist. Wenn Ziele nicht erreicht werden. Wenn Sie kritisiert werden (oh nein, heute wird man nicht mehr kritisiert, heute kriegt man ein »negatives Feedback«). Wie reagieren Sie? Ihr Verhalten in diesen Situationen wird von den Mitarbeitern genauestens erfasst und zur Richtlinie generalisiert. Es ist dann im Verhalten Ihrer Mitarbeiter gleichsam »eingepreist«. Zum Beispiel bei Fehlern: Reagieren Sie handelnd, oder klagen Sie an? Wenn Sie anklagend reagieren, können Sie sicher sein, dass dem Mitarbeiter kein Fehler mehr passiert (er macht aber auch sonst nichts mehr). Oder bei der Kritik. Rechtfertigen Sie sich? Gehen Sie gar zum Gegenangriff über? Oder sagen Sie: »Danke für Ihre Ehrlichkeit!«? So, wie Sie in dieser Situation reagieren, entscheiden Sie über das Maß an Offenheit des Mitarbeiters in konfliktären Situationen. Und damit über das Maß, mit dem Ihre Mitarbeiter Ihren Entscheidungen vertrauen.

Entscheiden mit der Sherlock-Holmes-Regel

Wie aber im Zielkonflikt entscheiden? Wie im Wertkonflikt priorisieren? Wie balancieren? Als Prinzip schlage ich vor: Entscheiden Sie sich gegen die *in*akzeptabelste Balance. Wählen Sie die Option mit weniger oder geringeren Schwierigkeiten – sie verdient es, angenommen zu werden.

Der Weg des *kleinsten Übels* ist ökonomisch hilfreich. Er findet seine Entsprechung in der Sherlock-Holmes-Regel. Sie lautet: »Was übrig bleibt, wenn man das Unmögliche (die *gleichzeitige* Maximierung widersprüchlicher Werte zum Beispiel) eliminiert hat – das muss die Wahrheit sein, wie unbrauchbar sie auch immer sein mag.« Jene Entscheidung sollte getroffen werden, die im Vergleich zu ihren Alternativen mit weniger oder geringeren Schwierigkeiten verbunden ist. Zumindest als Übergangslösung – bis sich etwas Besseres bietet. Die Beachtung der Werte-Balance muss demnach nicht zwangsläufig zu guter Unternehmensführung führen. Aber sie hilft, schlechte Unternehmensführung zu vermeiden.

Für die Praxis des Managements will ich zusammenfassend festhalten: Die Bewertung sich widersprechender Ziele und Werte gehorcht *nicht* der Kategorie von »richtig« oder »falsch«. Stattdessen ist es eine Frage von »angemessen« und »unangemessen«. Die Praxis des Entscheidens im Konfliktfall lässt sich daher auch nicht an Systeme, Instrumente oder Softwareprogramme abtreten. Nur das menschliche Urteilsvermögen kann die Besonderheit jedes Einzelfalls erfassen. Ein gutes Urteilsvermögen beruht auf der Grundlage von Balance-Empfinden, von Maß und Mitte, von Gelassenheit, gesunder Distanz und der Leidenschaft des Ausgleichs.

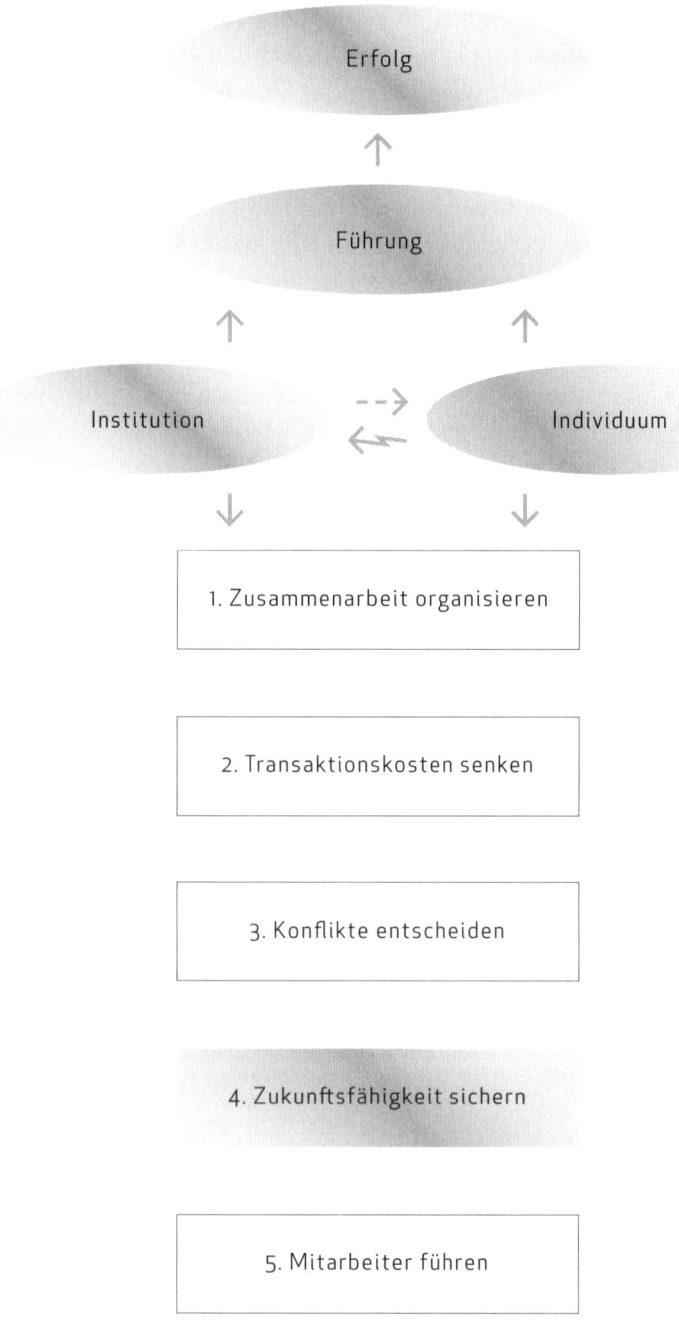

Erfolg

Führung

Institution → ← Individuum

1. Zusammenarbeit organisieren

2. Transaktionskosten senken

3. Konflikte entscheiden

4. Zukunftsfähigkeit sichern

5. Mitarbeiter führen

Vierte Zukunftsfähigkeit sichern Kernaufgabe

Allgemeines

»Warum soll ich mich mit der Zukunft beschäftigen? Die Gegenwart ist herausfordernd genug!« So mag manche Führungskraft denken. Aber lauschen wir für einen Augenblick Peter Brabeck-Letmathe, Chairman von Nestlé: »Es geht nicht darum, nachzudenken, was uns bisher erfolgreich gemacht hat, es geht primär um die Frage, was wir tun müssen, damit wir auch in der Zukunft erfolgreich sind. (…) Das ist die vielleicht schwierigste Aufgabe in einem Unternehmen überhaupt – insbesondere, wenn es bereits erfolgreich ist.«

Diese Aufgabe zu meistern heißt nicht, in dandyhafter Manier das Herkommen willentlich zu entwurzeln, sondern, ganz im Gegenteil, das Herkommen zu bewahren, indem man es zukunftsfähig macht. So wie es Gustav Mahler formulierte: »Tradition ist nicht die Anbetung der Asche, sondern die Weitergabe des Feuers.« Anders gesagt: Wie können Sie in Ihrem

Unternehmen den Gründergeist lebendig halten? Wie machen Sie aus Ihrem Unternehmen eine Wanderdüne stetiger Selbsterneuerung?

Wir Reaktionäre

In einem Experiment von 1989 schenkte der US-Ökonom Jack Knetsch Studenten einen Kaffeebecher. Danach fragte er sie, ob sie bereit wären, den Becher gegen einen Schokoriegel zu tauschen. 90 Prozent der Studenten behielten den Becher. Einer anderen Studentengruppe gab er zuerst einen Schokoriegel. Danach fragte er sie, ob sie bereit wären, den Riegel gegen einen Kaffeebecher zu tauschen. Die Reaktion war spiegelbildlich: 90 Prozent der Studenten behielten den Schokoriegel.

Ein verblüffendes Ergebnis. Es gibt aber eine Erklärung, die Sie sicher selbst auch kennen: Wir überschätzen das, was wir besitzen (und gegebenenfalls verlieren könnten); und wir unterschätzen das, was wir gewinnen könnten. Die Alltagsintuition sagt dazu: »Lieber den Spatz in der Hand als die Taube auf dem Dach.« Oder therapeutischer: »Lieber das bekannte Unglück als das unbekannte Glück.«

Gerade in seinen persönlichen Lebensumständen scheint der Mensch ein Reaktionär zu sein, den jede Veränderung schreckt, sogar eine neue Zahnbürste. Insofern gleichen wir kleinen Kindern, denen ja auch die Wiederholung des Immergleichen Sicherheit gibt. Denn Vertrauen und Verhaltenssicherheit gewinnen wir auf der Basis von Konventionen, die den Charakter des Selbstverständlichen tragen und große Beharrlichkeit aufweisen. Neue Erfahrungen versuchen wir zunächst den vertrauten Mustern anzupassen und erweitern diese nur, wenn es gar nicht anders geht. Das Grundgefühl: »Ich bin damit bisher gut gefahren, warum sollte ich damit nicht auch in Zukunft erfolgreich sein?« Niemand tut sich

leicht mit Umstellungen. Sie sind uns in der Regel nur sympathisch, wenn sie andere betreffen.

Routinen und Muster sind also feste Bestandteile unseres
Lebens. Manche davon sind angeboren. Mit Überraschungen
zu rechnen, ja sie nur für möglich zu halten, fällt uns schwer;
unser Gehirn ist das eines Jägers und Sammlers – es geht von
Linearitäten und Mittelwerten aus. Manche Muster haben sich
aber auch entwickelt: Es gibt Untersuchungen, die nachweisen,
dass die Verhaltensweisen von Paaren, die frisch zusammen-
gezogen sind, sich innerhalb von wenigen Wochen zu 95 Prozent routinisieren. Alles soll dann so bleiben, wie es ist, in ihrem Gehäuse der Ordnung verwirklichen sie ihren Wunsch
nach Stetigkeit. Das mag erschrecken, aber dieser konservative
Grundzug der Lebensbewältigung ist eine bewährte Form der
Komplexitätsreduktion. Jedes lebende System müsste kollabie-
ren, wollte es bei jeder neuen Information gewissermaßen wieder von vorne anfangen.

So glaubt irgendwann die Gans, die täglich vom Menschen
gefüttert wird, der Mensch sei ihr in Liebe zugetan – bis sie zu
Weihnachten geschlachtet wird. Der Investmentfonds, der
über viele Jahre zugelegt hat, verweist auf seine blendende
Performance in der Vergangenheit, um frisches Kapital anzu-
locken – bis er eines Tages abschmiert. Viele Kreditgeber in
den USA konnten sich gar nicht vorstellen, dass die Immobili-
enpreise fallen könnten – sie waren dreißig Jahre lang gestie-
gen. Und ein CEO, der viele Quartale steigende Ergebnisse
verkünden darf, hält sich irgendwann für unfehlbar – bis er
eines Tages scheitert.

Wir nennen das »induktives Denken«. Es ist die Tendenz,
aus Einzelbeobachtungen schließlich Gewissheiten abzulei-
ten: »Es ist noch immer gut gegangen.« Das sagen aber nur
diejenigen, die überlebt haben; die anderen können nicht
mehr sprechen. Die aber würden eher Benjamin Franklin zi-
tieren: »Nichts ist sicher, außer dem Tod und der Steuer.«
Heißt: Es ist ein gravierender Denkfehler, die Tatsache, dass

es mich gibt, als Hinweis zu nehmen, dass es mich auch in *Zukunft* geben wird. Ich kann vielmehr sicher sein, dass das nicht der Fall sein wird.

Zukunft ist ein kognitives Konstrukt. Dass wir Menschen darüber verfügen, unterscheidet uns von den allermeisten Tieren. Und es ist von fundamentaler Bedeutung für den evolutionären Erfolg unserer Spezies. Dennoch sind wir auf die Aufgabe, Zukunftsfähigkeit zu sichern – sei es unsere persönliche oder die einer sozialen Gemeinschaft –, gattungsgeschichtlich nicht gut vorbereitet. In der Vormoderne gab es keine Zukunft – weder als Begriff noch als Vorstellung. Und noch die deutsche Sprache des Mittelalters verfügte nicht über die Zeitform des Futurums. Wir müssen uns also gleichsam an die Zukunft »erinnern«. Wenn wir weiter mitspielen wollen.

Die Erfolgsfalle

Kodak, die Foto-Ikone des Zelluloidzeitalters, verstarb 2012. In diesem Unternehmen wurde einst auch die Digitalkamera erfunden. Und das Management hatte deren Potenzial erkannt. Aber sie wurde als Bedrohung des bisherigen Geschäftsmodells empfunden, nicht als Chance. Deshalb wurde ihre Entwicklung nicht weiterverfolgt. Das haben dann andere gemacht.

Das Beispiel zeigt: Der Ursprung allen Scheiterns ist der Erfolg. Und nur auf den ersten Blick scheint diese Aussage paradox. Betrachten wir die Geschichte eines Unternehmens: An seinem Anfang steht immer ein Erfolg, ein gelungener Markteintritt. Es herrscht Enthusiasmus, man ist mit dem richtigen Produkt unterwegs, der richtigen Dienstleistung zur richtigen Zeit. Der Erfolg beflügelt zusätzlich, das Tempo nimmt zu, Routine stellt sich ein. In einem ruhigen Moment sucht man rückblickend die Gründe für seinen Erfolg: »Weil wir das so und so gemacht haben, deshalb sind wir jetzt so erfolgreich.« Nur ein Spielverderber würde auf glückliche Umstände verweisen. Und dann beginnt der immer gleiche Prozess: Man verklärt vergangene Entscheidungen, nimmt nur noch Informationen auf, die frühere Festlegungen bestätigen, Chefs umgeben sich mit Mitarbeitern, die ihnen nach dem Munde reden, lesen nur Zeitungen, deren Meinungstendenz sie teilen, trennen die Welt in »good guys« und »bad guys« – die einen werden geschont, die anderen verhauen. So verwandeln sich Ursprungserzählungen allmählich zu Widerspruchserzählungen gegen das Aktuelle und Zukünftige.

Schon Friedrich Nietzsche entdeckte, dass nicht nur Spätzeiten dekadent sein können, sondern auch Frühzeiten. Der Niedergang wartet gleich neben dem Aufstieg. So entwickeln auch Unternehmen sehr früh autistische Tendenzen, werden schnell innovationsfeindlich. Dies nicht etwa, weil erzkonservative Finsterlinge das Zepter schwingen, sondern weil das Wesen der Organisation die *Ausblendung von Alternativen* ist. Aus dem »So-oder-So« macht die Organisation ein »Nur so!« Das nennt man dann »Prozess«, »Hierarchie«, »Policy«. Und es ist der Kern der Organisation *als Organisation*.

So entwickeln sich nahezu alle Unternehmen: Einst hatte man *Probleme*, für die man Lösungen suchte; dann hat man *Lösungen*, für die man Probleme sucht. Einst war das Unternehmen das Mittel zu dem Zweck, die Probleme der Kunden zu lösen; dann ist der Kunde das Mittel zu dem Zweck, die Probleme der Unternehmen zu lösen. Die Organisation wird absolut gesetzt, nicht mehr hinterfragt. Und starke, erfolgsverwöhnte Tradition verführt zu dem Glauben, dass es so, wie es lange war, auch noch lange sein wird. Das galt in Deutschland für Nixdorf, wo man vor lauter nachkriegszeitlichem Schulterklopfen nicht bemerkte, dass man zwischen Großrechner und PC zerquetscht wurde; das galt für AEG, für Grundig, Holzmann, Quelle, Karstadt, Märklin, Schiesser, Rosenthal, Escada, Karmann, Telefunken, Saba, Nordmende,

Rollei, Agfa, Voigtländer, Sal. Oppenheim – um nur einige der bekanntesten Namen zu nennen. Wo einst Leidenschaft war, ist jetzt Archiv.

Ähnlich den Menschen, die die Vergangenheit verherrlichen und dabei die Gegenwart verpassen, so gehen Unternehmen unter, wenn sie ein *zu* gutes Gedächtnis haben. Dann glaubt man nämlich, den Gang der Marktbedingungen voraussagen zu können, und ist nicht offen für das Überraschende, das Nicht-Vorhersehbare. Die Erinnerung verhindert die Wahrnehmung der Gegenwart. Dies gilt besonders, wenn die heute Handelnden schon damals dabei waren. Dann glauben sie sich durch Erfahrung unverletzlich.

Aber tradiertes Wissen hat keine Erfolgsgarantie für morgen. Es gibt nur sehr wenige Unternehmen, die ihrer Umwelt die Taktung vorgeben können. Dominant ist man nur für kurze Zeit, dann hat sich der Vorsprung verbraucht. Denn der Markt ist ein ständiger Enttäuschungsgenerator. Das einst Außergewöhnliche wird gewöhnlich. Glücklicherweise. Scheitern ist erwünscht; im Sinne des Kunden – wenn man so will, des Gemeinwohls. Und es gibt neue Chancen: Auch der Verlierer hat immer wieder die Möglichkeit, sich zum Gewinner zu machen.

Es liegt also im Wesen des Erfolgs, das er begrenzt ist. Der für seine Urteilskraft berühmte Steve Jobs hatte fast so viele Misserfolge wie Erfolge – nur, seine Misserfolge sind alle vergessen. Im Wirtschaftsleben setzt jeder Erfolg eine Dynamik in Gang, die ihn bedroht und zu Fall bringen will. Und es letztlich auch tut – und das kann sehr schnell gehen, wenn plötzlich ein anderes Unternehmen den Zeitgeist auf den Punkt bringt. Siehe Apple und – dagegen – Nokia.

Auch wenn es heute noch so unwahrscheinlich klingt, gehen Sie davon aus: *Was Sie hierher gebracht hat, wird Sie nicht dorthin bringen.* Jedenfalls nicht sicher. So, wie wir den Nachmittag unseres Lebens nicht mit dem gleichen Programm leben können wie den Morgen, so kann auch die Zukunft des Unternehmens nicht mit den Mustern der Vergangenheit gemeistert werden.

reinhard k. sprenger

Je schneller sich die Umwelt ändert, desto schneller haben sich aber unsere Erfolgsrezepte überlebt. Im Wirtschaftsleben müssen wir deshalb radikal denken: Die Wahrscheinlichkeit, dass wir morgen immer noch erfolgreich sind, ist eher klein. Und wird zunehmend kleiner.

Erfolgsrezepte: Ursache, Wirkung und das Problem der Zukunft

In Search of Excellence – das ist der Titel des erfolgreichsten Managementbuchs aller Zeiten. Die Autoren Tom Peters und Richard Waterman stützten Anfang der 80er Jahre ihre Kernaussagen auf die anekdotische Schilderung der Großtaten erfolgreicher Führungskräfte. Das gab den Startschuss. Seitdem bemüht sich eine weit ausgreifende Ratgeber-Literatur um die Ausschaltung des Zufalls, will Erfolg planbar machen. Ein riesiger Markt. Idealtypisch dafür sind Berater, die bei aktuell erfolgreichen Unternehmen bestimmte Faktoren isolieren und Muster zu erkennen glauben. Wenn sie lineare Triumphgeschichten erzählen, dann versprechen sie Erfolg – als Rezept ausgefertigt.

Entscheidend für diese Logik ist, dem Erfolg nachvollziehbare *Kausalitäten* zu unterlegen: »Weil« Unternehmen dies oder das tun, sind sie erfolgreich. So hat die Beratungsindustrie mittlerweile einige Hundert Erfolgsfaktoren identifiziert – allein diese Zahl sollte nachdenklich stimmen. Wie oft schon wohnte ich Präsentationen bei, in denen schlankweg Korrelation mit Kausalität verwechselt wurde. Gerne erkennt man dabei in Personen die Ursache für den Erfolg eines Unternehmens: Dieser oder jener sei halt ein Stratege, da bliebe der Erfolg nicht aus. Aber nicht minder oft werden Personen für Misserfolge verantwortlich gemacht. In gleicher Weise wird oft behauptet, eine starke Unternehmenskultur führe zu starken Ergebnissen. Der Umkehrschluss wird aber ebenso oft beobachtet: Starke Ergebnisse führen zu einer starken Unternehmenskultur. Was ist hier Ursache? Was ist Wirkung? Ähnlich verhält es sich – horribile dictu – mit dem Zusammenhang von Arbeitszufriedenheit und Produktivität von Mitarbeitern. Es gibt keine einzige Studie, die ein ursächliches Verhältnis von Arbeitszufriedenheit und Produktivität zwingend nachgewiesen hätte. Es kann nämlich auch genau umgekehrt sein: Produktivität macht zufrieden. Und (leider) gilt auch: Unzufriedene Mitarbeiter können sehr produktiv sein.

Übersehen wird zudem ein Aspekt, den jeder kalkulieren sollte, der sich auf dem Kapitalmarkt bewegt: Die ausgewiesenen Erfolge sind immer die Erfolge der Vergangenheit. Es wäre naiv, sie einfach in die Zukunft fortzuschreiben. Und doch wird das beharrlich getan. Noch einmal Peters und Waterman: Dreißig Jahre nach ihrem Erfolgsbuch haben wir die Erfolgsformel für Unternehmen immer noch nicht gefunden. Von den damals ausgewiesenen »Gewinner«-Unternehmen sind heute nur noch eine Handvoll am Markt. So ist es eben: Man kann sich im Leben nur die Richtung aussuchen, nicht das Ergebnis.

Kontextblindheit, oder: Sind Erfolge übertragbar?

Die Managementtheorie hat keinen Blick für die konkreten Umstände, für Traditionen, Reifegrade, Herkünfte, Lokales. Sie ist kontextblind. Unterschiedslos beglückt sie Kleinunternehmen, Großkonzerne, öffentliche Verwaltungen und Non-Profit-Organisationen mit denselben »modernen« Konzepten. Und sie will nicht wissen, dass deren Übertragbarkeit äußerst problematisch ist.

Doch Sie selbst haben es während der Lektüre von Erfolgsgeschichten bestimmt schon erlebt: »Aber beim Unternehmen XY war das ganz anders!«, stellen Sie dann fest. Genau. Da gibt es zum Beispiel ein Unternehmen, in dem eine bestimmte Intervention großartige Früchte trägt. Derselbe Vorschlag scheitert aber in einem anderen Unternehmen – bei vergleichbarer Problemlage, Firmengröße, Organisationsstruktur. Identische Lösung, unterschiedliches Ergebnis. Wie ist das möglich?

Für jedes Erfolgsrezept gibt es zig gültige Gegenbeispiele: Faktoren, Praktiken und Muster, mit denen Unternehmen auf *andere* Weise erfolgreich wurden. Und auf jeden, der glaubte, er habe den Stein der Weisen gefunden, kommen Tausende, die dasselbe taten und dabei scheiterten. Deren Geschichte erzählt aber niemand. Kurz: Erfolge sind und bleiben *Singularitäten*. Die Erfolgsrezepte anderer sind die Erfolgsrezepte anderer. »One size fits all« mag für Mützen gelten, nicht für Unternehmen.

Jeder Erfolg hat seine eigene Geschichte

Wer als Manager davon ausgeht, die Wahl von Organisationselementen sei ihm freigestellt und hänge ausschließlich von seinem Wissen und seiner Entschiedenheit ab, der irrt. Zwar kann jeder Manager zu jeder Zeit bestimmte Managementmethoden einführen, aber ob das stabil und effektiv sein wird, hängt nicht nur von seinem Wollen ab.

Deshalb funktionieren Erfolgsrezepte nicht: Soziale Systeme sind relativ geschlossen, strukturdeterminiert und autonom. Eine erfolgversprechende Führungsintervention kann daher kaum mehr sein als eine Irritation mit dem Ziel, das System »Unternehmen« zur Eigenorganisation anzuregen. Ein Impuls also, der für das jeweilige System in der jeweiligen Situation passt. Und der weniger mit spektakulären Entschlüssen beeindruckt als vielmehr die Aufmerksamkeit der Organisation fokussiert.

Die Sozialforschung sieht noch einen anderen Aspekt: Sie spricht von der »Pfadabhängigkeit« der Interventionen. Ob eine Intervention erfolgreich eingeführt werden kann, hängt davon ab, welchen Entwicklungsweg sie bisher in einem Sozialzusammenhang genommen hat. Wer zum Beispiel glaubt, eine Methode, die in einem bestimmten Unternehmen seit Langem gut funktioniert, sei einfach in ein anderes System einzufügen, der ignoriert dessen historisch gewachsene Struktur. Es ist unwahrscheinlich, dass das Instrument ohne Weiteres funktionieren wird, wenn ihm im Unternehmen das Signum von Bewährung und Berechtigung fehlt.

Es gibt also keine »richtigen« Führungsinstrumente, sondern nur mehr oder weniger »passende« Instrumente, die abhängig vom jeweiligen Kontext sind. Und da jedes Unternehmen und jede soziale Situation einzigartig ist, gibt es kein universal gültiges Instrument. Das, »was gerade Mode ist«, gut klingt und mindestens beste Absichten verrät, ist keineswegs für alle Unternehmen produktiv. Daher sollten Sie sich fragen: Was passt zu uns, was passt zu unserer Wurzel? Und, weit wichtiger noch, was passt nicht?

Komplex und kontingent, nicht nur kompliziert

Die Idee der Erfolgsrezepte ist personenzentrisches Denken, das sich im vorigen Jahrhundert mit der Maschinenkonzeption des Unternehmens verband. Das Unternehmen wird als mechanische Anlage begriffen, die man steuern und kontrollieren kann. Die Führungskraft ist die ordnende Kraft und sitzt am »Schaltpult«.

Man kann das Unternehmen auch anders beschreiben – als *sozialen* Zusammenhang. Dieser unterscheidet sich grundsätzlich von naturwissenschaftlichen Gegenständen. Bei sozialen Systemen kann man allenfalls über Wahrscheinlichkeiten sprechen, denn das Zusammenspiel von menschlichen Individuen ist nicht einfach nur *kompliziert*, sondern *komplex*. Gemeint ist damit: Selbst wenn man alle Einflussfaktoren kennen würde, so wären dennoch keine sicheren Vorhersagen möglich. Ganz einfach, weil die Ereignisse, die aus dem Handeln entstehen, kontingent sind. Ihr Entstehen ist weder notwendig noch prognostizierbar, es geschieht auf der Basis des zufälligen Zusammenspiels komplexer Einflussfaktoren. Regelmäßigkeiten sind daher bei komplexen Zusammenhängen wie jenen im Unternehmen eher unwahrscheinlich. Die meisten Herausforderungen für das Management sind also nicht kompliziert, sondern komplex.

Das ist der Unterschied zwischen einem komplizierten System und einem komplexen: Ein Flugzeug ist zwar kompliziert, aber doch linear entwickelt. Man kann es daher relativ präzise steuern; Ursache und Wirkung sind nachvollziehbar aufeinander bezogen. Bei einem komplexen System hingegen sind Ursache und Wirkung kaum präzise zuzuordnen, es gibt zu viel Überraschendes, nicht Vorsehbares – die berühmten Übersteuerungseffekte oder auch Kippeffekte, die nicht-linear auftreten und sich nicht prognostizieren lassen. Bekannt und gut untersucht sind diese Effekte beim Klimawandel. Hier kommen Veränderungen nicht auf dem Schleichweg, sondern überraschend, abrupt und gravierend.

Das Problem für Unternehmen ist: Manager, die sich eigentlich als Betriebs-Ingenieure verstehen, sind sehr erfolgreich in der Beherrschung komplizierter Systeme. Deshalb glauben sie, auch komplexe Systeme ließen sich mechanistisch steuern. Sie übertragen einfach die Erfolgsrezepte des Umgangs mit Kompliziertheit auf Komplexität. Und das geht eben oft schief.

Was folgt?

Gesetzt den Fall, es gäbe Rezepte, die Erfolg garantieren. Sollten Sie ihnen folgen? Verständlich ist die Neigung, zu übernehmen, was woanders zu funktionieren scheint. Aber: Überragende Leistungen erzielen Sie so niemals. Sie sind allenfalls gleich gut oder gleich schlecht wie der Wettbewerb. Denn ein *bekannter* Erfolgsfaktor ist keiner mehr. Er ist allenfalls »me too«. Das Original ist aber immer besser als die Kopie. Also gilt: Sie müssen besser sein durch Anderssein. *Differentiate or die!* Als beraterinduzierter Organisationsklon macht Ihr Unternehmen am Markt jedenfalls keinen Unterschied. Mehr noch, Sie verlieren das Wichtigste: die Achtsamkeit. Wenn Sie sich auf Erfolgsrezepte verlassen, wähnen Sie sich in Sicherheit. Und dann werden Sie unaufmerksam. Sie erzeugen genau das, was Sie doch vermeiden wollten: Unsicherheit. Meiner Beobachtung nach kommen vor allem jene Unternehmen in Schwierigkeiten, die nicht dem eigenen gesunden Menschenverstand vertrauen, sondern den Erfolgsbeispielen anderer Unternehmen hinterherhecheln. Und jene, die zu lange an den eigenen Erfolgsrezepten festhalten.

Der Hauptgrund dafür: Im Wettbewerb ist es der schlimmste Fehler, berechenbar zu sein. Man spricht von Situationen doppelter Kontingenz: Zwei Wettbewerber können sich so verhalten, wie sie sich verhalten – aber sie können auch anders. Sie kennen das, wenn Sie auf der Autobahn eine Staumeldung erhalten. Dann überlegen Sie: Soll ich die Autobahn verlassen und über Landstraßen weiterfahren? Aber wenn das alle machen? Dann wären die Landstraßen verstopft und die Autobahn wäre wieder leer. Wenn man jedoch davon ausgeht, dass alle so überlegen und vielleicht genauso kalkulieren – wäre dann nicht doch die Landstraße …? Wer diese Situation im Wettbewerb zu seinen Gunsten asymmetrisieren kann, hat einen Vorteil. Zumindest kurzzeitig. Wer hingegen eine »Erfolgsstory« hat, wird berechenbar. Dessen Verhalten kann man antizipieren.

Was folgt daraus, was wäre die richtige Strategie? Nicht strategiehörig sein! Das richtige Verhalten in Situationen doppelter Kontingenz ist die völlig zufällige Entscheidung. Oder auch, und das wird immer wichtiger: mal so und mal so. Das wird nur auf der Tribüne gar nicht gern gesehen, weil es so unordentlich, so wenig planvoll, fast anarchisch aussieht. Die Tribüne aber sollte wissen: Es gibt die störende Kontingenz, aber auch die hilfreiche. Wie sonst ergäben sich Marktchancen? Und aus der Terrorabwehr wissen wir: Unberechenbarkeit ist die langfristig erfolgreichste Strategie.

Die Möglichkeit des Erfolgs liegt also in der Aufgabe der Idee, man müsse nach einem Erfolgsrezept suchen. Man kommt dann möglicherweise zu der Einsicht, dass die Suche allein am Nichtfinden schuld war. Die Lebensphilosophie ruft uns zu: Das Leiden lässt sich oft gerade dadurch heilen, dass man die Suche nach Patentlösungen aufgibt. Und kein scheinbares Patentrezept entbindet uns von der Verantwortung zu entscheiden. Das ist ein Schritt ins Offene. Wirtschaft ist ein wunderbarer Beleg für Freiheit – man kann es auch anders machen.

Was funktioniert? Alles. Mehr oder weniger. Ist das wenigstens ein Erfolgsrezept? Ja – es lautet, keins zu haben. Das ist das Einzige, was wirklich funktioniert.

Nach der Krise ist vor der Krise

Alle menschliche Geschichte ist Bewegung, und es hat zu allen Zeiten Umwälzungen gegeben. Und doch unterscheidet sich die Gegenwart von den Bedingungen der Vormoderne. Neu sind vor allem die *Geschwindigkeit* und das *Ausmaß* der Veränderungen – gerne illustriert mit der heute belächelten Prognose von IBM-Gründer Thomas Watson, der 1943 einen Weltmarkt für Computer von ungefähr fünf Exemplaren prognostiziert haben soll. Und noch 1977 erklärte Ken Olsen, Präsident der Digital Equipment Corporation: »There is no reason for any individual to have a computer in their home."

Der ehemalige amerikanische Verteidigungsminister Donald Rumsfeld hat den zugrunde liegenden Gedanken sinngemäß einmal so formuliert: »Es gibt Dinge, von denen wir nicht wissen, dass wir sie nicht wissen.« Der kollektive Facebook-Hype ist ein Beispiel für die letztgenannten Dinge, die »unbekannten Unbekannten«. Man kann sie auch beim besten Willen und mit immensem Aufwand nicht vorhersehen. Und sie machen unsere Planungen immer häufiger zunichte durch Rückkopplungsschleifen und nichtlineare Einflüsse.

»Alles Ständische und Stehende verdampft«, schrieb Karl Marx 1848 in seinem Kommunistischen Manifest. Worte, wie für die Gegenwart geschrieben. Heute wechseln unterschiedliche Szenarien in rasanter Folge: Massives Wachstum in Asien und Stillstand in hoch industrialisierten Ländern. Bevölkerungsexplosion steht gegen Überalterung, Rohstoffhunger gegen Ressourcenknappheit, Bildungsarmut gegen neue Intelligenz, Ökonomie gegen Ökologie, kurzfristiges Überlebenwollen gegen die Forderung nach Nachhaltigkeit. Kunden fordern drastische Preisnachlässe und *gleichzeitig* höhere Leistung. Über das Internet drängen Mitbewerber auf den Markt, die das erfolgsverwöhnte Geschäftsmodell in Frage stellen. Was machen Medien, wenn es inzwischen unendlich viele Möglichkeiten gibt, sich mit Nachrichten zu versorgen? Werden Tagesthemen oder Heute Journal zum Sandmännchen für Erwachsene? Das alles überwölbt von einer technologischen Hyper-Dynamik, der wachsenden Macht sozialer Netzwerke sowie sprunghaft-unkalkulierbarer Politik. Beispiele gibt es genug. Erinnern Sie sich an die extrem teure Entwicklung des Jägers 90 / Eurofighters? Zum Zeitpunkt seines Ersteinsatzes wurde er kaum noch gebraucht, weil er für den Kalten Krieg konzipiert war, der Eiserne Vorhang aber mittlerweile gefallen war. Oder denken Sie an die Situation im Herbst 2008, in der die Wirtschaft gleichsam über Nacht abstürzte und Unternehmen lernen mussten, mit Umsatzeinbrüchen von 40 und 50 Prozent zu leben. Und wie dramatisch nimmt die Halbwertszeit von sogenannten »Lösungen« ab! Was gestern noch gut war, ist heute schon veraltet. Sieht sogar irgendwie »von vorgestern« aus. Wie lächerlich muten heute Handys an, die gerade mal 15 Jahre alt sind. Viele Unternehmen werden von immer neuen Neuerungen gleichsam

reinhard k. sprenger

an die Wand gedrückt und wissen kaum, wie sie sich ihrer erwehren sollen. Reicht es da noch aus, eine glänzende Wachstumsstory zu erzählen, die schon nach ein paar Monaten antiquarisch ist? Der heutige Aufsichtsratsvorsitzende der Robert Bosch GmbH, Franz Fehrenbach, im Oktober 2010: »Wir müssen uns damit abfinden, dass uns zunehmend dynamische Marktentwicklungen erwarten, die darüber hinaus immer größere Amplituden haben.«

Man muss mithin kein Keynesianer sein, um eine Kategorie zu kreditieren, mit der der Großmeister der staatlichen Intervention die wirtschaftliche Entwicklung beschrieb: *Unsicherheit*. Wir wissen nicht, was kommen wird. Wir wissen es seit den 90er Jahren täglich weniger. Und es nimmt immer häufiger die Form der *Überraschung* an. Die Dynamik der Moderne, die man traditionell in Begriffen wie Fortschritt oder Rückschritt beschreibt, löst sich in *Turbulenzen* auf, die keine Vergleiche kennen. Die Gegenwart überstürzt sich, die Frequenz der Veränderungen auf den Märkten wird unkalkulierbar. Störungen pendeln sich nicht aus, sondern wir schwingen uns von Störung zu Störung. Wir lassen gleichsam das Zeitalter der Ausnahmen hinter uns. Der Ausnahmezustand wird zum Normalzustand. Das Wort »Krise« hat seinen Schrecken schon fast verloren. Immer seltener wird man aus Erfahrungen lernen können. Das »ungestörte Arbeiten« wird zur Archivalie.

Vor einigen Jahren waren Unplanbarkeiten in dieser Form eher unbekannt. Wie schwer es fällt, sich darauf einzustellen, und wie hingebungsvoll weiterhin die mentale Langfristfolklore gepflegt wird, zeigt die Konjunktur des Wortes »Nachhaltigkeit«, das kaum noch Konkretes symbolisiert, mehr eine gedankliche Suchbewegung ist, vor allem eine schon fast »reaktionäre« Denkfigur darstellt – sie fokussiert immer auf etwas, das schon da ist.

Aber auch für die Organisation ist die Überraschung der Staatsfeind Nummer eins. Das Unternehmen GfK gab zum Beispiel für das Jahr 2011 als Parole aus: »Own the Future«. Die Zukunft »besitzen«? Es ist nun mal die Eigenschaft der Zukunft, dass niemand weiß, was sein wird. Wie will man das »besitzen«? Wahrscheinlich ist doch wieder das alte Spiel von Planung und Strategie gemeint, wie Birger Priddat trocken anmerkte. Man will offenbar etwas durchsetzen. Zukunftsfähig ist das nicht. Das wäre es erst, wenn es gerade *anders* kommt, als es geplant war, und man *dennoch* erfolgreich damit umgehen kann. Und genau in der Krise, im Umgang mit der Überraschung, beweist sich die Qualität der Führung. Denn: Was passiert, mögen Sie nicht im Griff haben; wie Sie darauf antworten, schon.

Warum Resilienz immer wichtiger wird

Ich erinnere einen Abend mit einer deutschen Managergruppe Mitte der 90er Jahre. Darunter war ein »Leiter Materialprüfung«, ein eher zurückhaltender Zeitgenosse aus Dresden, der aber die Gruppe mit Berichten von seiner Arbeit auf treffliche Weise unterhielt. Seine Aufgabe war es insbesondere, die Auslenkung von Flugzeugflügeln unter extremen Belastungen zu prüfen. Extreme Belastungen, das ist alles, was »zufällig« ist, auf das man aber vorbereitet sein muss: sogenannte »Luftlöcher«, Turbulenzen, Gewitter, übermäßige Lenkbewegungen. Bis zu 7 Metern nach oben und unten – so erinnere ich mich – müssen die Flügel ausschlagen können, ohne dass das Material bricht. Damals hörte ich zum ersten Mal das Wort »Resilienz« als Synonym für diese Elastizität. Und es war ein spannender Abend.

»Resilienz« ist ein Begriff aus der Materialwirtschaft. Er beschreibt, inwieweit ein Material, das sich unter Druck verformt, wieder seine ursprüngliche Form zurückerlangt, wenn der Druck nachlässt. Ältere Bilder für diesen Zusammenhang sind das Schilfrohr, das sich im Winde biegt, aber nicht bricht. Umgangssprachlich kann man also auch von »Widerstandsfähigkeit« oder »Flexibilität« sprechen. Im übertragenen Sinne ist es die Fähigkeit, Unerwartetes zu meistern und aus Turbulenzen gestärkt hervorzugehen. Und es ist aus der Sicht vieler Wissenschaftler die fundamentalste Lehre, die man aus den Krisen der vergangenen Jahre ziehen muss. »Resilienz muss zum Ersatz werden für das längst uneinlösbar gewordene Versprechen von Stabilität«, sagt Dennis Snower, Chef des Kieler Instituts für Weltwirtschaft.

Das heißt also: Führung muss *erstens* aktiv werden, wenn das Unternehmen ungebremst auf eine Mauer zufährt. Führung muss *zweitens* über den Tellerrand schauen, Umweltveränderungen abtasten, Veränderung »vorher sehen«. Beides nennt man, der Lieblingsspruch aller Manager, die »Hausaufgaben machen«. Führung muss jedoch mehr tun. Sie muss sich *drittens* der Resilienz verschreiben. Sie muss das Unternehmen mental und strukturell vorbereiten auf das Hereinbrechen des *Zufalls*, des wirklich Neuen, das in Gestalt einer Revolution, einer plötzlichen Ressourcenknappheit, eines politischen Großeingriffs, eines unerwarteten Marktteilnehmers oder eben etwas völlig Vorbildlosem auftreten kann.

In den Jahren 2008 und 2009 haben nahezu alle Unternehmen gelernt, was »Krise« bedeutet. Welche Lehren wurden daraus gezogen? Was wurde getan, um künftigen Krisen gelassener entgegenzublicken? Wie lassen sich Unternehmen überhaupt so gestalten, dass sie unter rasch wechselnden Rahmenbedingungen und plötzlichen Veränderungen nicht versagen? Wie hält man eine Organisation in Bewegung? Wie sich auf das Unplanbare vorbereiten?

Der Störungsauftrag des Managements

Es gibt diesen fast naturgesetzlichen Kreislauf, dass Wohlfahrt zu Dekadenz führt. Und die Dekadenz dann die Wohlfahrt unterhöhlt. Um diesen Zyklus zu unterbrechen, müssen wir die

Krise in die alltagshypnotische Routine aktiv einbauen. Das ist der *Störungsauftrag* der Führung. Diese Störung ist eine Ressource zur Revitalisierung der wirtschaftlichen Kraft, um nicht dekadent zu werden, nicht zu verweichlichen, sondern anpassungsfähig zu bleiben. Damit ist nicht nur das kluge *Reagieren* auf krisenhafte Umweltveränderungen gemeint. Gemeint ist vielmehr die *präventive* Vorbereitung der Organisation auf mögliche Veränderungen. Ein aktives Musterbrechen. Eine Alarmierfunktion, die Wachsamkeit, Vorbereitung auf Neues und eine Dauerskepsis am Weiter-so signalisiert. Um dieser Aufgabe gerecht zu werden, muss Führung in homöopathischen Dosen Störungen in die Organisation einführen. Sie muss das Unternehmen in *optimistischer* Absicht beunruhigen. Sie füttert das Unternehmen mit Aktionen, mit denen es nicht rechnen kann und die dennoch handhabbar sind. Weil nur die permanente Austragung von Krisen es fit hält. Bewusst herbeigeführte Krisen zur Aktivierung der Resilienz. Die Betonung liegt dabei auf »bewusst«. Man kann es auch »Management by crisis« nennen – Steve Jobs schien das intuitiv zu beherrschen. Der nervte sein Unternehmen ohne Unterlass – zu beispiellosen Erfolgen.

Führung ist Politik der *Unterbrechung*. Sie entwirft eine Unternehmens-Möglichkeit, die mit dem, was *ist*, bricht. Weil es schlicht überlebenswichtig ist, die Routinen immer wieder aufzubohren, die Strukturen im Unternehmen regelmäßig in Frage zu stellen, die Leute von den Stühlen zu schieben. Die Erfolgsrezepte der Vergangenheit ehrt man, indem man sie hinter sich lässt.

Wer erst in der Krise reagiert, kann allenfalls improvisieren, im schlimmsten Fall nicht mal das. Wenn Sie den Erfolg als bleibende Errungenschaft betrachten und damit gleichsam als ein Ende, dann wird er bald vergehen. Der Erfolg muss daher zu einem neuen Anfang werden, zu einem neuen Start, der den alten Erfolg überholt. Nur wenn der Erfolg ein neuer Anfang ist, kann er nachhaltig sein. Das bekannteste Beispiel dafür liefert sicher Google, das den gesamten Markt, insbesondere auch seinen einstigen Widersacher Yahoo, durch permanente Weiterentwicklung des Produktportfolios vor sich hertreibt. Das sichere Zeichen, zu den Besten zu gehören: alles dafür tun, noch besser zu werden.

Dietrich Mateschitz, der den Energietrunk Red Bull mit einer raffinierten Werbe- und Sponsoringstrategie zur Weltmarke machte, beschreibt sein Unternehmen so: »Ich weiß nicht, ob es eine Philosophie ist oder bereits zwanghaft in fast schon klinischer Ausprägung: Wir stellen aus Prinzip alles in Frage. Wir gehen davon aus, dass nicht alles, was schon immer irgendwie gemacht wurde, so auch richtig ist. Dann fragen wir uns: Gibt es auch andere Wege, intelligentere, kreativere, lustigere, günstigere?«

Ich möchte noch einen Schritt weiter gehen, auch wenn es scheinbar widersinnig klingt: Störung ist *per se* ein Wert. Wieso gibt es Unternehmen, die sich leichter und schneller verändern, sich sogar von Zeit zu Zeit neu erfinden? Betrachten wir langlebige Unternehmen, die besser mit Veränderungen umgehen als andere, betrachten wir zum Beispiel IBM, dann sehen wir: Es geht um das Stimulieren, das Wachhalten. IBM ist seit einhundert Jahren ein herausragendes Beispiel dadurch, wie es Krisen genutzt hat, sich fundamental zu ändern. So hat es sich mutig dazu durchringen können, Geschäftsbereiche abzustoßen, die zwar noch ertrags-, aber nicht mehr zukunftsträchtig waren. Nicht zuletzt deshalb stand der Konzern – im Gegensatz zu vielen Konkurrenten – fantastisch da, als der scheidende CEO Sam Palmisano im Januar 2012 den Stab an Virginia Rometty weitergab. In seine Amtszeit fielen der Abschied vom PC-Geschäft, der Ausbau des Software- und Dienstleistungsbereichs und die Akquisition von PricewaterhouseCoopers. Nach Aussage von Rometty habe er ihr nur einen Rat gegeben: »Du musst den Konzern einfach immer wieder neu erfinden.«

Die Spannung zwischen Zukunftsfähigkeit und Transaktionskosten

Störungen haben eine ambivalente Wirkung. Einerseits initiieren sie Veränderungen, ohne die kein Lernen, keine Entwicklung und keine Neuanpassung möglich wären. Es lohnt sich, das zu wiederholen: Ohne Krise keine Veränderung! Sie können keine Change-Prozesse einleiten, wenn sich das Unternehmen in einer profitablen Komfortzone suhlt. Andererseits bringen Störungen immer *Ineffizienzen* mit sich. Sie beeinträchtigen Prozesse und Strukturen, die bis dahin funktioniert hatten und bei denen zum gegenwärtigen Zeitpunkt nicht abzusehen ist, dass sie zukünftig nicht mehr funktionieren könnten. Zudem: Es gibt schon genug Unruhe! Die eine Reform ist noch nicht umgesetzt, da wird schon die nächste entschieden. Der Störungsauftrag mit dem Ziel der Resilienz steht also in Spannung zur Kernaufgabe »Transaktionskosten senken«. Mehr noch: Viele wirklich gute Vorschläge bedrohen sogar das Kerngeschäft – man denke an das Internet und den Handel, oder an Handys und das Festnetz. Sie brauchen zudem *geduldiges* Geld. Damit ist auch klar: Resilienz ist eine Langfristperspektive. Sie fragt: »Was kostet uns Effizienz?« Es ist ja nicht so, als sei Effizienz kostenlos. Sie kann frustrieren; sie kann alles das schwächen, was ein Unternehmen zukunftsfähig macht. Resilienz steht damit unter den Börsen- und Medienbedingungen der letzten Jahre quer zum kurzfristigen Shareholder-Value-Denken. Will man die Störung verstetigen, dann aktiviert man im Regelfall den Widerstand der oberen Managementebenen, die unter hohem Erfolgsdruck stehen und kurzfristig Gewinne maximieren müssen. Das tun sie, obgleich sie insgeheim wissen, dass diese Praxis investitions- und innovationsfeindlich, sprich: zukunftsfeindlich ist. Aber die Share-Holder sind ja – wie man in den USA zu sagen pflegt – »Share-Flipper«, die ihre Aktien selbst kaum länger als durchschnittlich zehn Monate halten. Der Shareholder-Ansatz macht also ein zukunftsfreundliches Verhalten von Managern strukturell unwahrscheinlich.

Wir müssen daher balancieren; wir müssen uns zwischen Euphorie und Nostalgie hindurchschlängeln. Die Euphoriker leben immer nur im Möglichen, im Zukünftigen. Und versäumen bisweilen die Gegenwart. Das radikal Mögliche ist aber im Ergebnis immer noch nichts. Deshalb ist es gefährlich, die Vergangenheit einfach abtun zu wollen, also geschichtslos zu werden. Mit einem radikalen Sich-Loslösen vom Strom der Kontinuität wird die Anfälligkeit für Widersachermächte immer größer. Die Nostalgiker hingegen wollen alles beim Alten lassen. Sie versäumen die Zukunft, weil sie sich diese nur als verlängerte Vergangenheit vorstellen können. Es geht hier also wieder um das Maß. Es ist nicht unintelligent, zwischen »exploit« und »explore« zu *pendeln* (wie James March vorschlägt) – also professionell und routiniert die Effizienz zu steigern und Abläufe zu perfektionieren, aber immer wieder auch neue Alternativen auszuprobieren. Und sich so Neuem zu öffnen. Wir brauchen mal Standbein, mal Spielbein. Will man das entscheiden, dann ist das Reagieren auf Veränderungen wichtiger als das Befolgen eines Plans. Das ist jedoch kein Entweder-oder. Es heißt lediglich, dass Pläne hilfreich sein können – aber der andere Wert ist höher zu schätzen. Ein Zuviel von sklavischer Replikation (unsere Neigung zu wiederholen, immer nur mehr vom selben zu erzeugen) kann genauso tödlich sein wie ein Zuviel an Neuem. Es gilt, zwischen Transaktionskosten und der Herstellung von Zukunftsfähigkeit auszutarieren. Je schneller die Umweltbedingungen sich ändern und lebende Systeme in Überlebenskrisen taumeln, desto mehr prämieren sie jedoch das innovative Prinzip, die Abweichung.

Derzeit dominiert in den Unternehmen die Risikoorientierung. Was eine Gefahr für das Überleben und die Weiterentwicklung bedeutet. Denn die Zukunftsfähigkeit eines Unternehmens hängt nicht primär vom Umgehen mit Risiken ab, sondern vom Umgehen mit Chancen.

Wir sollten uns also von Ineffizienzen nicht den Blick auf das Grundsätzliche verstellen lassen: Zukunftsfähige Systeme sind immer nervös. Sie pressen nicht nur die Investitionen der Vergangenheit aus, sondern entwickeln sich unaufhörlich in eine aussichtsreiche Richtung. Aus der Bewegung heraus läuft es sich leichter in die Zukunft. Dabei muss dies so effizient wie nur möglich geschehen. Aber nicht effizienter. Führung darf nicht die Möglichkeiten der Zukunft verspielen. Was in guten Zeiten den Ertrag schmälert, erhält in schlechten am Leben.

Institution

Zelte statt Paläste

Gibt es eine optimale Organisationsform für Zukunftsfähigkeit? Wie können wir das Unternehmen so aufstellen, dass Veränderung als Rückenwind erfahren wird, nicht als Gegenwind?

Emile Durkheim schrieb 1895 die prophetischen Worte: »Nichts hindert einen Industriellen daran, mit den Methoden eines anderen Jahrhunderts zu arbeiten. Er soll es aber nur tun. Sein Ruin wäre sicher.« Es ist in der Tat die Frage, ob die Organisation ihr Programm heute noch einlösen kann, das im vorigen Jahrhundert formuliert wurde. Oder ob die Standards des Organisierens nicht grundsätzlich infrage zu stellen sind, das heißt *umzustellen* sind auf Flexibilität und Kontingenz. Wir müssen uns fragen, ob es hinreichend ist, an der bestehenden Ordnung festzuhalten, nur weil sie eben Ordnung ist und Unordnung ersetzt. Wenn sie keine positive, das heißt vom Kunden her gedachte Begründung hat, dann ist sie nicht zukunftsfähig.

Wenn man den »Auftrag« als Hauptbestandteil eines Unternehmens betrachtet, dann sollte die Organisationsform vor allem dies sein: Maßarbeit *um den Auftrag herum*. Der Kunden-auftrag ist die Norm, an der sich alles zu orientieren hat. Dann muss sich das Unternehmen (beziehungsweise ein Unterneh-mensteil) immer neu um das konkrete Kundenproblem herum formen. Das Kundenproblem »stört« dann nicht den Pro-zessablauf, sondern das Kundenproblem ist die *Voraussetzung* für die Existenz der Organisationsform. Der Blick nach außen muss die Unternehmen veranlassen, den Anspruch eines per-fekten Endzustandes aufzugeben und sich gleichsam von Er-eignis zu Ereignis weiterzuentwickeln. Im unsicheren Gelände ist Bewegung dabei nicht immer »Fortschritt«, sondern manch-mal eben schlicht Anpassung an Marktbedingungen. Als avan-ciertes Beispiel diene in der Pharmaindustrie der strategische Wachstumbereich »personalisierte Medizin«, der Medika-mente auf Basis der Analyse menschlichen Erbgutes individu-ell herstellt.

Ein Unternehmen, das den Kundenauftrag zur »bewussten« und immer wieder neu »erinnerten« Existenzgrundlage hat, darf sich im Grunde gar nicht »aufstellen«. Es muss mindes-tens auf eine monolithische Struktur verzichten. Es hat keinen Orga-Plan, keine »Stellen«-Beschreibungen, es darf nicht sagen »Ich habe die Lösung, wo ist das Problem?« Letztendliche Lö-sungen sind darin wenig wahrscheinlich – man begnügt sich mit mehr oder weniger brauchbaren Moment-Lösungen. Es verkauft nicht, was es produzieren kann, sondern produziert, was es verkaufen kann. Und wenn sich der Markt ändert, sich entsprechend die Aufträge ändern, dann passt sich die Organi-sationsform dem Markt an, um erfolgreich zu bleiben.

Eine flexible, marktgetriebene Organisation ist fast keine Or-ganisation mehr – sie gleicht mehr einem Zur-Verfügung-Hal-ten von Potenzialen (zum Beispiel mittels des Interim-Manage-ments). Und damit ist sie eher in KMUs wahrscheinlich. Zentral geführten Konzernen ist eine solche Organisationsform we-sensfremd. Sie müssen sich Störungen gleichsam »künstlich« beschaffen; sie müssen – meist »von oben« – wieder einführen, was im Prozess des Organisierens ausgeschlossen wurde. Sie müssen sich mit »Erregern« versorgen, die es markt- und weltoffen halten, zukunftsfähig. Einige dieser gewollten »Störungen« werde ich im Folgenden nennen. Sie können dabei helfen, Ihr Unternehmen wieder in den *Modus des Problemlösens* zu versetzen.

Zunächst aber gilt es festzuhalten: Es kann nicht darum gehen, die eine Ideologie durch eine andere zu ersetzen, Bürokratie und Hierarchie abzuschaffen und nach dem Gegenteil zu rufen. Die Organisation, die nicht ein Mindestmaß an Regeln und Strukturen hat, ist keine Organisation mehr. Aber es ist ein Unterschied, ob man die Vergangenheit verherrlicht oder sich der Zukunft öffnet. Ob man für die Organisation arbeitet oder für den Kunden. Ob man das Schwanken zwischen Boom und Krise für ein Defizit der Wirtschaft hält oder für ihre Form. Es gibt kein »richtiges« Management, das einen permanenten Gleichgewichtszustand erreicht. Wohl aber ein Management, das auf Krisen besser reagiert als andere.

Experimentieren

»Ich möchte hervorheben, dass die Befähigung zur Evolution von Ordnungssystemen in unserer Zeit entscheidend für den Erfolg ist.« Reinhard Mohn hat das geschrieben, der Gründer der Bertelsmann AG. Einige der geschicktesten Verhaltensweisen langlebiger Unternehmen sind Experimentierfreude, Herumprobieren, Irrtum, Opportunismus und Zufall. Was wie brillante Planung aussieht, ist oft das Ergebnis der Devise: »Probieren wir eine Menge aus und bleiben wir bei dem, was funktioniert. So lange, bis es nicht mehr funktioniert.« Als historisches Beispiel diene das Manhattan Project Oppenheimers, als aktuelles Beispiel Google, das statistisch nur eins von hundert Projekten zur Marktreife kommen lässt. Das Motto dazu in Kurzform: »Start many, try cheap, fail early!« Denn unter den erwartbar unerwartbaren Bedingungen werden nur Unternehmen mit einem hohen Selbstveränderungspotenzial überleben. Dem Zufall eine Chance geben, die starren Strukturen verflüssigen, das Aus- und Abgebremste wieder in Bewegung bringen – das ist eine Kernaufgabe der Führung.

Experimentieren Sie zunächst gedanklich. Um nur ein Beispiel zu nennen: Nehmen Sie einfach einmal an, dass nahezu alle Ihre Mitarbeiter vertrauenswürdig sind und mit vollem Einsatz für das Wohl des Unternehmens arbeiten. Und nun fragen Sie sich, auf welche Kontrollinstrumente Sie dann verzichten könnten. Sie kommen sicher auf etliche misstrauensbasierte Praktiken, deren Sicherheit versprechender Effekt in keinem Verhältnis zur demotivierenden Wirkung steht. Zukunftsfähigkeit lässt sich nicht kontrollierend und steuernd erreichen, sondern wird gerade durch Kontrolle und Steuerung behindert – durch Management eben. Wenn alles getan wird, um den Zufall auszuschalten, dann erkennt man auch nicht, wenn sich eine Marktchance eröffnet.

Fragen Sie dann weiter: Sind Sie ausschließlich an Effizienzkriterien orientiert, oder wissen Sie, dass die Erfolglosigkeit vieler Experimente unvermeidbar ist, um Chancen und Gelegenheiten zu sehen? Die einzig moderne Strategie heißt »Ausprobieren«, Testballone steigen lassen, mit dem Scheitern rechnen. Experimentieren – das ist heute unternehmerisches Handeln unter Unsicherheitsbedingungen. In einer Welt, die nicht kontrollierbar ist, nicht der Planung gehorcht und auch nicht der kontrollierenden Mega-Hierarchie. Provisorisch, bis auf Weiteres, das heißt: spielerisch. Dieses Experimentieren ist nur möglich in einer heiteren, zukunftsgerichteten Unternehmenskultur – nicht in einer »hard culture« des Faustischen »Es wird kein Morgen geben«.

Bob Dylan, der sich und sein Image immer wieder zerstört und anders wieder aufgebaut hat, ist seit 1988 permanent auf Tour – aber mit ständig wechselnden Besetzungen. Er variiert von Konzert zu Konzert die Songlisten, spielt Songs an einem

Abend akustisch, am nächsten elektrisch, verändert während einer Konzertreise mitunter Arrangement, Tonart und Geschwindigkeit. Manchmal erkennt man einen Song erst, nachdem er fast beendet ist. Das mag für seine Mitspieler schwierig sein, für seine »Kunden« aber entstehen auf diese Weise magische Momente, die nie zuvor zu hören waren. Aber nicht selten geht das auch grandios schief – auch dieses Scheitern ist für Dylans Konzerte typisch. Aber das eine ist ohne das andere eben nicht zu haben.

Schwache Signale erkennen

Selbst wenn uns die Erinnerung manchmal täuscht: Wirtschaftsgeschichtlich passiert es höchst selten, dass sich die Marktsituation über Nacht – einem Kometeneinschlag gleich – so radikal ändert, dass sich die Unternehmen nicht darauf einstellen können. Meistens haben sich die Entwicklungen angedeutet – in Form von Mini-Krisen, die das Unglück gleichsam ankündigten, für sich genommen jedoch noch keine Katastrophe waren.

Nehmen wir als Beispiel die Lufthansa. Das Unternehmen stand lange in Europa an der Spitze. Das machte schwerfällig. Unterschätzt wurden über Jahre der fulminante Aufstieg von Emirates, Qatar Airways sowie der Vormarsch der Billigflug-Anbieter. Erst nach Christoph Franz' Übernahme 2011 schickte sich das Unternehmen an, die Selbstgefälligkeit auszumerzen. Was ein schmerzlicher Prozess war (und ist) vor dem Hintergrund einer langen Erfolgsgeschichte – die allerdings nur eine Erfolgsgeschichte war um den Preis des Wegsehens.

Aber selbst Unternehmen, deren Überlebensbedingungen sich bedrohlich verändern, tun vor allem eins: *mehr vom selben*. Sie antworten mit verstärkten Anstrengungen in der gleichen Richtung, halten aber an »bewährten« Strategien fest. Wie John Maynard Keynes schrieb: »Die Schwierigkeit besteht nicht so sehr darin, neue Ideen zu entwickeln, sondern alten zu entkommen.« Insolvenzverwalter berichten unisono von Unternehmensführern, die sich an Strategien klammern, die viele Jahre sehr erfolgreich waren, nun aber sichtbar nicht mehr funktionieren. Wenn man in Sanierungsprojekten die Krisenkette von der Liquiditätskrise über die Ertragskrise und Strategiekrise zurückverfolgt, dann stellt sich zumeist heraus, dass das Unternehmen in guten Zeiten schlicht geschlafen hat.

Wichtig also ist es, aufmerksam zu sein für die kleinen, von den wenigsten bemerkten Signale aus dem Umfeld. Sie richten noch keinen unmittelbaren Schaden an, oder aber die Verluste sind noch klein. Es ist menschlich, diese Signale zu relativieren oder zu ignorieren. Es ist doch alles immer wieder gut gegangen! Doch diese scheinbar harmlosen Vorkommnisse können die Vorboten von großen Verwerfungen sein. Sie treten dann ein, wenn sich Bedingungen leicht verändern oder einen schlicht das Glück verlässt.

Es ist für ein Unternehmen sicher hilfreich, solche punktuellen Auslotungen breit zu fächern, das heißt auf allen Märkten ein *Frühwarnsystem* einzurichten, das Veränderungen seismografisch registriert und rückmeldet. Wir müssen dabei sowohl an Risiken als auch an Chancen denken. Chancen auf neu entstehenden Märkten, die früh zu erkennen, zu besetzen und zu gestalten sind. Oder Risiken für das bestehende Geschäftsmodell, welche zunächst vielleicht nur zu kleineren Anpassungen führen. Aber sie sind gleichsam das Training für den möglichen Ernstfall, den viele Unternehmen ja im Jahre 2009 zu bewältigen hatten.

Ein solches Frühwarnsystem ist das sogenannte »Crowdsourcing«, das direkte Einbeziehen von Ideen und Hinweisen diverser Kunden- und Expertengruppen. Sie vergrößern damit gleichsam die Oberfläche des Unternehmens nach außen. Sie können aber auch *intern* ein Frühwarnsystem aufbauen – als Vernetzung über Abteilungsgrenzen hinweg. Sie können mit ausgewählten Menschen aus allen Bereichen des Unternehmens im Gespräch bleiben. Sie können ein großes Ohr werden: genau hinhören, was »die anderen« umtreibt, welche Probleme sie haben, was sie von der Zukunft erwarten. Und man darf dabei keine eigenen operativen oder finanziellen Interessen verfolgen.

Will man den achtsamen Umgang mit schwachen Signalen unternehmenskulturell verankern, dann stellen sich Fragen: Ist das Offenlegen schlechter Nachrichten institutionalisiert – oder wird es an den Mut des Einzelnen delegiert? Gibt es Einzelne oder Gruppen, die auf Störungen, Fehler und negative Trends spezialisiert sind? Ist die Auseinandersetzung mit Alternativen gewohnheitsmäßig oder ausnahmsweise? Werden bei Fehlern Schuldige gesucht (um den Rest der Organisation zu entschuldigen), oder nutzt man sie zur Weiterentwicklung? Oder, noch fundamentaler: Wie gehen wir mit Meinungsvielfalt um? Mit Kritik? Mit Zweifel?

Sieger zweifeln nie? Lassen Sie sich von niemandem einen solchen Unsinn erzählen! Sie sollten sich geradezu fürchten vor demjenigen, der keinen Zweifel kennt. Ein Sieger muss vielmehr den »methodischen« Zweifel kultivieren. Er muss den Grat wandern zwischen sicherem Handeln und entschiedener Fehlerkorrektur. Er muss einerseits fest von seiner Idee überzeugt sein und andererseits genügend Flexibilität besitzen, neue Analysen zu berücksichtigen und schlechte Ideen aufzugeben. Was aus Siegern Verlierer macht, ist das Verschwinden dieses Zweifels – wenn man sich zu sicher fühlt und blinden Optimismus pflegt, wie er vor allem für Männer typisch ist. Hinzu kommt die Neigung, bestehende Entscheidungen mit selektiv ausgewählten Daten zu untermauern, negative Daten hingegen zu vernachlässigen. Sie machen denselben Fehler, den viele Kapitalanleger machen: Wenn sich die Anlage-Umgebung ändert, steigen sie nicht etwa schnell aus den Anlagen aus, sondern halten an ihnen oft jahrelang fest, weil sie sich aus emotionalen Gründen den Verlust nicht eingestehen wollen. Und vergrößern so ihren Verlust, respektive

reinhard k. sprenger

verpassen lohnendere Investments. Dieter Zetsches Trennung von Chrysler war sicher keine Herzensentscheidung, eher Pragmatismus. Und ein erfolgreicher: Chrysler fuhr mit Karacho in die Insolvenz – und hätte Daimler wohl mitgerissen. Somit gilt: Unternehmen brauchen Krisen. Krisen haben eine Entkalkungsfunktion – sie zwingen Unternehmen zum Lernen und Besserwerden. »Never miss a good crisis« – das ist die Zeit, in der sich etwas bewegt.

Von der Zukunft her denken

Niemand weiß, wie die Zukunft aussehen wird, aber sie ist bereits heute wirksam. Wir wissen nur: Vieles von dem, woran wir uns gewöhnt haben, wird sich ändern. Und nur, wenn wir der Zukunft, dem Werdenden, heute schon Raum geben und ihn eben nicht mit Gewordenem möblieren, ist langfristiges Überleben möglich. Wir müssen uns *vorausschauend* selbst erneuern. Es gilt, von der Zukunft her zu denken, und, gleichsam von dieser zurückblickend, in der Gegenwart angemessen zu entscheiden. Im Pharmabereich etwa ist es möglich, dass nur noch solche Medikamente von den Krankenkassen rückvergütet werden, deren Wirksamkeit individuell nachgewiesen wurde. Und im Automobilbau könnte der Benzinmotor nicht erst übermorgen der Vergangenheit angehören. Wenn Sie also Ihr Unternehmen in die Zukunft führen wollen, dann müssen Sie es *aus* der Zukunft führen. Wie geht das?

Das menschliche Gehirn ist programmiert, schnell auf Gefahren zu reagieren; aber sie müssen konkret und unmittelbar sein. Alles, was vage und in weiter Zukunft liegt, entzündet uns nicht. Das korrespondiert mit gut gestützten Forschungsergebnissen, wonach Führungskräfte, gefragt, welche ihrer Aufgaben sie tendenziell *vernachlässigten*, vor allem auf den Entwurf von Krisen- und Zukunftsszenarien verweisen. Sie müssen also zunächst dafür sorgen, dass die Aufmerksamkeit der Organisation sich nicht nur auf Aktuelles konzentriert. Sondern auf Zukünftiges. Sind die Leute darauf vorbereitet, dass es regnen kann? Dass schlechte Zeiten kommen können? Oder aber sich unversehens grandiose Chancen eröffnen? Etwas, was niemand »auf dem Schirm« hatte? Sie sollten dabei ihre langfristige Strategie nicht aus den Augen verlieren, schon gar nicht darauf verzichten. Aber sich mit hoher Selbstdisziplin, in regelmäßigen Abständen, mit Zeit, Geld und institutionellen Formen der Zukunft widmen. Dann haben Sie ein Lernelement eingebaut, das aus der operativen Alltagshektik den Blick weitet für das, was unweigerlich kommen wird: Veränderung.

Vor allem Sie als Führungskraft müssen sich fit halten: fit für rasche Veränderungen. Das können Sie tun, indem Sie alternative Szenarien durchspielen. Weniger Schema F, mehr Plan B. »Corporate Foresight« ist eine wichtige Aufgabe im Rahmen Ihrer strategischen Planung. Dazu gehören Methoden jenseits der traditionellen Marktbeobachtung wie Trend- und Umfeldanalysen, die Expertenbefragung sowie »Preferred Futuring«, »Presencing« und die gute alte Szenariotechnik. Vor allem die letztgenannten Techniken beinhalten das Spielen mit alternativen Zukunftsbildern und helfen, den eventuell notwendigen schnellen Kurswechsel zu simulieren. Eine gewisse Berühmtheit erlangte das schon 1982 von Bill Gross bei der US-Fondsgesellschaft Pimco inaugurierte Treffen (»Secular Forum«), bei dem die Führungskräfte einmal im Jahr dreitägig über die Zukunft nachdenken – oft »irritiert« und damit unterstützt von branchenfremden Referenten.

Häufig wird die Beschäftigung mit der Zukunft an Stäbe oder gar externe Berater delegiert, während sich das Management mit dem Abschöpfen der Gegenwartsmärkte beschäftigt. Meine Erfahrung sagt: Falsch! Diese Aufgabe ist nicht delegierbar. Das Topmanagement sollte sich regelmäßig zurückziehen an einen ruhigen Ort und (unter Moderation) mögliche Zukünfte diskutieren, in denen sich das Unternehmen zu bewähren hat. Es ist eine Chance, sich selbst und das Unternehmen in einen größeren Zusammenhang zu stellen.

Vor allem aber sollten Sie in Zukunftskonferenzen alle Mitarbeiter sensibilisieren für die Offenheit dessen, was vor uns liegt. In *Open-Space-Konferenzen* können Sie Mitarbeiter zum Mitdenken anregen, gemeinsam von der Zukunft her denken, Alternativen einführen. Weg vom Vergangenheits-Druck und hin zum Zukunfts-Sog! Die Vergangenheit wird dabei insofern relativiert, als sich das Management bewusst gegen Praktiken entscheidet, die aller Wahrscheinlichkeit nach zukünftig nicht mehr produktiv sind. Solche Konferenzen helfen auch bei der Erfüllung der Kernaufgabe der Zusammenarbeit: Das Unternehmen diskutiert sich hier in seiner Gesamtheit – und nicht als Addition von Einzelaktivitäten.

Wer in Szenarien denkt, auch in radikalen Szenarien, der wird konträre Meinungen provozieren. Dazu brauchen Sie eine offene *Diskussionskultur*. Resilient sind nämlich nicht zentralistisch geführte Firmen, in denen charismatische Führer einsame Entscheidungen fällen. Und auch nicht jene rechthaberischen Rudelbildungen mancher Vorstände, deren pathologisches Bekenntnis zur eigenen Vergangenheit jede Kontroverse verhindert. Sondern jene, in denen wahrscheinliche und unwahrscheinliche Szenarien diskutiert werden und Meinungsvielfalt zu einem Mehr an Ideen und einer präziseren Ausarbeitung von Positionen führt. Gut vorbereitet auf Krisen sind mithin Unternehmen, in denen nicht Gehorsam und Konformität gefordert werden, sondern Eigensinn und Widerspruchsgeist. Von hochangepassten Ja-Sagern hat man ohnehin immer genug.

Projektmanagement

Projekte sind zeitlimitierte Ordnungen, die Ihnen erlauben, etwas anzufangen, dessen Erfolg jedoch ungewiss ist. Dessen Erfolg sogar eher unwahrscheinlich ist, sonst hätten Sie sich wohl stärker engagiert. Die Projektteilnehmer sehen also ihre Mitarbeit als vorübergehend, was von der stabilen Kernarbeit zu unterscheiden ist. Doch so etwas wie einen stabilen Arbeitskern wird es in Zukunft kaum noch geben. Projekte sind die ideale Arbeitsform für Anfangs- und Umbruchzeiten.

Beim klassischen Projektmanagement geht es vor allem darum, aktiv Veränderungen im Unternehmen anzustoßen, um neue Marktchancen zu nutzen. Veränderungen, die von den Abteilungsgrenzen verhindert werden. Um dies erfolgreich zu tun, sollten Sie alle drei Dimensionen von »Changeability« beachten: die Veränderungsbereitschaft, die Veränderungsfähigkeit und Veränderungsmöglichkeit.

Zunächst geht es darum, die Veränderungs*bereitschaft* der Mitarbeiterschaft anzustoßen. Ihre Neugier, ihren Einfallsreichtum und ihre Gestaltungskraft zu stimulieren. Sich mit der Zukunft zu beschäftigen und in möglichen Szenarien zu denken: »Was wäre, wenn …« Keine leichte Aufgabe. Widerstand ist zu erwarten von der Kultur des Aussitzens und der gegenseitigen Rücksichtnahme unter den Führungskräften. Wer auf die klassische Frage: »Und was kommt dabei für mich heraus?« keine befriedigende Antwort gibt, kann kaum mit Aufgeschlossenheit gegenüber Neuerungen rechnen. Eben deshalb ist es so wichtig, die Notwendigkeit der Veränderungen zu plausibilisieren.

Die Veränderungs*fähigkeit* resultiert aus der Differenz zwischen dem, was Mitarbeiter und Organisation heute können und zukünftig können müssen. Das sind die Leitfragen: Welche Kenntnisse und Fähigkeiten müssen wir morgen besitzen? Auf welche Kenntnisse und Fähigkeiten können wir demnächst verzichten?

Widmet man sich der Veränderungs*möglichkeit*, dann mutieren viele Manager zu Opfern. Immer ist der Tarifvertrag falsch, der Standort schlecht gewählt, die Technologie antiquiert, das Währungsverhältnis unfair, das Steuergesetz fehljustiert, der Zeitpunkt unpassend. Das nimmt nichts davon weg, dass Sie

reinhard k. sprenger

das, *was* Sie in Ihrer Hand haben, auch verändern sollten. Es war schon immer klüger, ein Licht anzuzünden, als über die Dunkelheit zu klagen. Mehr noch: Nach meiner Erfahrung ist es in den Unternehmen am besten um die organisatorische Veränderungsmöglichkeit bestellt: Die institutionellen Rahmenbedingungen stellen die geringste Limitation für den Wandel des Unternehmens dar – wenn Sie den Wandel denn wirklich wollen. Die Leitfragen dazu lauten: Wo sind die Engpässe? Was sind die Umsetzungsbarrieren? Was muss zunächst gelöst werden, damit eine Veränderung starten kann und glaubwürdig ist?

Es geht also darum, die drei Dimensionen organisatorischer Veränderung immer wieder anzustoßen. Das natürlich nicht als Selbstzweck, sondern als Veränderungs-*Notwendigkeit* in der Folge einer sich verschiebenden Markttektonik. Man kann das – wie immer – übertreiben. So manches Unternehmen hätte sich in den Krisen 2001 und 2008 gerne etwas mehr Stabilität und »old economy« gewünscht. Aber mit Blick auf Zukunftsfähigkeit haben die meisten Unternehmen eher Nachholbedarf. Projektmanagement – ernst genommen – ist dafür ein pragmatischer Schritt.

Dezentral ist stärker

Manager sind die Apostel der Machbarkeit. Sie erkennen oft nicht, dass Vielfalt, Dezentralität und hohe Freiheitsgrade Voraussetzung dafür sind, dass so komplexe Systeme wie Unternehmen stabil bleiben können und gleichzeitig genügend Flexibilität entwickeln, um mit der Unvorhersehbarkeit der Märkte zurande zu kommen. Auch wenn es manchmal wie Chaos wirkt. Wer dieses Chaos durch Zentralisierung bändigen will, mag sich persönlich auf der sicheren, mindestens aber effizienten Seite wähnen. Aber er weiß nie genau, was er anrichtet – außer dass er Freiheitsgrade reduziert hat und damit die Anpassungsfähigkeit gefährdet.

Aus der Perspektive der Zukunftsfähigkeit ist jedoch unbestritten: Kleine Einheiten sind wichtige Stützpfeiler einer resilienten Organisation. Nur dezentrale, lokal vorangetriebene Entwicklungsprojekte sind widerstandsfähig genug, um unter rasch wechselnden Rahmenbedingungen zu funktionieren. Diese Einheiten müssen große Freiräume haben. Das Netz von Richtlinien, Vorgaben und Kontrollen sollte jedenfalls nicht zu eng geschnürt sein. Auch zu detaillierte Bonuspläne verhindern, dass unerwartete Marktchancen genutzt werden.

Selbstverständlich verträgt sich die Komplexität eines Unternehmens auch mit Ordnung und geregelten Abläufen – solange sie genügend Raum lassen für Selbstorganisation, Unvorhergesehenes und Unvorhersehbares. So wie der Medizinkonzern Fresenius ruhig, unaufgeregt und außerordentlich profitabel wächst, sowohl aus organischer Umsatzsteigerung als auch aus erfolgreicher M&A-Tätigkeit, und dabei die einzelnen Einheiten sehr dezentral führt.

Planungen mittlerer Reichweite

Depression oder Mega-Boom, Inflation oder Deflation – alles scheint derzeit möglich in der Weltwirtschaft. Das aviatische »Fliegen auf Sicht« ist aber nicht erst seit der Finanzkrise populär geworden. Es ist ja bekannt, dass viele Start-ups nur deshalb überlebten, weil sie sich von ihren Businessplänen früh genug verabschiedet hatten. Gelernt wurde: Mit Planungen kann man zwar die Kontrollillusion aufrechterhalten, aber sie beeinträchtigt die adäquate Erkenntnis der Wirklichkeit. Wer versucht, den Zufall und die Störung so weit wie möglich auszuschließen, kann sich kaum einstellen auf das Wichtige, das gestern noch unwichtig schien.

Langfristige Planungen gehören daher weitgehend der Vergangenheit an. Sie sind in hohem Maße illusionär und fallen (im Doppelsinne) schwer, weil sie Entscheidungen mit Ewigkeitserwartungen befrachten. Planungen *mittlerer* Reichweite sind praktischer. Sie fallen leichter, weil ihre Vorläufigkeit mitkalkuliert ist. Sie bilden zwar die erwünschte Zukunft ab, aber sie beschränken sich auf das heute Wissbare und lassen ausreichend Toleranz für Abweichungen. Auf den Anspruch der Exaktheit und Unumstößlichkeit wird ausdrücklich verzichtet. Keine Detailplanung also, nur eine grobe Orientierung, die zwar ernst zu nehmen ist, aber nicht zu ernst. Betrachten Sie Planung als kontrollierten Irrtum. Und vergessen Sie nicht: Zukunftsfähigkeit ist nicht Planung, sondern das Umgehen mit *ungeplanten* Situation – wenn die Planung über den Haufen geworfen wird.

Redundanzen bilden

Organisationen müssen heute damit rechnen, dass überraschende Ereignisse eintreten, die bei aller Anstrengung nicht vorhersehbar waren und die die mühsam stabilisierten Routinen gleichsam über Nacht obsolet werden lassen. Die »crisis«, die auf die spätantike medizinische Literatur Galens zurückgeht (und als Entscheidungspunkt gilt, an dem die Krankheit entweder abklingt oder letal wird), die Krise sollte Sie möglichst in einer komfortablen Zone unternehmerischer Gesundheit treffen. Sie sollten strukturell vorgebeugt haben. Sie sollten, wie man im älteren Jargon sagte, etwas »zuzusetzen« haben.

Was Sie mithin brauchen, ist ein »Commitment to resilience«. Das ist die Fähigkeit zur Mobilisierung zusätzlicher Leistungsreserven, um unter hohem Zeitdruck besondere Anforderungen meistern zu können. Sie benötigen im Unternehmen einen gewissen Grad an *Redundanz* (nicht zu viel, wohlgemerkt!) – und somit eine Anpassungsreserve. Denken Sie an den menschlichen Körper – dort, wo er nur *ein* Organ hat (etwa das Herz), ist unser Überleben im Schadensfall hoch gefährdet;

haben wir hingegen *zwei* Organe (etwa die Nieren), können wir den Ausfall eines Organs verkraften. Viele Unternehmen haben sich in den letzten Jahren dieser Reserve aus kurzsichtigen Gründen beraubt. Entsprechend verwundbar sind sie. Wenn ein Unternehmen unter dem allgemeinen Effizienzdruck seine Ressourcen so weit ausdünnt, dass gerade noch der Normalbetrieb aufrechterhalten werden kann, dann ist es für den Zufall nicht gut gerüstet. Abermals: Effizienz ist wichtig – aber nicht alles. Sie sollten Schlanksein nicht mit Magersucht verwechseln.

Störung

Dass Führung einen Störungsauftrag hat, der die Zukunftsfähigkeit des Unternehmens sichern soll, wurde bereits thematisiert. Nun müssen Sie sich die Störung nicht immer als große Sonderaktion vorstellen. Es gibt viele kleine und wirkungsvolle Störungen. *Berater* zum Beispiel, wenn man sie wirklich »beratend« einsetzt (und nicht als nachträgliche Rechtfertigung zuvor getroffener Managemententscheidungen), stellen ein »Andersmachen« zur Verfügung. Also Informationen, die das Unternehmen herausfordern, den Status quo zu überdenken. Die es dazu bringen, entweder etwas zu ändern, oder, falls die eigenen Argumente stärker scheinen, sie umso selbstgewisser zu vertreten. Ein *Reklamationswesen*, kundenorientiert geführt und gut vernetzt mit dem Gesamtunternehmen, sorgt immer wieder für nachdenkenswerte Störungen. *Neue Mitarbeiter* bringen eine unverbrauchte Perspektive mit, wundern sich noch über das, was für Sie längst selbstverständlich ist; ihnen sollte man gut zuhören. *Branchenfremde* Mitarbeiter, gemeinhin »Quereinsteiger« genannt, können ebenso für frischen Wind sorgen. *Frauen* sind in männerdominierten Unternehmenskulturen personifizierte »Störungsaufträge«. Auch das, was man im Mannschaftssport »*Rotieren*«

nennt, ist ein Störungsauftrag. Wenn zwei Manager mal die Aufgaben tauschen. Das schafft neue Konstellationen und unter Umständen überraschende Erkenntnisse. Und auch der Teamgeist wird wieder neu belebt: Jeder wird gebraucht, wir gewinnen nur zusammen. Und wir verlieren, wenn der Einzelne sein Ego pflegt.

Individuum

Unternehmen müssen sich, wenn sie zukunftsfähig sein wollen, um Störungen herum organisieren, weil nur die permanente Austragung von Krisen fit hält. Wir haben gesehen, dass es notwendig ist, den institutionellen Rahmen infrage zu stellen und gegebenenfalls auch radikale, an die Wurzel gehende Organisationsveränderungen anzuregen. Wer aber stößt so etwas an? Was sind das für Führungskräfte, die die Kernaufgabe »Zukunftsfähigkeit sichern« ernst nehmen?

Ich beschreibe im Folgenden, welche Eigenschaften diese Führungskräfte ausmachen; Sie sollten bei der Personalauswahl besonders auf diese Eigenschaften achten.

Möglichkeitsbewusstsein und andere Notwendigkeiten

»Nur der, der sich die Gegenwart auch als eine andere denken kann als die existierende, verfügt über Zukunft.« Adornos Worte können als Basis einer Unternehmenskultur dienen, die über das Optimieren des Bewährten hinausweist. Denn erst das so geschärfte Kontingenzbewusstsein ermöglicht es, Krisen als Chancen zu sehen und andere, vielleicht wünschenswertere Zustände als die bestehenden zu denken. Es ist der mentale Boden, aus dem die wirtschaftliche Dynamik sprießt. Es macht zukunftsfähig.

Sucht man nach Persönlichkeiten, die einen optimistischen Umgang mit der Zukunft wahrscheinlich machen, dann sind es zweifellos diese: Sie können reflektieren. Sie denken: »Es könnte auch anders sein«. Sie beugen sich nicht dem Diktat des Status quo. Und sie wissen auch: Man kann sich kaum mit linearem Denken auf eine nicht-lineare Zukunft vorbereiten – es war einmal anders und es wird einmal anders sein (ein wenig historische Bildung schadet da nicht). Solche Persönlichkeiten sind mit einem Sinn für Mögliches ausgestattet, mit *Möglichkeitssinn*. Sie können ihre Fantasie aktivieren, halten grundsätzlich Außerordentliches und extreme Entwicklungen für denkbar. Sie haben eine so starke Bindung an ihr Unternehmen, dass sie es fortwährend hinterfragen und auf Verbesserung abklopfen. Sie sind notorisch unzufrieden – ohne dabei übellaunig zu sein. Sie denken, was andere nicht denken; suchen, wo andere nicht suchen; machen, was andere nicht machen. Dabei sind sie keine Hasardeure, es geht ihnen nicht um prinzipielles Dagegensein. Sie haben lediglich eine Neigung zum Ausprobieren, zum ergebnisoffenen Versuch. Wie in den Naturwissenschaften zielen sie mit Experimenten auf Erkenntnisfortschritt. »Why not?« ist ihre Haltung; nicht »Yes, but…« Und diese Haltung ist nicht auftrumpfend, sondern eher leise. Ihre Triebfeder ist Neugier. Im besten Sinne sind sie »gierig auf Neues«. Sie langweilen sich schnell. Sie beschäftigen sich gerne mit dem »Noch nicht«. Die Jetztwelt ist für sie nur eine Durchgangsstation.

Ebenso wichtig ist der *Umgang mit Krisen*: Wie geht jemand mit Krisen um? Wie verarbeitet er Schocks? Wie reagiert er auf das Unerwartete? Es geht um eine positive Einstellung zu Veränderungen, um eine innere Haltung, die dem Unerwarteten mit einem »Gewohnt unerwartet« begegnet. Turbulente Phasen dürfen nicht als bedrückend, sondern sollten positiv als Herausforderungen wahrgenommen werden. Um dann klug zu reagieren. Klug meint empfindlich, aber nicht hysterisch; klug meint zügig, aber nicht überhastet; klug meint angemessen, aber nicht überzogen. Hektik ist selten ein guter Ratgeber. Ein Manager, der auf Störungen nicht klug reagiert, wird sich das so lange leisten können, bis ihn die eine große Krise ereilt, die ihn in den Abgrund reißt.

Auch *Konfliktfähigkeit* spielt sicher eine Rolle, wenn man an den konkreten Störungsauftrag der Führung denkt. Gefordert ist: Mut zur Kontroverse. Raus aus der Kuschelecke! Konfliktfähigkeit geht dabei an die Wurzel. Sie fragt: »Von welchen Prämissen gehen wir aus?« »Welches Menschenbild pflegen wir?« »Welche Zukunft erwarten wir?« Innovation basiert auf Widerspruch. Und dieser Widerspruch muss eingeführt werden. Von Menschen, die sich ihren Eigensinn erhalten haben. (Und ich glaube, das sind vor allem *humorvolle* Menschen.) Die ewig Systemkompatiblen erklären die Titanic für unsinkbar – die Skeptiker sehen den Eisberg. Wir brauchen solche analytische Kritik in Permanenz, um lernfähig zu bleiben und Kurskorrekturen vornehmen zu können. Einen Entschluss sollten Sie frühestens dann fassen, wenn mindestens eine Gegenmeinung diskutiert wurde. Besser zwei.

Ferner ist *Disziplin* von großer Bedeutung. Denn es ist grundsätzlich schwierig, über Zukunft zu sprechen. Die Vergangenheit ist vergangen, die Gegenwart flüchtig und die Zukunft unsicher. In der Hirnforschung meint man festgestellt zu haben, dass die Gehirnaktivitäten keinen qualitativen Unterschied zeigen, ob man an Vergangenes, Gegenwärtiges oder Zukünftiges denkt. Was den Unterschied zwischen unseren Zeitdimensionen verschwimmen ließe. Was ist dann aber *Zukunftsfähigkeit*, wenn man die Zukunft nicht vorwegnehmen kann? Mein Vorschlag ist: immer wieder JETZT das Unerwartete erwarten; nicht an ein zeitlineares »Morgen« glauben. Ohne Selbstdisziplin läuft da gar nichts. Wer Gold finden will, muss Sand waschen.

Und die Forschung hat noch ein anderes Prinzip für Zukunftsfähigkeit ausgewiesen: *Bescheidenheit*. Der Kieler Professor Jürgen Hauschildt und sein Forschungsteam konnten belegen, dass ein übergroßes Ego der Top-Manager die Krisen oft erst entstehen lässt. Manager, die sich überschätzen, die betrügen, spekulieren, extreme Risiken eingehen, alles für machbar halten. Wie Porsche beim Versuch der Übernahme von VW. Wie die Landesbanken bei windigen Finanzgeschäften.

In den Unternehmen wird viel von »Change« gesprochen. Meine Erfahrung: Je offizieller von Change gesprochen wird, desto weniger ändert sich. Weil der so gemeinte Wandel immer nur *geplantes* Verändern meint und eigentlich nur ein verschärftes Mehr-vom-Selben bedeutet. Überschaut man die einschlägige Forschung, so braucht es für wirkliche Änderungen Menschen, die den Spagat schaffen zwischen tiefer Verwurzelung im Unternehmen und Distanz von außen. Jedes Unternehmen braucht deshalb Menschen, die die *Dinge anders denken können* als in ihrer existierenden Form. Deshalb braucht es nicht nur den einsamen, heroischen Unternehmenslenker, der das Unternehmen umkrempelt. Es braucht unabhängige Geister auf allen Hierarchieebenen, die für permanentes Neu- und Vorausdenken eintreten. Die dem immensen Anpassungsdruck widerstehen, der vom Status quo und von Effizienzdenken aufgebaut wird.

Ihre zentrale Fähigkeit hat Marcel Proust definiert: »Die wahre Entdeckung besteht nicht darin, Neuland zu finden, sondern die Dinge mit neuen Augen zu sehen.« Voraussetzung dafür ist die Bereitschaft zum Perspektivwechsel. Erinnern Sie sich an den »Club der toten Dichter«? Der Film, in dem der Lehrer seine Schüler auffordert, sich auf Bänke zu stellen, um die Dinge anders zu betrachten? Wer perspektivisch denkt, kann auch den Standpunkt des anderen besser verstehen. Er versucht nicht, Unterschiede möglichst rasch zu beseitigen, sondern erträgt Vielfalt und Widerspruch. Erfreut sich geradezu an ihnen, ermutigt sie. Ein Schuss Ironie hat dabei oft eine befreiende Wirkung. Sie hilft beim intelligenten Spiel mit den Möglichkeiten.

Ich werde unter der Kernaufgabe »Mitarbeiter führen« noch umfassend auf den Aspekt der Rekrutierung neuer Mitarbeiter eingehen. An dieser Stelle ist jedoch bereits ein Hinweis nötig, worauf Sie besonders achten sollten, um die Zukunftsfähigkeit Ihres Unternehmens auch mittels der Personalauswahl zu sichern.

Jedes Unternehmen muss sich heute fragen, ob es Führungskräfte will, die ihren Störungsauftrag ernst nehmen. Falls die Antwort »Ja« lautet, dann schließt sich die Frage an: »Warum sind sie bei uns so selten?« Sind sie schon in Assessment-Centern aussortiert worden? Oder wurden sie später durch hohen Anpassungsdruck in die Emigration getrieben?

Bei der Personalauswahl unter dem Schwerpunkt »Zukunftsfähigkeit« kommen vor allem Gesetze zur Geltung, die man in der Biologie beobachten kann. Wenn man der Evolution lauscht, dann gelten die Worte des Biologen Hubert Markl: »Wir stoßen dabei auf Egoismus, Schlamperei und Sex. Und wir werden sehen, dass biologische Innovation auf Zufall, Verschwendung, Selektion und Vermehrung beruht, oder mit anderen Worten: auf Originalität, Risikobereitschaft und Erfolgskontrolle, auf dem Gegenteil also von Planung, Sparsamkeit, Erhaltungssubvention, Besitzstandswahrung und Produktionseinschränkung.«

Also: Orientiert man sich bei der Auswahl der Mitarbeiter an *Vielfalt* und *Unterschied* – oder steigert man die homosoziale Reproduktion? Organisationen haben die Tendenz, immer wieder Mitarbeiter ähnlichen Typs zu rekrutieren. Genau jene, die sich überhanglos der Kultur anschmiegen. Das heißt dann oft »Aufstieg aus eigenen Reihen«. Es ist zweifellos hilfreich, in »Eigengewächse« zu investieren – schon aus Kostengründen. Aber sie sind zu ergänzen mit Zukäufen von den heimischen und internationalen Personalmärkten – sonst entstehen inzestuöse Strukturen. »Fremden*freundlichkeit*« ist eine Tugend; sie meint hier: sich überraschen lassen, sich anregen lassen, voneinander lernen. Wer sich stören lässt, kann nur gewinnen. Und vermeiden Sie einen weiteren Fehler: Nämlich Mitarbeiter, die sich als veränderungsaffin herausgestellt haben, offiziell zu »Change-Managern« zu befördern. Damit zieht man ihnen genau den Stachel, der sie einst antrieb. Man macht aus dem Wollen ein Sollen. Und das hat noch nie wirklich funktioniert.

Seien Sie skeptisch bei Bewerbern, die glauben, Erfolgsrezepte zu kennen – sie sind tendenziell rückwärtsgewandt. Auf Worte wie »immer« und »nie« sollten Sie ebenso zurückhaltend reagieren. Prüfen Sie, ob jemand in einem Strategiespiel einen Plan B entwickelt, weil er damit rechnet, dass sich die Dinge anders entwickeln als angenommen. Einstellungs-Interviews sollten Sie um solche Aussagen herum gestalten:

- ▶ »Ich habe schon öfter eine Strategie vollständig überdenken und ändern müssen.«
  - ▶ »Ich bewege mich häufig in Situationen, die bestimmt sind durch Unsicherheit und unscharfe Rahmenbedingungen.«
    - ▶ »Ich komme gut mit Aufgaben zurecht, deren Herausforderungen und mögliche Ergebnisse zunächst völlig unklar sind.«
      - ▶ »Ich halte es mit Leo Getz in dem Film *Lethal Weapon*: *Always have a back up plan*. Ich rechne damit, dass sich die Dinge anders entwickeln können als angenommen.«

Das ist die Aufgabe: Menschen zu finden, die einen *Unterschied* in das Unternehmen bringen, aber kommunikativ *kopplungsfähig* sind – also ihr Verhalten auf die Bedürfnisse ihrer Kollegen und Mitarbeiter abstellen. Das Management sollte für häufige Interaktion sorgen, für viele Zusammentreffen mit unterschiedlichen Leuten. Sergio Marchionne setzt auf die »personifizierte« Störung, vorrangig junge Leute. Seine Begründung:

»Die sind noch nicht korrumpiert von den traditionellen Betriebsabläufen.« Das mag man so sehen; andererseits haben wir gerade unter jungen Leuten viele Ja-Sager, während die Älteren gleichsam »weniger zu verlieren« haben. Aber dennoch, auch wenn es (mir) weh tut: Lebensalter spielt eine Rolle. Die Älteren punkten bei klassischen Kompetenzen wie Mitarbeiterorientierung, Strategie und Umsetzung. Aber bei etlichen Jahren in derselben Aufgabe sind sie keine Störung mehr. Und bei der souveränen Beherrschung rasch wechselnder Umstände sind jüngere Manager den älteren klar voraus. Sie kommen besser mit Aufgaben zurecht, deren Herausforderungen und Ergebnisse zu Beginn unklar sind.

Und noch etwas: Einen Störungsauftrag werden Spezialisten kaum erledigen; es werden vorrangig *Generalisten* in der Führung sein, die sich seiner annehmen. Ein resilientes Unternehmen wird im Top-Management daher eher Menschen mit Überblick einsetzen, die die Vielfalt der eigenen Person und der Welt kennen, die schnell die Perspektive wechseln können und ihrerseits die Spezialisten richtig einsetzen. Die oft geforderte »Branchenerfahrung« ist jedenfalls mit Blick auf Zukunftsfähigkeit nicht immer hilfreich.

Offensiver werden

Welches Verhältnis haben Manager zur Zukunft? Mit welcher Einstellung schauen sie nach vorn? Welches Gleichgewicht stellen sie her zwischen kurzfristigen und langfristigen Zielen? Idealtypisch lassen sich *defensive* Manager von *offensiven* unterscheiden.

Die Kernkompetenz des *defensiven* Managers ist die Abschöpfung und Pflege des Bestehenden, allenfalls dessen Optimierung. Er ist damit beschäftigt, sein Tagesgeschäft nach den immer gleichen Parametern abzuwickeln. Das ist nicht wenig. Aber es setzt doch sehr auf die *Stetigkeit* der wirtschaftlichen

Verhältnisse, der Konjunktur, der Wettbewerbssituation, der Kundenpräferenzen. Die Neigung zur *Marktforschung* ist kennzeichnend für diesen Typus. Die Bemerkung Steve Jobs', Innovationen seien per se neu und unbekannt und man könne daher nicht beurteilen, wie sie ankommen, klingt in seinen Ohren überzogen forsch.

Defensive Manager blicken auch nur ungern nach vorn, sie schauen lieber zur »Seite«. Sie schauen – und das ist extrem verbreitet! – auf den *Wettbewerber*. Sie wollen zwar wissen, wie sie Überbietungen erzielen können, sie wollen auch »besser« sein, aber nicht besser als gestern, sondern besser als die *anderen*. Sie orientieren sich nicht an einer ungewissen Zukunft, sondern an denen, die gleiche Ziele verfolgen. Sie sind besessen von der Frage, wer gerade die Nase vorne hat. Schielt man aber immer zur Seite, dann weiß man nicht mehr, wohin man läuft. Dann verliert die Vorbereitung auf die Zukunft ihr Gewicht zugunsten der Gegenwart. Dann ist das kurzfristige Überleben des Unternehmens zwar sichergestellt – seine Zukunftsfähigkeit ist damit aber unter Umständen sogar riskiert. Natürlich kann man nicht langfristig planen und kurzfristig immer verlieren. Und dass wir langfristig alle tot sind, wie John Maynard Keynes mit unwidersprechlicher Logik sagte, ist ebenso klar. Dennoch führt die Sucht des Vergleichens mit dem Wettbewerb dazu, dass die Handlungslogik des kurzfristigen Wettbewerbsvorteils oft in starkem Kontrast zu dem steht, was zukunftsfähig ist. Man kann kaum melancholischer werden als mit dem Blick auf die Ranglisten der Vergangenheit.

Der *offensive* Manager hingegen hat eine andere Einstellung zur Zukunft. Er geht grundsätzlich von der Veränderung aus. Weder hofft er auf bessere Zeiten noch befürchtet er schlechtere. Sie werden einfach *anders* sein. Und er will sie aktiv mitgestalten. Das setzt auf der persönlichen Ebene voraus, dass er neugierig ist, dass er sich für vieles interessiert, dass er sich mit den gesamtgesellschaftlichen Entwicklungen auseinandersetzt, die sein künftiges Marktumfeld prägen. Er beobachtet weniger den Wettbewerb, er schaut sich vor allem den Kunden an. Wo er heute den größten Kundennutzen erzeugt, das weiß er. Aber *morgen*? Welche wirtschaftliche Entwicklung machen seine Kunden? Wohin bewegen sie sich? Welche Produkte bleiben preisstabil? Welche nicht? Welche Innovationsprojekte müssen zur Cashflow-Sicherung vorangetrieben werden? Welche Personengruppen könnten morgen Neukunden sein? Und was immer er plant – er plant stets alternative Szenarien.

Der offensive Manager entwickelt also fortlaufend neue Wachstumsstrategien und identifiziert mögliche Schlüsselerfolgsfaktoren. Dazu gehört in besonderer Weise die Identifizierung und Entwicklung von *Talenten* unter den Mitarbeitern. Er weiß: Die nach 1980 Geborenen (die »Millennials«) sind gegenüber einer konkreten Aufgabe loyal, nicht aber gegenüber einem Unternehmen; man kann sie nur mit immer neuen und herausfordernden Aufgaben im Unternehmen halten.

Wir brauchen in den Unternehmen beide Manager – den defensiven und den offensiven. Aber mit Blick auf die Zukunft trennt sich dann doch die Spreu vom Weizen. In der Organisationsforschung spricht man von den »tempered radicals«, den gemäßigten Radikalen. Solche Leute stehen nicht quer zum Unternehmen, sondern gleichsam *schräg*. Sie sind durchaus mit ihrem Unternehmen identifiziert, aber auf eine fordernde, unangepasste Weise, die sie zum Unternehmen in Spannung bringt. Und sie sind von hohem Wert für ihre Unternehmen, gerade, wenn es um die Sicherung von Zukunftsfähigkeit geht.

Unternehmen brauchen Menschen mit Außensensibilität. Menschen, die Möglichkeitsbewusstsein haben, Menschen, die sich die Zukunft auch anders vorstellen können als die Fortschreibung der Gegenwart, Menschen, die das Gras wachsen hören. Wer auf gesicherte Erkenntnis wartet, kann, so Bill Gates, »allenfalls noch mit anderen Zauderern um die Krümel streiten.«

Sich selbst unterbrechen

»Du musst der Wandel sein, den du in der Welt sehen willst.« Was als esoterisch angehauchte Botschaft mittlerweile weit verbreitet ist, findet in der Praxis eher selten statt. Die meisten Change-Prozesse verlangen, dass nur die anderen sich ändern. Change möge überall sein, nur bitte vor der eigenen Bürotür haltmachen. Aber zum Störungsauftrag der Führungskraft gehört es auch, sich selbst zu hinterfragen. Verzögerungen einzubauen, die uns innehalten lassen, die Schnelligkeit von Hetze unterscheiden, die uns schauen lassen, wohin wir laufen. Der Alltagshypnose entkommen. Distanz gewinnen.

»From a distance« hieß ein Song von Julie Gold, mit dem Bette Middler im Jahr 1991 einen Grammy gewann. Im Text ging es darum, dass vieles sich verändert, wenn man es aus der Distanz betrachtet. Dass Distanz notwendig ist, um zu einem abgewogenen Urteil zu kommen. Dass viele Dinge, die uns oft so ungeheuer wichtig erscheinen, sich aus einiger Entfernung lächerlich aufgeblasen ausnehmen. Diese Relativität verliert man bei geringer Entfernung aus den Augen. Zu große Nähe verzerrt die Optik.

Das Wahrnehmen der eigenen Möglichkeiten und Verhaltensalternativen setzt voraus, dass der Dialog mit der inneren Leitinstanz gepflegt wird. Dazu bedarf es eines entspannten Feldes, in der innere Ruhe und Ausgeglichenheit erst möglich ist. Dazu bedarf es der *Muße*.

Muße? Das klingt stark nach »müßig«. Und wurde uns der »Müßiggang« nicht schon in der Kindheit nachhaltig ausgetrieben? Ja, aber alles, was lebt, lebt rhythmisch, sagt die Biologie. *Actio* und *Contemplatio* ergänzen sich beim Menschen als die polaren Zustände des einen Seins, der Bewegung und der Ruhe, die sich gegenseitig bedingen wie Rad und Nabe. Von vielen Managern aber hat man den Eindruck, das rhythmische Auf und Ab des Lebens sei dem ewig angespannten, ja überspannten Gleichmaß gewichen. Alle rotieren in ihren Hamsterrädern, arbeiten ohne Unterlass und hetzen von Termin zu Termin. Sie scheinen permanent von der Dringlichkeit gefordert. Zeit drückt sie als Zeitdruck; der Markt drückt sie als Marktdruck; anspruchsvolle Mitarbeiter, intrigante Kollegen und fordernde Vorgesetzte drücken sie als Konfliktdruck; die eigenen Ansprüche drücken sie als Imagedruck, als permanente Wachsamkeit, nicht zu kurz zu kommen, nicht übervorteilt zu werden, dem eigenen Größenideal zu entsprechen. Das führt zu permanenten Spannungssituationen. Aber Menschen, die fortwährend in Spannung leben, leiern aus wie Gummibänder.

Darunter leidet auch die Zukunftsfähigkeit vieler Unternehmen. Zukunft wird nicht thematisiert, weil die Führungskräfte notorisch überlastet sind. Jedenfalls ist das ihr Selbstbild. Es mag bei genauerer Prüfung nicht standhalten, es mag manche Jammerei dabei sein – und dennoch: »Perception is reality«, was wir wahrnehmen, ist für uns die Realität. Diese Wahrnehmung hat zur Konsequenz, dass wir uns nur um das Kurzfristige kümmern, nicht um das Langfristige, nur um das Dringliche, nicht um das Wichtige. Wenn Sie in dieser Mühle stecken, dann müssen Sie dort heraus. Schaffen Sie sich Freiräume für freies Denken!

Es ist dazu hilfreich, Unterbrechungen, schöpferische Pausen und Zwischenzeiten einzuziehen. Dazu müssen Sie sich *zwingen*, die ergeben sich nicht von selbst. In Zeiten alltagshektischer Pausenlosigkeit und Machbarkeitsfantasien, der Zeitverdichtung und des Sofortismus gilt es, Tempo rauszunehmen, wo es höhere Produktivität verspricht. Verzögerungen sind hilfreich, um das Wichtige vom Unwichtigen zu trennen. Räder anhalten, einen Moment zur Ruhe kommen, sich besinnen und fragen, ob Sie nicht überflüssige Runden drehen oder ob einige Räder unrund laufen und nachjustiert werden müssten. Das ist keine Zeitverschwendung, sondern arbeitet ihrem Gegenteil in dialektischer Wechselwirkung zu. So wie die Verzögerung die Beschleunigung erlebbar macht, das Nichts-Tun das Tun und die Zurückhaltung die Begeisterung.

Beachten Sie auch, dass Sie Ihre Freizeit nicht verplanen wie die Arbeitszeit; dass sie nicht aus fortdauernden Aktivitäten nach dem immer gleichen Muster besteht. Vermeiden Sie Freizeitstress nach dem Arbeitsstress. Nach der Hast: die Rast. Muße heißt: jetzt *keine* Ziele haben. Nichtstun. Leere zulassen. Sich treiben lassen. Kontraste setzen. Den inneren Monolog – der nach einem aufreibenden Tag für viele Führungskräfte bis in die Nachtstunden andauert – bewusst stoppen. Abschalten. Inneres Sich-lösen als Voraussetzung für wirklich Neues.

Heute liegt eine große Herausforderung für jede Führungskraft in ihrer persönlichen Bewusstseinsentwicklung zu mehr innerer Gelassenheit, zu mehr Angstfreiheit und Vertrauen zu sich selbst und anderen. Muße kann dabei auch ein Aktivsein bedeuten, das einen Kontrast schafft. So kann Entspannung auch erreicht werden mithilfe des Sports. *Richtig* ausgeübt. Viele Führungskräfte verstricken sich zum Beispiel tagsüber in ein anstrengendes Gegeneinander und Einzelkämpfertum. Abends spielen sie dann Tennis. »Zum Ausgleich!«, sagen sie. In Wirklichkeit: gegeneinander. Wieder als Einzelkämpfer. Einer ist Sieger, einer Verlierer. Ausgleich? Kontrast? Eher doch: Mehr vom selben. Hilfreicher ist dann doch ein durchaus schweißtreibendes, aber eher spielerisches Sporttreiben. Besser »miteinander« als »gegeneinander« spielen. Gemeinsam gewinnen. Freude, Freunde, Spaß und Spielerisches sollten im Vordergrund stehen, nicht verbissenes Kämpfen und Siegenwollen.

Auch Musik, deren Kraft sich im Menschen aber nicht ohne ein gewisses Verständnis und innere Vorbereitung entfaltet, kann zu diesem Sich-Lösen beitragen – wenn Sie sich wirklich auf sie einlassen, ihr lauschen, und sie nicht nebenbei als Geräuschkulisse konsumieren. Dann ist sie die göttlichste der Musen. Am besten natürlich: aktiv Musik machen. Schönheit erzeugen. Auswendiglernen. Einverleiben. Aus dem Sekundären aussteigen, ins Primäre kommen. Am allerbesten: zusammen mit anderen.

Neue Chancen kann nur der ergreifen, der sich dem Diktat des immer schon Durchgekauten entzieht, der offen das Neue aufnimmt, der Vertrauen in sich und andere setzt. Kreativ sein heißt: dasselbe sehen wie alle, aber etwas anderes dabei denken. Das ist nur möglich – »from a distance«.

Vertrauen in die gemeinsame Zukunft entwickeln

Es ist eine Herausforderung für viele Unternehmen, eine veränderungsbereite und -fähige Organisation zu schaffen. Dies gilt insbesondere vor dem Hintergrund einer zunehmenden Veränderungsmüdigkeit und des nach wie vor aktiven Ideals des »ungestörten Arbeitens«. Aber es hilft nichts, ungestörtes Arbeiten ist der sichere Weg ins Verderben. Wir haben bereits gesehen: Wenn Sie Ihr Unternehmen zukunftsfähig machen wollen, dann müssen Sie stören, indem Sie die Organisation prophylaktisch mit Irritation versorgen, um die Neuorganisationskräfte nicht erlahmen zu lassen. Diese Zumutungen müssen Sie plausibilisieren.

Dafür werden Sie nicht geliebt, aber vielleicht doch anerkannt. Dann nämlich, wenn die Mitarbeiter ihr langfristiges Selbstinteresse gewährleistet sehen, das heißt in der Störung einen Beitrag zur Überlebenssicherung erkennen können. Wenn die Störung als Investition in eine *gemeinsame Zukunft* erlebt wird. Dann können die Zumutungen, die mit bestimmten Entscheidungen und Interventionen verbunden sind, für den Einzelnen zustimmungsfähig sein. Das also ist Zukunftsfähigkeit: »Veränderungsfähigkeit + gemeinsame Zukunft«.

Jede Organisation präsentiert sich im Angesicht der Zukunft, die sie erwartet. Das kann jeder spüren, wenn er ein Unternehmen betritt – sowohl als Mitarbeiter als auch als

Kunde (und auch als Berater). Erfolgreiche Führung ist an diesen Zukunftsentwurf gebunden. Die Mitarbeiter stellen nämlich permanent Fragen. Erst einmal: Hat das Unternehmen Zukunft? Was ist möglich, wahrscheinlich, sicher? Sodann: Strahlt diese Zukunft hell, oder ist dort alles grau in grau? Vielleicht sogar schwarz? Schafft die Führung es, die Zukunft des Unternehmens zu sichern? Und die wichtigste Frage: Plant sie diese Zukunft *mit mir*?

Lautet gerade die letzte Antwort »Nein«, dann stellt sich das Gefühl des Gemeinsame-Sache-Machens nicht ein, dann entwickelt man keine Leistungs-Partnerschaft, dann bildet man auch keine »gefühlte« Solidargemeinschaft. Loyalität setzt ein erhebliches Maß an erlebbarer Solidarität voraus. Wenn Menschen aber das Fehlen dauerhafter Kooperationsabsichten spüren, stellen sie sich darauf ein. Ein Unternehmen wird niemals das Vertrauen seiner Mitarbeiter (wieder)gewinnen, wenn es nicht überzeugend und dauerhaft demonstriert, dass es sich um die Menschen im Unternehmen sorgt.

Die Mitarbeiter müssen ihrem Führungspersonal abnehmen, dass es nicht alleine und kurzfristig seinen eigenen Vorteil verfolgt, sondern auch das langfristige Wohlergehen des Unternehmens. Dass es sich um eine *Haltung* handelt, und nicht um eine Inszenierung von Gemeinsamkeit; dass sie beständig ist und nicht für die nächstbessere Karrieregelegenheit geopfert wird.

Vor allem aber sind plötzliche und dramatische Downsizing-Prozesse zu vermeiden. Die Betonung liegt auf »plötzlich«. Es muss zum Tagesgeschäft gehören, Unternehmensstruktur, Marktbedingungen und Zukunftserwartungen laufend aufeinander abzustimmen, egal, ob die Erfolgskurve gerade nach oben oder nach unten zeigt. Wenn ein Unternehmen hingegen plötzlich einen erheblichen Teil seiner Mitarbeiter entlässt, dann ist die Wahrscheinlichkeit groß, dass das Management seinen Störungsauftrag nicht ernst genommen hat.

reinhard k. sprenger

Ohne die Erwartung einer *gemeinsamen* Zukunft gibt es keine Identifikation und kein Vertrauen. Man setzt sich nur ein, wenn man eine gemeinsame Zeit vor sich hat. Wenn wir aber wissen, dass kein gemeinsamer Weg vor uns liegt, stirbt alles, was Bindung erzeugt. Das gilt für unser Privatleben, das gilt für unser Geschäftsleben.

Erfolg

↑

Führung

↑   ↑

Institution   --→ Individuum
               ←⚡

↓   ↓

1. Zusammenarbeit organisieren

2. Transaktionskosten senken

3. Konflikte entscheiden

4. Zukunftsfähigkeit sichern

5. Mitarbeiter führen

Fünfte

Mitarbeiter führen

Kernaufgabe

Über das Thema »Mitarbeiter führen« ist unendlich viel geschrieben worden. Auch ich habe mich an dieser Produktion beteiligt. Meine Thesen und Positionen sind bekannt, und ich habe sie nicht geändert. Eine Gesamtdarstellung von »Führung« aus meiner Sicht, wie ich sie in diesem Buch vornehme, ist ohne sie aber nicht vollständig. Daher habe ich die wichtigsten Aspekte hier aufgenommen und verweise Sie allenfalls für ein vertiefendes Studium auf meine früheren Bücher. Zwar lag der Bezug auf den Mitarbeiter gleichsam quer zu den bisher beschriebenen Kernaufgaben, dennoch muss diese wichtige Kernaufgabe explizit, wenngleich knapp dargestellt werden. Verzichtet habe ich allerdings auf die Trennung zwischen institutioneller und individueller Bedingung – sie schien mir hier allzu künstlich.

Wenn ich das »knapp« ernst nehme und »Mitarbeiter führen« auf eine möglichst kurze Formel bringe, so lautet sie folgendermaßen:

Finden Sie die Richtigen,
fordern Sie sie heraus,
sprechen Sie oft miteinander,
vertrauen Sie ihnen,
bezahlen Sie gut und fair
und gehen Sie dann aus dem Weg.

Jede einzelne Aussage möchte ich im Folgenden erläutern. Reduziert auf das Wesentliche.

Finden Sie die Richtigen!

Meine Erfahrung zeigt mir: Erfolgreiche Unternehmensführung ist eine Frage des Willens. Der Wunsch nach Exzellenz muss immer wieder stimuliert werden. Es ist ja nicht so, das Firmen über Nacht ihre Energie und ihren Ehrgeiz verlieren. Der Prozess ist schleichend. Vor allem in Wachstumszeiten ist Qualität bedroht. Viele scheinbar rationale Managemententscheidungen addieren sich zum Verlust an Exzellenz. Eine kleine Nachlässigkeit hier, eine Gedankenlosigkeit dort, und bald ist man Mittelmaß. Das gilt vor allem für *Personalentscheidungen*.

Was wir von PISA gelernt haben: Der Anfang ist das Entscheidende. Auch der Erfolg von Unternehmen steht und fällt mit der Auswahl der richtigen Mitarbeiter. Es ist klug, Zeit und Geld in die Rekrutierung zu investieren – statt hinterher in eine leer laufende Reparaturintelligenz. Personalentwicklung wird oft missbraucht, um hochgradig defizitäre Auswahlentscheidungen zu kompensieren. Im Grunde muss eine Führungskraft nur die wichtigsten Positionen mit exzellenten Leuten ihres Vertrauens besetzen. Wenn Führungskräfte scheitern, dann daran, dass sie genau das nicht oder zu spät getan haben. Aber auch Fehlbesetzungen mit anschließenden Kündigungen sind teuer: Einen Missgriff auf der Führungsebene bezahlt das Unternehmen –

wirklich alle Kosten zusammengenommen – schnell mit einer sechsstelligen Summe. Die psychosozialen Kosten nicht mitgerechnet. Kurzum: Personalauswahl ist die *wichtigste* Managementenscheidung überhaupt. Keine Entscheidung hat langfristig einen so hohen Wirkungsgrad – im Guten wie im Schlechten.

Das weiß im Grunde jeder. Es gibt aber nur wenige erfolgskritische Aufgaben im Unternehmen, die derart unprofessionell gehandhabt werden. Da trifft man hochimpressionistische Entscheidungen, die Ähnlichkeitsmaschinerie schlägt gnadenlos zu, die eierlegende Wollmilchsau feiert fröhliche Urständ. Man entscheidet ohne klares Anforderungsprofil, überhastet, auf der Basis unzureichender Informationen und gestützt auf *Interpretationen*, die man für Beobachtungen hält. Der häufigste Fehler: Es werden nicht Auswahlprämissen geklärt, sondern Kandidaten; sollte sich kein geeigneter Kandidat finden, verändert man die Auswahlprämissen.

Die aus meiner Sicht wichtigsten Punkte zur Personalauswahl trage ich im Folgenden rhapsodisch zusammen. Dabei erhebe ich keinen Anspruch auf Vollständigkeit. Sie reflektieren lediglich meine Praxiserfahrung. Mein Blickwinkel: Wie sieht Personalauswahl aus, wenn wir *vorrangig* von der Organisation her denken?

Wen suchen Sie?

Andrew Carnegie, amerikanischer Stahlindustrieller, ließ sich den Satz in den Grabstein meißeln: »Hier ruht ein Mann, der es verstanden hat, bessere Leute in seinen Dienst zu stellen, als er selbst es war.« Auch Sie suchen wahrscheinlich nur die »Besten«, nicht wahr? Erlauben Sie die Frage: Wie viele Menschen haben Sie in den letzten Jahren eingestellt, die eine steilere Karriere gemacht haben als Sie? Niemanden? Dann haben Sie wohl vorrangig Menschen eingestellt, die Ihnen karrieretechnisch nicht gefährlich werden konnten. Sind das die Besten? Der folgende Satz ist zwar altbekannt, aber nicht falsch: Erstklassige Leute ziehen erstklassige Leute; zweitklassige Leute ziehen *dritt*klassige Leute. Das Schmidt-sucht-Schmidtchen-Syndrom. Wenn Sie nur Bewerber einstellen, die kleiner sind als Sie, erschaffen Sie eine Organisation von Zwergen.

Das alles ist menschlich verständlich, in den Absichten eher verwerflich, in den Konsequenzen aber nicht unbedingt falsch. Denn das personenzentrische Denken reduziert seinen Fokus ja auf den Einzelnen, der zudem in der Vergangenheit erfolgreich war – und blendet die Entstehungsbedingung dieses Erfolgs aus. Das Grundproblem der Personalauswahl ist nämlich: Erfolgreiche Mitarbeiter waren immer unter *anderen* Umständen erfolgreich. Es ist daher keineswegs sicher, nicht einmal wahrscheinlich, dass sie unter veränderten Umständen in gleicher Weise reüssieren. Wichtiger ist deshalb ein anderes Kriterium – die *Passung*. Es müssen nicht die individuell absolut Besten sein, es müssen die Richtigen sein – das sind dann *für Sie* die Besten. Die Frage muss lauten: *Passt* ein Mitarbeiter in die Mannschaft, insbesondere zu seinen engsten Kollegen? Passt er auch zur Führungskraft? Passt er zur Unternehmenskultur? Passt er zu dieser Aufgabe unter ganz spezifischen Marktbedingungen? Es ist daher nicht dumm, die zukünftigen Kollegen bei der Entscheidung zu konsultieren.

Ich möchte das Problem der Passung an drei Kriterien verdeutlichen, mit denen ich interkulturell die Auswahl von Führungskräften strukturiere. Manager sollten auf der allgemeinsten Ebene vor allem diese Eigenschaften aufweisen (wegen der Alliteration bevorzuge ich das Englische):

- ▸ Cool head
  - ▸ Warm heart
    - ▸ Working hands

Cool head: Zunächst müssen Manager *fachlich* passen. Dabei sind Ausbildung und Erfahrung wichtig. Hat der Kandidat die nötige Qualifikation? Die nötige Reife? Ein Abschöpfungsmarkt erfordert andere Fertigkeiten als ein Aufbaumarkt. Ist jemand in der Lage, komplexe Probleme aufzulösen? Kann er Prioritäten setzen? Kann er in unklaren Situationen entscheiden? Kann er mit Mehrdeutigkeiten leben und trotzdem handlungsfähig sein? Wie verhält er sich in Konflikten?

Warm heart: Ein Manager muss auch *menschlich* passen. Dabei sollten Sie grundsätzlich keine Aussage über den Charakter eines Menschen machen, sondern nur über die Wirkung auf *Sie*, den Beobachter. Sie sollten sich danach fragen: Ist der Bewerber wohl in der Lage, mit unterschiedlichen Menschen adressatenspezifisch umzugehen? Sendet er Erlauber-Signale, die zum Angesprochenwerden einladen? Ist er persönlich zugewandt, nahbar, präsent? Können Sie sich vorstellen, mit ihm ein Bier zu trinken – also auch Freizeit zu verbringen? Wie viel Wert legt er auf Positionsautorität? Und, vielleicht am wichtigsten, können Sie sich vorstellen, dass er Ihr Chef wird?

Working hands: Keine Führungskraft muss und sollte die Sachaufgaben seiner Mitarbeiter verrichten. Und ein rein quantitativer Arbeitsbegriff (Stunden abreißen) gehört sicher der Vergangenheit an. Aber manche Führungskräfte haben eine geradezu »schwebende« Existenz. Man kann sich bei diesen Gesamtkunstwerken oft gar nicht vorstellen, dass sie mal schwitzen könnten. Auch bin ich nach wie vor überzeugt, dass mangelnder Fleiß durch Talent nicht vollständig zu kompensieren ist. Also: Führungskräfte sollten auch mal die Ärmel aufkrempeln können. Mit anpacken. Sich reinhängen. Das ist zu prüfen: Ist der Bewerber handlungsorientiert? Kann er die Extra-Meile gehen? Hat er den »drive for results«? Wie verhält er sich bei Gegenwind?

Ich habe im Laufe der Zeit eine vierte Prüfdimension hinzugenommen. Sie nimmt das Umfeld zum Maßstab, schaut auf das Vorhandene, auf das, was schon da ist und wo der neue Mitarbeiter einen Unterschied machen sollte. Denn soziale Ähnlichkeit im Übermaß macht träge. Ich nenne diese Dimension »*Edge*« – und halte sie inhaltlich offen. Schaut man zum Beispiel auf eine Abteilung voller BWLer, dann kann ein Nicht-BWLer durchaus eine Bereicherung sein. In einer reinen Frauengruppe ist ein Mann sicherlich ein belebendes Element (umgekehrt sicher auch …). Ein branchenfremder Neueinsteiger kann ein ganzes Unternehmen in Bewegung bringen – so wie zum Beispiel der einstige Zigaretten- und Pharmamanager Thomas Ebeling den Fernsehsender ProSiebenSat1. Im Topmanagement des US-McKinsey-Headquarters fand sich lange Zeit keine Profession doppelt. Und wenn Sie in einer Abteilung 10 mal 75 Kilo »nett« sitzen haben, dann ist etwas weniger »nett« vielleicht erstrebenswert. Dieses Anderssein muss sich natürlich *kommunikativ koppeln*. Es muss von wechselseitigem Respekt getragen sein.

Wenn Sie Führung »aus den eigenen Reihen« rekrutieren, dann wollen Sie den Menschen vielleicht Sicherheit versprechen, Karrierechancen öffnen, Mitarbeiter binden. Oder gar die Transaktionskosten intensiven Einarbeitens sparen. Alles das ist bedenkenswert. Aber es ist doch eher defensives Management aus ruhigen, nicht-globalisierten, fast möchte man sagen: vormodernen Zeiten. Dabei dominiert der personenzentrische Ansatz. Und auch wenn Sie das für richtig halten: Frischen Wind bringt das selten.

Vielleicht fragen Sie: Welche der vier Dimensionen ist die wichtigste? Welche sollte bei Gleichstand den Ausschlag geben? Meine Antwort: Alle Dimensionen sind wichtig. Der Unterschied: Fertigkeiten kann man trainieren, Charakter nicht. Erfahrung hilft immer, und Fachkompetenz lässt sich entwickeln; aber wenn es um Einfühlungsvermögen, Kundenorientierung und Loyalität geht, dann kann man beim Versuch des Menschenveränderns nur Geld verschwenden. Also: Bei der Einstellung auf die Einstellung achten!

Kurzfristig mag ausgeprägte Fachkompetenz zwar Autorität verschaffen; langfristig ist ohne Glaubwürdigkeit und persönliche Reife aber nichts zu machen. Man sucht den besten

Fachmann und ignoriert harthörig die Persönlichkeitsdefizite, die früher oder später die ganze Veranstaltung platzen lassen. Hauptsache, er ist als Fachmann gut; alles andere wird sich schon finden. Falsch! Daher mein Hinweis: Frauen interviewen anders! Sie interessieren sich mehr für die Persönlichkeit. Männer schauen vorrangig auf Fähigkeiten und Fakten. Wenn »Hired by ability, fired by personality« auch Ihrer Erfahrung entspricht, dann wissen Sie, was zu tun ist.

Bedenken Sie auch: Je höher jemand eingesetzt werden soll, desto unwichtiger ist die Fachkenntnis. Er muss das große Bild sehen und *Gastgeber* für gute Fachleute sein. Wenn Sie sich zum Beispiel eine Suchanzeige für eine »Leitung Sales + Marketing als Mitglied der Geschäftsleitung« anschauen, dann entspricht das Aufgabenprofil weitgehend dem eines Sachbearbeiters im selben Bereich – wenn man von ein paar sprachlichen Steigerungsformen absieht. Hat man sich durch den gängigen Fähigkeitskitsch gewühlt (flexibel, zuverlässig, belastbar, durchsetzungsstark), dann steht ganz unten in der Anzeige, kurz vor der Bewerbungsadresse, etwas von »Führungserfahrung«, die der Bewerber mitbringen muss – so als hätte man die fast vergessen. Genau die ist aber erfolgskritisch, es ist der *Schwerpunkt* der Aufgabe, wenn man vom Unternehmen her denkt. Der Stelleninhaber muss die Dinge zusammenführen und mit dem Unternehmen als Gesamtleistung vernetzen.

Persönlichkeit ist schwer zu erfassen – was die Notwendigkeit nur noch erhöht, hier seriös und professionell vorzugehen. Ein Beispiel, stellvertretend für viele: Hören Sie aufmerksam zu, wie der Bewerber *frühere* Arbeitssituationen beschreibt. Es ist ein gutes Zeichen, wenn er seine Beziehungen zu früheren Kollegen und Vorgesetzten so schildert, dass diese lebendig, farbig, atmend werden. Und es spricht für seine Loyalität, wenn er sein Weggehen von dort eben auch bedauert – selbst wenn es gute Gründe für die Trennung gab. Beschreibt er hingegen Menschen wie Schachfiguren, unpersönlich, funktional, und bleibt das Gespräch oberflächlich und generalisierend, dann spricht das nicht für sein Einfühlungsvermögen. Diesem Menschen sollten Sie nicht Ihre Kundendienst-Abteilung anvertrauen (und vielleicht auch sonst nichts).

Wie erkennen Sie die Besten?

Meine jüngsten Erfahrungen im Management eines Konzerns haben mir noch einmal vor Augen geführt, wie viel Zeit und Energie man in die Personalauswahl stecken muss, will man ein gutes Team zusammenstellen. Und dass man sich schnell und entschieden von Leuten trennen muss, die nicht ins Team passen. Auf eine Formel gebracht: »Hire slow, fire fast.« Die meisten Manager machen es genau anders herum: Sie stellen schnell ein und trennen sich sehr langsam. Und das ist dann im ersten Fall fahrlässig, im zweiten unfair. Nimmt man als Indikator die Zeit, die Manager bereit sind, sich für Auswahlverfahren zur Verfügung zu stellen, dann wird die real existierende Nachrangigkeit überdeutlich. Denn sie tun nicht, was sie wissen. Also: *Nehmen Sie sich Zeit!* Räumen Sie der Auswahl neuer Mitarbeiter zeitlich den Rang ein, der ihr für die Zukunft des Unternehmens zukommt. Wer einen Bewerber weniger als dreimal sieht, handelt fahrlässig – und dies ist nur die Mindestforderung. Das gilt nicht nur für die Zahl der Gespräche, es gilt insbesondere für das Bewerbungsgespräch selbst. Wer dem Bewerber signalisiert »Wir haben wenig Zeit!«, der signalisiert Geringschätzung. »Wenig Zeit« bedeutet »Sie sind uns nicht wichtig«. Vergessen Sie nicht: Das Verfahren dient einerseits der Diagnose, andererseits dem Personal-Marketing. Der Bewerber ehrt Sie, wenn er zu Ihnen kommt. Sie sollten ihn auch ehren. Es ist ein wichtiger Tag für ihn. Deshalb sollten Sie genauso gut auf ihn vorbereitet sein, wie er sich (hoffentlich) auf Sie vorbereitet hat.

Das trifft auch zu für die Seite des Personal-Marketings: Aus der Erfahrung mit Ihnen schließt der Bewerber auf die nichterfahrbaren Merkmale des potenziellen Arbeitgebers. Ihr Verhalten repräsentiert gleichsam das ganze Unternehmen. Wenn besonders qualifizierte Bewerber die Wahl zwischen mehreren Angeboten haben, kann das den Unterschied machen.

Versuchen Sie außerdem, Ihre eigenen Prägungen weitestmöglich zu erkennen. Aus der Psychotherapie wissen wir: Seit wir unsere Partner wählen können, ist die Partnerwahl das stärkste Symptom. Das gilt cum grano salis auch für Ihre Personalauswahl: Sie sagt viel aus über *Sie selbst*. Wenn Sie nicht permanent in die Falle der Selbstähnlichkeit tappen wollen, dann müssen Sie Ihre Empfindlichkeiten und Prägungen kennen. Dann müssen Sie sich Rechenschaft ablegen über das innere Suchbild, das allen Beurteilungsverfahren vorausläuft. Wenn Sie Ihre eigenen Prägungen nicht erkannt haben, werden Sie das Anderssein des Anderen immer als Schwäche begreifen. Ein durchsetzungsstarker Mensch ist dann in Ihren Augen vielleicht ein »Tyrann« oder ein einfühlsamer Mensch ein »Weichei«. Ein schneller Mensch erscheint Ihnen vielleicht als »oberflächlich« oder ein sorgfältiger Mensch als »detailverloren«. Sie sind dann kaum bereit anzuerkennen, dass auf der anderen Seite Ihres bevorzugten Verhaltens immer auch eine nützliche Eigenschaft liegt. Also müssen Sie als Diagnostiker intim vertraut sein mit Ihrem eigenen Polaritätenprofil. Je heftiger Sie auf ein Bewerberverhalten reagieren, desto mehr hat diese Reaktion etwas mit Ihnen zu tun. All das heißt in der Summe: Der wichtigste Qualitätsfaktor in der Diagnostik sind Sie selbst!

Für die Objektivierung der Wahl ist es unerlässlich, dass Sie ein Anforderungsprofil für die zu besetzende Position erstellen. Je klarer und präziser die Anforderungen sind, desto besser wird Ihre Auswahl sein. Eigentlich eine Trivialität. Ist es aber keineswegs. Oft wird kein Anforderungsprofil erstellt, weil man – siehe oben – sich entweder keine Zeit dafür nimmt, man sich nicht zu früh festlegen will oder man befürchtet, den geforderten Kriterien selbst nicht zu genügen. Das darf Sie nicht daran hindern, handwerklich gute Arbeit zu leisten. Das Gespräch können Sie dann um das Profil zentrieren: Stellen Sie anforderungsrelevante

Fragen! Und machen Sie nicht den Fehler, die Bewerber *unterein-ander* zu bewerten. Dann diagnostizieren Sie deren Eignung nicht anforderungsbezogen, sondern personenbezogen. Der Maßstab muss aber das Anforderungsprofil sein, nicht die Kandidaten.

Der Maßstab sind auch nicht die Zeugnisse des Bewerbers. Es ist unklug, die Vergangenheit auszubeuten, um die Zukunft zu prognostizieren. Hinzu kommt, dass Zeugnisse oft mehr über den Beurteiler verraten als über den Beurteilten – ganz unabhängig von ihrer arbeitsrechtlich ohnehin eingeschränkten Aussagekraft. Gravierend ist außerdem, dass, wenn Sie alte Zeugnisse lesen, Sie schon mit einer impliziten Hypothese in das Bewerbungsgespräch gehen. Die Falle der sich selbst erfüllenden Prophezeiung schnappt sofort zu. Sie nehmen dann nur noch wahr, was Sie erwarten. Seien Sie fair: Geben Sie dem Bewerber eine Chance auf einen Neubeginn. Vielleicht entsteht in der Wechselwirksamkeit *mit Ihnen* etwas völlig Unerwartetes. Oder gar Besseres! Die Chance sollten Sie nicht verspielen.

Viele Auswahlmethoden sind Misstrauensexzesse. Wenn Sie etwas über einen Bewerber »herauskriegen« wollen, wenn Sie inquisitorisch fragen, wenn Sie Fallen stellen – dann ist die Grundstimmung Misstrauen. Misstrauen wird sich im sozialen Zusammenhang immer bestätigen. Das ist kein guter Start für den Auswahlprozess. Beginnen Sie besser ein Gespräch mit dem Satz: »Lassen Sie uns schauen, ob wir zueinanderpassen. Wir wollen nichts verheimlichen und nichts beschönigen und gehen davon aus, dass Sie das auch nicht tun.« Sie werden sehen: Die Situation entspannt sich. Eine gute Basis für das Ausloten einer gemeinsamen Zukunft.

Zu empfehlen ist auch der Verzicht auf Frage-Antwort-Kaskaden. Es geht doch um ein gemeinsames Kennenlernen. Ein offener, dialogischer Rahmen bietet hierfür bessere Bedingungen. Sie müssen daher nicht unbedingt fragen, sondern können auch einfach etwas *sagen* und damit den Dialog in Gang halten (und vergessen Sie methodischen Quatsch wie »offene« und »geschlossene« Fragen). Kommen Sie ins Gespräch! Reden Sie miteinander auf Augenhöhe, wobei der Redeanteil des Bewerbers über dem Ihren liegen sollte. Die Inhalte des von ihm Gesagten sind weit weniger wichtig als die Gefühle, die bei Ihnen während des Gesprächs entstehen. Ich würde nicht so weit gehen, dass es belanglos ist, *worüber* Sie sprechen – ein Gespräch entlang des Anforderungsprofils ist sicher einer Diskussion über Urlaubserfahrungen vorzuziehen –, aber Sie sollten den Inhalt nicht übergewichten.

In hohem Maße strittig ist bis heute geblieben, in welchem Maße Urteile rational und irrational bestimmt sind. Ich wüsste jedenfalls nicht, wie eine Entscheidung zwischen diversen Bewerbern anders ausfallen könnte als unter wesentlicher Beteiligung Ihrer *inneren* und *spürenden* Stellungnahmen – also Ihrer Intuition. Das ist jedenfalls meine Erfahrung: Vertrauen Sie Ihrem Bauchgefühl. Vor allem, wenn es sich kritisch meldet.

Ob ein Mitarbeiter »passt«, können Sie auf verschiedene Weise prüfen. Das beste personaldiagnostische Werkzeug wird aber äußerst selten genutzt: die *Probezeit*. Es gibt kaum einen Manager, der die Probezeit eines neuen Mitarbeiters gewissenhaft vorbereitet, begleitet und auswertet. Hat der Mitarbeiter erst einmal angefangen, dann geht man davon aus, dass er schon »irgendwie« passen und sich vernünftig einarbeiten wird. Weder wird der Mitarbeiter während der Probezeit intensiv beobachtet, noch wird das Ende der Probezeit überhaupt registriert. Und schon ist der neue Mitarbeiter »drin«. Das ist grob fahrlässig. Dabei gibt es keine Methode, die der Probezeit an Prognosegenauigkeit überlegen wäre. Man muss kein Freund Ferdinand Piëchs sein, um dessen Erfahrung zuzustimmen: Ob jemand etwas tauge, könne man erst beurteilen, wenn er den Job tatsächlich macht. Deshalb sollten Sie die Probezeit seriös vorbereiten, begleiten und auswerten. Und es muss von Beginn an klar sein: Erst *nach* der Probezeit wird der Mitarbeiter eingestellt! »Gate keeping« heißt dabei: im Zweifelsfall *gegen* den Kandidaten. Fragen Sie erfahrene Führungskräfte: Sie alle werden Ihnen bestätigen, dass sich das »Wir kriegen das schon irgendwie hin« selten bewahrheitet hat. Was für die Musik- und Buchindustrie gilt, das gilt auch hier: Erfolgreich werden Sie durch das, was Sie *nicht* nehmen.

Wichtig ist ferner, dass Sie *realistisch* rekrutieren. Für ein Beispiel gehen Sie von folgender Situation aus: Die Personalmärkte sind leergefegt, Sie müssen dringend eine Position besetzen, haben einen extrem geeigneten Kandidaten vor sich und sind selbst begeistert von Ihrem Unternehmen. In dieser Situation lädt alles dazu ein, beim Bewerber hochgespannte Erwartungen zu wecken – die dann in der Einarbeitung nicht selten irreparabel enttäuscht werden. Schon die Stellenanzeige, in der junge, dynamische, hoch qualifizierte, durchsetzungsfähige, verantwortungsbewusste, teamfähige (und so weiter, und so weiter) Mitarbeiter mit Führungsqualitäten gesucht werden, weckt die Erwartung anforderungsreicher Aufgaben. In der strengen Selektion des Auswahlverfahrens werden solche Erwartungen weiter genährt. Und dann finden sich neue Mitarbeiter häufig in einer Tätigkeit wieder, die viel Routine, aber nur ein geringes Maß an Herausforderung und Gestaltungsmöglichkeiten bietet.

Deshalb: Rekrutieren Sie *realistisch* – gegen beidseitige Enttäuschung. Ein Experiment, das bei einer amerikanischen Versicherungsgesellschaft durchgeführt wurde, verwies auf drei Effekte, mittels derer eine realistische Rekrutierung den Verlauf der Eingliederungsphase günstig beeinflusst:

1. eine verbesserte Selbstselektion der Bewerber,

2. ein »Schutzimpfungs-Effekt« – Bewerber entwickeln »innere Widerstandskräfte«, die das Auftreten negativer Begleiterscheinungen ihrer Tätigkeit abfedern,

3. eine intensivere Bindung – wer sich trotz negativer Informationen für eine Stelle bewirbt, fühlt sich stärker verpflichtet (weil »ernst genommen«) als ein Bewerber, der

sich nur aufgrund positiver Informationen für eine Stelle entschieden hat.

Welche Maßnahmen zur realistischen Rekrutierung können ergriffen werden? Ohne Anspruch auf Vollständigkeit schlage ich Ihnen die folgenden vor:

- eine ausführliche mündliche (oder auch schriftliche) Information über die Vorzüge *und Probleme* der angestrebten Tätigkeit im Vorstellungsgespräch;
  - die nachdrückliche Ermutigung des Bewerbers – schon im Einladungsschreiben –, von sich aus kritische Fragen zur Tätigkeit zu stellen;
    - das Einräumen der Möglichkeit, mit erfahrenen Mitarbeitern – den potenziellen Kollegen – ohne Beteiligung der Vorgesetzten Gespräche zu führen;
      - das Einräumen der Möglichkeit, die Tätigkeit »vor Ort« kennenzulernen; zum Beispiel bei einer Außendiensttätigkeit mit einem erfahrenen Mitarbeiter zu reisen.

Das sind keine Allheilmittel. Aber es kann auf diese Weise gelingen, den Verlauf des Eingliederungsprozesses von Anfang an auf eine klare und realistische Grundlage zu stellen. Denn späte Klarheit ist teuer. Für beide Seiten.

Wenn Sie jetzt sagen, das alles sei ja schön und gut, aber Personalauswahl sei nicht Ihr Thema, Sie könnten sich Ihre Mitarbeiter nicht aussuchen, hätten sie schon vorgefunden und diese seien überdies praktisch unkündbar – dann sollten Sie überlegen, *was* Sie da sagen. Sie sollten prüfen, ob SIE sich diese Situation antun wollen. Prüfen Sie ernsthaft den Gedanken, bevor Sie ihn ablehnen: Gehen Sie weg! Gehen Sie dahin, wo Sie – ich wiederhole es – die wichtigsten Aufgabenbereiche mit exzellenten Leuten Ihres Vertrauens besetzen können. Wenn Sie das für theoretisch machbar, praktisch aber unmöglich halten und sich fürs Bleiben entscheiden, dann ist es Ihnen auch nicht wichtig. Jedenfalls nicht so wichtig, dass Sie dafür Konsequenzen ziehen wollen. Deshalb gilt uneingeschränkt: Langfristig hat jede Führungskraft die Mitarbeiter, die sie verdient.

Fordern Sie sie heraus!

Was uns antreibt

Schauen wir uns ein Kind an, das etwas ausprobiert, dabei scheitert, neu beginnt, wieder scheitert, es erneut versucht … und es plötzlich schafft. Diese Freude! Dieser Jubel! Viele Menschen scheinen vergessen zu haben, was die Voraussetzung für wirkliche Freude ist: das Misslingen. Sie üben nicht mehr, deshalb scheitern sie nicht mehr – aber sie erleben auch nicht mehr den beglückenden Kontrast des Gelingens. Denn Freude erleben wir *nur* nach Anstrengung, nach Grenzüberschreitung, nach dem Arbeiten gegen Widerstand. Ein Flugzeug startet auch nur gegen den Wind.

Wir wissen aus der Anthropologie, dass wir alle unsere Kräfte den Problemen verdanken, die uns herausforderten und an denen wir wachsen konnten. Es ist also gerade das Aushalten der Spannung zwischen Gelingen und Misslingen, das für Lernfreude unumgänglich ist – nicht das Abfackeln erfolgsverwöhnter Routine. Das ist Lernen im Wortsinne: »Vorfreude auf sich selbst« (Peter Sloterdijk).

Vielleicht erheben Sie jetzt Einspruch: »Sind die Menschen denn nicht von Natur aus faul?« Abgelehnt: Wenn es irgendetwas verdient, »natürlich« genannt zu werden, dann ist es unsere Suche nach Spannung, nach Herausforderung, unsere

Neugieraktivität, unser Vergnügen am Experiment und daran, sich mit Ungewöhnlichem zu befassen. Alle Menschen haben ein hohes kreatives Aktionspotenzial, das nach Entfaltung drängt. Erst wenn jemand diese natürliche Triebfeder in uns lähmt (mit Belohnungen zum Beispiel), dann werden wir faul und streben nach Lust ohne Anstrengung. Wenn also die Menschen um uns herum leichte Aufgaben bevorzugen, dann vor allem deshalb, weil um uns herum überall belohnt wird.

Die Verhaltensökologen nennen zwei Vorbedingungen für motiviertes Handeln: Funktionslust und Neugieraktivität. Unter *Funktionslust* wird verstanden, dass das Planen einer Arbeit, das Handeln und das Ergebnis möglichst nahe beieinanderliegen sollen. Wenn diese Elemente weit auseinanderliegen, droht Demotivation. Also dann, wenn jemand nur plant, aber nicht macht, oder nur macht, aber nie plant, oder wenn Sie niemals das Leuchten im Auge des Empfängers Ihrer Leistung sehen. *Neugieraktivität* bezeichnet das dem Menschen innewohnende Streben, gefordert zu werden, sich durch Arbeit zu entwickeln, Spannung zu erleben. Sorgen Sie dafür, dass Ihre Mitarbeiter dies an ihrem Arbeitsplatz erfahren. Wer sich immer nur in seiner Routine dreht, ist nicht mehr mit ganzem Herzen dabei.

Auch die *sozialpsychologische* Dimension von Arbeit ist für Ihre Mitarbeiter von enormer Bedeutung. Sie meint nicht die Notwendigkeit, Lebensmittel auf den Tisch zu bringen und die Miete zu bezahlen, sondern zielt auf den sozialen Prozess des Arbeitens. In dem es darum geht, gebraucht zu werden, Tauschpartner zu finden, für Geleistetes anerkannt zu werden. Wer sich auf die Rente freut, macht ohnehin den falschen Job.

Sich bewähren dürfen

Haben Sie auch einen Mitarbeiter, der bis 18:00 Uhr nur gerade so viel tut, dass er nicht negativ auffällt, von dem Sie aber wissen, dass er danach zur Höchstform aufläuft? Warum bleiben so viele Mitarbeiter beruflich unter ihren Möglichkeiten? Und, im Zusammenhang damit: Können Sie sich die Konjunktur der Heimwerkermärkte erklären?

Menschen begrüßen Situationen, in denen sie ihre Stärken ausspielen können, in denen sie sich als erfolgreich erleben. Wenn die Arbeit solche Situationen anbietet, zieht sie das an. Man hat in den Unternehmen aber vielfach den persönlichkeitsbildenden Aspekt von Arbeit ignoriert. Mitarbeiter müssen sich herausgefordert fühlen von ihren Aufgaben, die im wahrsten Sinn des Wortes zu »bewältigen« sind, wollen sie ihre Arbeit als spannend und erfüllend erleben.

Wer etwas kann oder erlernt hat, schließlich aber keine Möglichkeit findet, das Erlernte auch anzuwenden, wird demotiviert. Ohne Bewährung gibt es kein Wachstum und keine dauerhafte Motivation! Persönliches Wachstum in der Aufgabe ist die entscheidende Voraussetzung für volle Leistungsentfaltung. Das heißt, Arbeit als Arbeit *an sich selbst* zu erfahren.

Die zentrale Frage lautet hier mithin: Was muss von einer Person gefordert werden, damit sie sich in ihren Kompetenzen und Potenzialen gefordert fühlt? Die Menschen sind ja tendenziell immer qualifizierter. Sie können im Regelfall immer mehr, als ihnen konkret abverlangt wird. Wir haben daher in den Unternehmen oft ein massives Unterforderungsproblem. Natürlich gibt es auch Überforderung, die als Stress erlebt wird. Aber in der Breite ihrer Kompetenz fühlen sich die meisten Mitarbeiter unterfordert.

Wenn Führen heißt, mit durchschnittlichen Menschen überdurchschnittliche Leistungen zu erzielen, dann hat also der *Personaleinsatz* höchste Priorität. Achten Sie darauf, dass der Arbeitsinhalt Fähigkeiten und Fertigkeiten vom Mitarbeiter fordert, die er besitzt und für wichtig erachtet. Erfolgserlebnisse sind möglich bei solchen Aufgaben, die herausfordern.

Aus dem Vorstehenden resultiert: Es gibt keine schlechten Mitarbeiter; es gibt nur falsch eingesetzte. Die einfach nicht passen, entweder über- oder unterfordert sind, und deshalb, wie man umgangssprachlich sagt, ihre PS nicht auf die Straße bringen. Als Führungskraft sollten Sie daher nicht versuchen, Menschen zu perfektionieren, sondern sie so einsetzen, dass ihre hervorstechenden Eigenschaften zu Stärken werden. Wenn zum Beispiel ein Mitarbeiter analytisch und kritisch ist, auch gerne das Negative sieht, dann ist es ziemlich sinnlos, ihm das austreiben zu wollen. Sie sollten ihm eine Aufgabe geben, die pointierte Analysefähigkeit erfordert. Darum geht es in der Führung: einen Menschen entsprechend seiner Talente so einzusetzen, dass er eben *dadurch* erfolgreich ist.

Vermeiden Sie daher auch im Bewerberinterview die Frage nach den wichtigsten Stärken. Oder eben auch Schwächen. Sie zeugt nur davon, dass Sie noch nie etwas von der Situationsgebundenheit menschlicher Fähigkeiten gehört haben. Wenn Sie aber an der Frage festhalten wollen, dann diskutieren Sie lieber die Schwäche der Stärken und die Stärke der Schwächen.

Drei Gruppen von Mitarbeitern

Widmen wir uns etwas ausführlicher der Tatsache, dass Ihre Mitarbeiter durch die Arbeit überfordert, unterfordert oder herausgefordert sein können. Was bedeutet das für Sie als Führungskraft, wie können Sie darauf reagieren?

Mitarbeiter, die sich von einer Aufgabe *herausgefordert* fühlen, sind Ihr wichtigstes Kapital. Sie sind dann als Führungskraft erfolgreich, wenn das Ihre mit Abstand größte Mitarbeitergruppe ist. Diese Mitarbeiter fühlen sich von Problemen zur Lösung aufgefordert, sie lernen und empfinden ihre Aufgaben als spannend. Sorgen Sie dafür, dass dies so bleibt! Andernfalls wandern diese Mitarbeiter in die innere Kündigung. Wer immer nur das tut, was er schon kann, bleibt immer das, was er schon ist.

Mitarbeiter, die von ihrer Aufgabe *unterfordert* sind, verschaffen Ihnen als Führungskraft eine *Einsatz-Aufgabe*. Setzen Sie diese Mitarbeiter am richtigen Ort ein – dort, wo sie sich wieder herausgefordert fühlen und ihre Arbeit wieder als persönlichkeitsbildenden Prozess erleben. Sonst droht Ihnen ein Produktivitätsverlust. Den Mitarbeiter unterfordert zu lassen und kompensatorisch mit Geld zuzuschütten löst das Problem nicht. Denn die Arbeit bleibt demotivierend. Bald bricht der Frust wieder aus – und überträgt sich vielleicht noch auf weitere Mitarbeiter. Ihre Aufgabe als Führungskraft ist es, Unterforderung möglichst früh und klar anzusprechen und den Mitarbeiter neu herauszufordern. Sollte das nicht möglich sein, ist es besser, sich voneinander zu trennen. Denn ein Mensch wird bitter, wenn er irgendwann einsieht, dass er unter seinen Möglichkeiten gelebt hat.

Auch Mitarbeiter, die von ihrer Aufgabe *überfordert* sind, stellen Ihnen eine *Einsatz-Aufgabe*. Denn irgendetwas können diese Mitarbeiter, irgendein Talent haben sie, irgendeine Energie sucht nach Ausgleich. Wo also können solche Mitarbeiter ihr vorhandenes Potenzial zur Geltung bringen? Wo ist der Ort, an dem sie sich wieder als erfolgreich erfahren, wo sie für das, was sie anzubieten haben, auch ein Lächeln erhalten? Nur wenn es einen solchen Ort in Ihrem Unternehmen beim besten Willen und nach intensiver Prüfung aller Möglichkeiten nicht geben sollte, dann sollten Sie sich trennen.

Denn auch das möchte ich in Erinnerung rufen: Unternehmen sind Veranstaltungen von Menschen für Menschen. Und die meisten Unternehmen können es sich leisten, wenn zehn Prozent ihrer Mitarbeiter unter ihren Möglichkeiten bleiben. Sie zu halten kann sogar ökonomisch sein – denn auch ein solches Führungsverhalten wird von den Mitarbeitern sensibel beobachtet. Und eingepreist: »Was passiert mit mir, wenn ich eine Schwächephase habe oder nicht mehr die frühere Leistung bringe?« Wer sich hier nicht sofort sorgen muss, wird dem Unternehmen und Ihnen als Führungskraft größeres Vertrauen entgegenbringen. Jedoch: Einen höheren Prozentsatz von Schwachleistern zu akzeptieren, ist unsozial: Es gefährdet das wirtschaftliche Überleben aller.

Wie können Sie erfahren, wo der richtige Ort für einen Mitarbeiter ist? Wenn jemand sich seiner Talente, seines Wissens und Könnens unsicher ist, dann sollten Sie ihm helfen, zu einer realistischen Selbsteinschätzung zu gelangen. Sprechen Sie mit Ihrem Mitarbeiter und fragen Sie:

- ▶ »Welche Ihrer Neigungen und Fähigkeiten bleiben gegenwärtig ungenutzt?«
    - ▶ »Stellen Sie sich vor, unser Unternehmen würde auf der grünen Wiese neu gegründet: Auf welchen Job würden Sie sich gerne bewerben?«
        - ▶ »Wie sieht Ihr ›Traumberuf‹ aus? Was davon können wir hier und heute realisieren?«

Ein solches unterstützendes Gespräch kann dabei helfen, den geeigneten Ort für den Mitarbeiter zu finden. Und es kann dem Mitarbeiter zu erneuerter motivierter Eigenleistung verhelfen.

Vorankommen

Die konventionelle Führungsweisheit sieht in der Beförderung die einzige Möglichkeit, vorwärtszukommen. Der beste Weg, brillante Leistungen anzuerkennen, besteht also darin, diese Person von ihrer Aufgabe zu entbinden. Doch wer auf einer Position erfolgreich war, muss dies keineswegs automatisch auch auf einer anderen sein. Wenn uns Führungserfolg wirklich wichtig ist, dann müssen wir anerkennen, dass Führungsarbeit nicht unbedingt etwas »Besseres« ist und auch keine höherwertige Sachbearbeitung. Stattdessen erfordert sie *andere* Talente. In manchen Fällen mag es hilfreich sein, die Basisarbeit zu beherrschen, in anderen ist es unerheblich. Das ist entscheidend: anzuerkennen, dass Führung einfach ein anderer Job ist.

Deshalb sollte es in Ihrem Unternehmen die Möglichkeit geben, auch ohne hierarchischen Aufstieg vorwärtszukommen.

Es ist fatal, die für eine bestimmte Tätigkeit besten Leute mit einem hierarchischen Kaminaufstieg zu würdigen, auf dem ihre Fähigkeiten und Neigungen versanden. Fortschritt ist alles, was Talente zu besserer Entfaltung bringt. Es muss daher möglich sein, dass man das tut, was man will und kann, ohne dass es als Rückschritt oder Sackgasse gesehen wird. Wenn Sie Mitarbeiter richtig einsetzen, gibt es keinen Rückschritt. Dieser Begriff setzt die alte Karriere-Leiter voraus. Sie sollte ihre Attraktivität verlieren, indem höheres Prestige und bessere Verdienstmöglichkeiten auch auf der gegenwärtigen Ebene möglich sind. Nur dann werden Menschen nicht mehr in Rollen hineinbefördert werden, zu denen ihnen das Talent fehlt.

Sprechen Sie oft miteinander!

Kontakt statt Lob

Mitte der 80er Jahre arbeitete ich bei der 3M Deutschland. Das Unternehmen hatte eine für die damalige Zeit höchst ausdifferenzierte Personalpolitik. Insbesondere die *Mitarbeiterbefragung* war als Instrument beliebt und gut eingeführt. Eine der vielen Fragen lautete: »Werden Sie von Ihrem Vorgesetzten ausreichend gelobt?« Würden Vorgesetzte mehr loben, so die Logik hinter dieser Frage, wären die Mitarbeiter motivierter und die Ergebnisse besser. Ich erinnere mich, dass es in einem Werk bei dieser Frage einen desaströsen Ausreißer nach unten gab. Über 80 Prozent der Befragten antworteten mit »Nein«. Der Vorschlag lag nahe: Alle Chefs dieses Werks ins Seminar! Jetzt wird Loben trainiert! Wir machen aus den Jungs Lobwurfmaschinen (das Werk war damals eine damenbefreite Zone)!

»Seit die Menschen reden können«, fasste Robert Gernhardt seine Lebenserfahrung zusammen, »reden sie aneinander vorbei. Das wäre nicht weiter schlimm, wenn es dabei nicht dauernd zu Missverständnissen käme.« Und genau deshalb setzten wir zunächst keine Seminare auf, sondern besuchten das Werk. Wir schoben die Fragebögen zur Seite und *sprachen* mit den Leuten. Was wir dann hörten, war etwas ganz anderes als das, was die Konstruktion der Mitarbeiterbefragung den Leuten in den Mund legte. Es wurde schnell klar, dass es ein *Kontakt*-Defizit gab. Die Führungskräfte schenkten ihren Mitarbeitern einfach zu wenig Beachtung, zu wenig Aufmerksamkeit, zu wenig Interesse. Es fehlte an der Wärme des Umgangs, es fehlte an Herzlichkeit. Das sind aber alles Formen der *unbedingten* Zuwendung, für die Leistung keine Voraussetzung ist. Dafür hatten die Mitarbeiter aber keine Sprachmünze, zumindest war sie in den Fragebögen nicht angelegt – und verwendeten dafür irreführend das »Lob«. Lob ist aber eine *bedingte* Zuwendung, das heißt: Leistung wird gegen Lob getauscht. Man konnte zwar auf diese Weise sein Unbehagen deutlich machen, aber lenkte auf die falsche Fährte. Nichts wäre gewonnen gewesen, hätten wir mit den Führungskräften das Loben trainiert.

Ich mache immer wieder die Erfahrung: Da, wo Kontakt ist, gibt es kaum das Bedürfnis nach Lob. Denn Anerkennung war und ist im Kern schon immer *Kontakt*. Da geht es um Aufmerksamkeit, um eine wohlwollende Beachtung, darum, Gespräche zu führen, großzügig in der Zustimmung und zurückhaltend im Widerspruch zu sein. Kontakt ist eine Form aufrichtiger Nächstenliebe – keine, die sich opfert oder mildtätig herablässt. Sie hat die Form *unbedingter Freundlichkeit*, grundsätzlich und gegenüber jedem Menschen – egal, ob das Ihr Aufsichtsratsvorsitzender ist oder die Servicedame in der Betriebskantine (was ich bei Personalauswahlentscheidungen besonders intensiv beobachte). Setzen Sie das schlichte Wort »Freundlichkeit«, das jeder versteht und gar nichts Wundersames an sich hat, an die Stelle der »Kommunikation«! Mit Blick auf Mitarbeiter müssen Sie sogar bereit sein, sich zu Höflichkeit, Anstand und Freundlichkeit zu *zwingen*. Von Ihnen als Führungskraft kann man Selbstkontrolle fordern. Man kann von Ihnen fordern, nicht zornig zu werden, nicht wütend, nicht ausfallend. Was auch für Sie selbst in einem egoistischen Sinne klug ist, weil es die Freude am *eigenen* Leben verstärkt.

Eine kontaktstarke, warme und freundliche zwischenmenschliche Atmosphäre muss man nicht gleich pompös auf »emotionale Intelligenz« zurückführen – Aufmerksamkeit, Natürlichkeit und Entspanntheit reichen dafür völlig aus. Speisen Sie Ihre Mitarbeiter nicht ab mit schnellem und billigem Lob. Schenken Sie ihnen stattdessen das Wertvollste, das Sie haben: Ihre Lebenszeit. Schenken Sie Anwesenheit. Bleiben Sie in Kontakt.

Sich Zeit nehmen

Woran können Sie selbst sehen, was Ihnen wichtig ist? Daran, wie Sie mit dem knappsten Gut umgehen, das Ihnen im Leben zur Verfügung steht: Zeit. So wie Sie mit Ihrer Lebenszeit umgehen, machen Sie unwidersprechlich eine Aussage darüber, was Ihnen *wirklich* wichtig ist. Alles andere ist Lebenslüge. Das spüren auch Ihre Mitarbeiter. Wie viel Zeit Sie mit ihnen verbringen, daran lesen Ihre Mitarbeiter ab, wie wichtig sie für Sie sind. Fragen Sie sich: Sind Sie für Ihre Mitarbeiter kaum greifbar, weil Sie fortwährend herumreisen? Führen Sie Gespräche immer nur zwischen Tür und Angel? Sorgen Sie niemals für ein ungestörtes, konzentriertes Miteinander? Reduzieren Sie Kontaktzeiten auf das Allernötigste? Dann wissen Ihre Mitarbeiter: Wir sind Ihnen nicht wichtig! Da können Sie noch so oft das Gegenteil behaupten. Lippenbekenntnisse! Wie ein Manager in einem Seminar selbstkritisch sagte: »Wir lieben unsere Mitarbeiter nicht mehr.« Wenn Kontaktzeit realisierte Liebe ist, dann ist diese Bemerkung wohl zutreffend.

Wenn ich Sie also auffordere: »Sprechen Sie oft miteinander!«, dann stellt sich die Frage: Was ist »oft«? Das sollten Sie *vereinbaren* – und nicht von sich aus entscheiden. Der eine Mitarbeiter braucht mehr Kontakt als ein anderer. Aber grundsätzlich gilt die Formel, mit der Montesquieu seine Erfahrung zusammenfasst: »Um große Dinge zu tun, braucht man kein großes Genie zu sein, man braucht nicht über den Menschen zu stehen; man muss mit ihnen sein.«

Aber natürlich sollten Sie bei einem solch knappen Gut wie Zeit auch den Wirkungsgrad Ihrer investierten Zeit kalkulieren. Und da ist folgender Fehler weit verbreitet: Die meisten Führungskräfte verbringen die Zeit, die sie für Mitarbeiter reservieren, zu 80 Prozent mit den Schwachleistern im Unternehmen und nur zu 20 Prozent mit den Topleistern. Das tun sie, weil sie glauben, bei den Schwachen seien noch Potenziale zu heben. Ein Irrglaube! Sie sind besser beraten, es genau andersherum zu halten: 20 Prozent bei den Schwachen, 80 Prozent bei den Starken. Der Wirkungsgrad der bei den (dauerhaft) Schwachen eingesetzten Managementstunde ist aller Erfahrung nach katastrophal gering, sodass man sich ernsthaft fragen sollte, ob man sich nicht besser trennt. Den Guten muss man zwar nicht erzählen, wie sie ihren Job machen sollen, aber sie brauchen auch Kontakt und Aufmerksamkeit. So kann man sie vielleicht noch ein wenig stärker machen. Wie auch immer Sie das entscheiden, wichtig ist: Mitarbeiter führen ist Arbeit – nehmen Sie sich Zeit dafür!

Sprechen statt Schreiben

Die Anthropologen sagen uns, dass Sprache keineswegs erfunden wurde, um Informationen zu transportieren. Sondern um *Beziehungen* zu pflegen und Kontakt zu halten. Sprache war einst das Medium, um bei wachsenden Personengruppen den Körperkontakt zu ersetzen, das heißt friedliche Absichten zu signalisieren. Deshalb ist der »small talk« so unverzichtbar, das ziel- und planlose Sprechen auf den Firmenfluren. Es sorgt für Zusammenhalt und den gemeinsamen Weg. Nur die persönliche Begegnung schöpft die Möglichkeiten des »Wir« aus.

Das ist keine neue Erkenntnis. Schon Platon hatte im *Phaidros* für das Unmittelbare plädiert: Nur das gesprochene Wort und die direkte Begegnung könnten Wahrheit herausarbeiten. Oder auch aufrichtige Lehre garantieren. Wer also will, dass etwas nachhaltig wirkt und erinnert wird, der muss in persönlichen Kontakt treten, der muss *mündlich* werden. Das, was wir intensiv besprochen haben, was wir vielleicht sogar auswendig wissen, wird sich entfalten und in uns reifen. Das Gespräch tritt in Wechselwirkung mit unserer Existenz, es modifiziert unsere Wahrnehmung. Ein Sprechender kann sich unterbrechen, korrigieren, neu ansetzen. Daher wimmelt es in mündlichem Kontakt von schöpferischen Irrtümern.

Das Schreiben hingegen arretiert die Kommunikation. Deshalb ist es auch sinnlos, die Mitarbeiter mit unternehmenskulturellen Hirtenbriefen einnorden zu wollen. Es ist sinnlos, Leitlinien aufzuschreiben und dann zu glauben, die Leute hätten das jetzt begriffen. Gerade die Verschriftlichung impliziter Regeln ist ein Irrweg! Es macht nachlässig und schwächt das Erinnern. Wer wirklich will, dass gewisse Werte ins kollektive Bewusstsein des Unternehmens sickern, der muss von Person zu Person sprechen. Und immer wieder sprechen. Dafür gibt es Führungskräfte. Die müssen Gespräche führen – und nicht schreiben. Nur das Ungeschriebene ist dem Menschen »eingeschrieben«.

Das wirft auch ein Schlaglicht auf das E-Mail-Schreiben. Zweifellos, E-Mails sind aus unserem Leben nicht mehr wegzudenken und haben unbestreitbare Vorteile. Aber wir kommunizieren durch sie mit einer Maschine, nicht mit Menschen. Es ist eine Ein-Weg-Information, *kein Dialog*. Sie können die Reaktion des Empfängers nicht spüren; die Maschine wird für Höflichkeit, Taktgefühl und Humor immer unempfänglich bleiben. Und es besteht nicht die kleinste Chance, dass noch etwas bisher Undenkbares entsteht, gemeinsam Geschaffenes, gar Kreatives.

Was aber macht man, wenn man auf verschiedenen Kontinenten lebt und Zeitunterschiede berücksichtigen muss? Es gibt sicher Umstände, die E-Mails rechtfertigen – wenn es dazu keine gangbare mündliche Alternative gibt! Und es gibt sie meistens: das Telefon. Ein Telefongespräch ist persönlicher, dialogischer. Sie können allein durch Zwischentöne heraushören, wie der andere reagiert, wie er antwortet – wenn er etwas ver-antworten soll.

Daher: Mündlichkeit – wann immer es *wichtig* ist und wann immer es *möglich* ist. Wenn keine vier Augen möglich sind, dann ist der Telefonhörer besser als eine E-Mail. Eine E-Mail sollten Sie vorrangig dann senden, wenn ein Anhang mitgesendet wird – dann ist diese Form der Kommunikation zu rechtfertigen. Und beachten Sie auch bei E-Mails Höflichkeitsregeln – vor allem, wenn es sich um Rangniedrigere handelt.

Die Kommunikationswissenschaft sagt uns nämlich, dass die *Beziehungsebene* zwischen zwei Menschen immer die *Inhaltsebene* dominiert. Wenn der »richtige Draht« zwischen Chef und Mitarbeiter fehlt, werden die inhaltlichen Aussagen von den Beziehungsstörungen nahezu vollständig deformiert. Es sind die vielen kleinen verbalen und non-verbalen Gesten des Nicht-Beachtens, Überhörens und leise Geringschätzens, die niederdrücken. Alles wirklich Wichtige wird dadurch abgefiltert. Daher ist die Beziehung zum direkten Vorgesetzten die Achillesferse der Arbeitszufriedenheit.

Es ist mithin Führungsaufgabe von höchster Priorität, die Beziehungsebene im Team immer wieder anzusprechen. Ziehen Sie sich mindestens einmal im Jahr mit Ihren Mitarbeitern an einen ruhigen Ort zurück und sprechen Sie einen Tag lang über die *Beziehungen im Team*. Lassen Sie einen Moderator diesen Team-Workshop leiten. Fragen Sie: Wie gehen wir täglich miteinander um? Wie ist unsere Gesprächskultur? Gibt es etwas, was Sie sich von mir wünschen, aber in der operationalen Alltagshektik immer wieder verschieben? Gibt es etwas in meinem Verhalten, was Sie herunterzieht? Und umgekehrt. Wenn ein solcher Workshop gelingt, ist er die beste Investition in die Produktivität Ihres Teams, die ich kenne.

»… wie dich selbst«

Warum gehen so viele Führungskräfte so wenig kundenorientiert mit ihren Mitarbeitern um? Weil sie *sich selbst* nicht mögen. Weil sie sich selbst häufig als defizitär erleben, idealisierten Vorbildern hinterherrennen, immer ein Stück hinter ihren eigenen und den Erwartungen anderer landen. Weil sie frühen Zuwendungsmangel kompensieren wollen und daher in Macht- und Führungspositionen einen äußeren Ausgleich für innere Ohnmacht suchen. Weil der Gefühlsstau als Folge der Mangelerfahrung und der Defizitzuweisung nicht nur autoaggressive Selbstbeschädigung fördert (psychosomatische Erkrankungen, Depressionen, latente Unzufriedenheit), sondern vor allem auch die Tendenz stützt, sich aggressiv an anderen abzureagieren. Wer nicht hören kann, lässt andere fühlen.

Nur Menschen, die sich selbst mögen, können andere mögen, können wirklich wirkungsvoll die Leistung anderer organisieren und fördern. Echtheit und Offenheit sind nur für jene möglich, die in ihrer frühkindlichen Entwicklung hinreichend bestätigt, gleichsam mit Liebe »gesättigt« wurden – und damit das Selbstvertrauen entwickeln konnten, das auf kritische Fragen und konfliktäre Auseinandersetzungen *angstfrei* reagiert. Und nur ein solcher Mensch erlebt die Andersartigkeit des Anderen nicht als Bedrohung, sondern als Bereicherung.

Führung übernehmen sollten daher nur solche Menschen, die *lächeln* können. Damit meine ich nicht jene falsche Fröhlichkeit (»Have fun!«), die von Immer-gut-drauf-Managern inszeniert wird. Ich meine jene Erlauber-Signale, die von den Mitarbeitern seismografisch sensibel registriert werden. Ich meine ein warmes sozial-emotionales Klima, Rahmenbedingungen, in denen es Freude macht, »zusammen« zu arbeiten. Jene innere Ausgeglichenheit, die sich an sich selbst, den eigenen kleinen und großen Erfolgen freut. Vor allem aber auch an der Leistung anderer. So steht es schon in der Bibel: »Du sollst deinen Nächsten lieben ... wie dich selbst.« Aber auch das ist eine kleine sprachpädagogische Umdeutung Martin Luthers. Der Originaltext lautet im Hebräischen: »Nur wer sich selbst liebt, kann seinen Nächsten lieben.«

Vertrauen Sie ihnen!

Wozu Vertrauen?

Ohne Vertrauen setzt niemand Kinder in die Welt, betritt niemand einen Fahrstuhl, bestellt niemand etwas über das Internet. Das bringt die fundamentale Bedeutung von Vertrauen auf den Punkt. Auf die Wirtschaft bezogen lässt es sich verlängern: Ohne Vertrauen gründet niemand eine Firma, gibt es keine Innovationen, weder neue Arbeitsplätze noch neue Produkte noch neue Märkte. Und ohne Vertrauen gibt es keine Führung.

Sich führen lassen heißt, sich jemandem anvertrauen. Forschungen zeigen, dass Menschen bereit sind, einem anderen Menschen zu folgen, wenn sie ihm vertrauen – selbst wenn sie seine Ansichten nicht teilen. Sie folgen jedoch nicht, wenn sie zwar seine Ansichten teilen, ihm aber nicht vertrauen. Keine Führungskraft kann Menschen beeinflussen, wenn ihr nicht vertraut wird. Auch für das Führungsparadigma des Mitarbeiters als »Mitunternehmer« ist Vertrauen die einzig mögliche Basis.

Vertrauen ist vor allem unersetzlich, wenn es konfliktär wird: Wenn Sie als Führungskraft etwas für ihre Mitarbeiter Unverständliches tut: zum Beispiel im Dilemma entscheiden, den Störungsauftrag wahrnehmen oder gar Ihre Meinung ändern (das soll ja vorkommen). Wenn Vertrauen vorhanden ist, unterstellen die Mitarbeiter Ihnen nicht sofort Unfähigkeit oder Opportunismus. Sie gehen dann schlicht davon aus, dass Sie gute Gründe dafür haben – selbst wenn sie diese nicht teilen. Mehr noch: Sie verzeihen Ihnen sogar einen gelegentlichen Fehltritt. Sie glauben Ihnen, dass es sich um ein Versehen handelt oder eine Ausnahme. Ihre Mitarbeiter mögen gelegentlich murren, unverständig reagieren, sie mögen auch mal lauthals schimpfen – wenn Vertrauen da ist, wiegen diese Verstimmungen nicht schwer. Vertrauen ist eine belastbare, widerstandsfähige Position.

Wenn das Vertrauen Ihrer Mitarbeiter jedoch fehlt, werden Sie den Widerstand nicht überwinden können, der in jeder hierarchischen Beziehung steckt (»Jedes Folgen aber trägt in sich den Widerstand«, so drückte es Heidegger aus). Dann wird aus einer produktiven Spannung ein nicht zu reparierender Bruch. Mit den entsprechenden negativen Folgen für Ihr Unternehmen. Auf Dauer können Sie nicht gegen Ihre Mitarbeiter führen.

Im Idealfall ist Vertrauen wechselseitig. Für Sie als Führungskraft ist es Ihren Mitarbeitern gegenüber auch eine pragmatische Notwendigkeit. Denn wenn Sie nicht vertrauen, müssen Sie wohl oder übel kontrollieren. Kontrolle jedoch wird zunehmend schwieriger. Die Handlungsspielräume Ihrer Mitarbeiter erweitern sich ständig und sind für Sie als Führungskraft nicht mehr in Gänze und bis ins Detail zu beobachten. Die Aufgaben Ihrer Mitarbeiter werden immer komplexer und auch für Sie unverständlicher. Sie können aber nicht kontrollieren, was Sie nicht beurteilen können. Es bleibt Ihnen hier gar nichts anderes übrig, als zu vertrauen. Hinzu kommt die örtliche Trennung in Unternehmen mit mehreren, gar internationalen Standorten. Trotz aller Möglichkeiten der modernen Kommunikation – vieles bleibt Ihnen verborgen.

Noch komplizierter wird Kontrolle, wenn Sie hochausgebildete Kopfarbeiter führen. Die müssen ihre Arbeit selbst organisieren, und ihre Produktivität ist für Sie als Führungskraft letzten Endes nicht steuerbar. Auch hier müssen Sie sich auf die Resultate verlassen. Sie können die Ergebnisse prüfen, nicht aber den Weg, auf dem diese erzielt werden. Dass dieser gut organisiert ist, darauf müssen Sie vertrauen.

Wenn Sie nun dennoch meinen, Ihren Mitarbeitern nicht vertrauen zu können, wenn Sie daran zweifeln, ob sie eigene Ressourcen der Problemlösung haben, dann haben Sie die falschen Mitarbeiter. Oder vielleicht doch ein grundsätzliches Problem damit, zu vertrauen? Ich empfehle Ihnen: Springen Sie ins kalte Wasser. Vertrauen Sie. Zugegeben, das ist riskant. Und wenn das Risiko wirklich zu groß wird, gar existenziell, dann ist auch kein Raum für Vertrauen, dann sollten Sie nicht zusammenarbeiten. Die Alternative – ein lähmendes Kontrollsystem – erzeugt prohibitiv hohe Kosten.

Was ist Vertrauen?

Vertrauen ist als wirtschaftliche Ressource kein Wert »an sich«, sondern Mittel zum Zweck. Vertrauen funktioniert wie ein »Schmiermittel« der Kooperation. Mit seiner Hilfe lässt sich etwas erreichen, was ohne es nicht so einfach erreichbar wäre: Führen und Folgen eben, Kostensenkung, Schnelligkeit, Kundenbindung. Letztlich ist Vertrauen die Erwartung, dass kooperatives Handeln nicht ausgebeutet wird.

Dieses Vertrauen ist reflektiert. Es ist weder blind noch naiv. Es weiß um die Gefahren der Welt und die Unzuverlässigkeit der Menschen. Es ist sich bewusst, dass Menschen sich nur allzu oft vereinbarungswidrig und verantwortungslos verhalten. Es weiß, dass es im Leben keine Buchung ohne Gegenbuchung gibt und keine Option kostenlos zu haben ist. Es ist bereit, sich diesem Risiko auszusetzen. Es ist – wieder – eine Einstellung, »als ob« die Verhältnisse berechenbar wären und die Menschen vertrauenswürdig. Für bestimmte wirtschaftliche Ziele ist es alternativlos.

Das Neue und Herausfordernde der Gegenwart ist die Tatsache, dass Vertrauen nicht mehr aus Vertrautheit wächst. Die meisten Menschen, mit denen wir zusammenarbeiten, sind (und bleiben) Fremde, die Kontaktzeiten sind kurz, und eine gemeinsame Zukunft ist fraglich. Und da sich ja die Vorstellung durchgesetzt hat, man könne Zeit »verlieren«, »gewinnen« oder gar »sparen«, muss Führung heute in das Vertrauen »springen« – ohne auf gute Erfahrungen zurückgreifen zu können. Das schaffen nur Führungskräfte, die sich selbst vertrauen, die zurechnungsfähig sind, die wissen, wie sie mit einem Vertrauensbruch umgehen.

Vertrauen schaffen

Was können Sie tun, um den Vertrauenspegel in Ihrem Unternehmen zu erhöhen? Weil Sie schneller werden wollen, Bürokratie abbauen, Ihre Organisation flexibilisieren, Zusammenarbeit reibungsloser machen, ein Innovationsklima schaffen, Mitarbeiter binden und ihre intrinsische Motivation schützen, Führung erfolgreich machen wollen?

Wenn Vertrauen erst einmal vorhanden ist, dann können Sie sein Fortbestehen beeinflussen. Hier haben die sogenannten »vertrauensbildenden Maßnahmen« durchaus einen gewissen Wirkungsgrad: Verlässlichkeit, Verhaltensstabilität, Berechenbarkeit, Erfüllung von Versprechen, Fairness, Loyalität, Ehrlichkeit, Diskretion, Glaubwürdigkeit. Dies sind wichtige Verhaltensweisen, die Vertrauen erhalten. Was aber lässt Vertrauen entstehen?

Darauf gibt es nur eine Antwort: Verwundbarkeit startet Vertrauen.

Es hängt alles an Ihrem ersten Zug. Sie als Führungskraft müssen die Eingangs-Aktion starten, um den Prozess anzustoßen. Sie müssen bereit sein, die Kontrolle Ihrer Mitarbeiter zu reduzieren, deutlich und wahrnehmbar. Das tun Sie, indem Sie auf explizite Sicherungsmaßnahmen verzichten. Regularien abschaffen. Das Kontrollsystem abbauen. Zugangsbeschränkungen lockern. Auf zusätzliche Informationen verzichten. Wenn Sie Leute einstellen, die besser sind als Sie. Wenn Sie Ihrem Mitarbeiter eine wichtige Aufgabe übertragen und ihm nicht ständig über die Schulter schauen – sondern darauf vertrauen, dass er zu Ihnen kommt, wenn er sich abstimmen möchte. Wenn Sie darauf vertrauen, dass Ihre Mitarbeiter einen eigenen Qualitätsanspruch an sich und ihre Arbeit haben. Erst wenn Sie sich wirklich abhängig machen von der Zustimmung und der Leistung Ihrer Mitarbeiter, dann ist Vertrauen möglich.

Es geht dabei nicht um »Alles oder nichts«. Vertrauen ist immer *spezifisch* (man vertraut zum Beispiel jemandem, dass er eine Aufgabe lösen will, aber vielleicht nicht, dass er es auch kann) und *bedingt* (es ist nicht grenzenlos). Vertrauen ist ein Relationsbegriff. Es gibt Vertrauen nicht im Entweder-oder, sondern nur im Mehr-oder-weniger. Deshalb schließen sich Vertrauen und Kontrolle nicht aus. Sie sind aufeinander bezogen, bilden ein Fließgleichgewicht. Sie müssen also ein Maß finden. Es geht darum, akzeptable Risiken einzugehen. Risiken, die Sie im Falle des Vertrauensbruchs überleben würden. Sie dürfen mithin niemals den Raum der Selbsterhaltungsvernunft verlassen. Sie dürfen strukturell nicht zulassen, dass ein Mitarbeiter mit einem Streichholz den ganzen Laden in die Luft jagt. Misstrauen ist da angesagt, wo Vertrauen eine lebensgefährliche Dummheit wäre.

Sie können dieses Risiko vermindern. Das ist vor allem eine organisatorische Aufgabe, orientiert an der Frage: Wie hoch ist der maximale Schaden, den ein Mitarbeiter in dieser Position verursachen kann? Dann gestalten Sie Ihr Unternehmen unter der Leitidee der *Fehlerfreundlichkeit*. Das bedeutet, das Unternehmen so zu bauen, dass nicht aus Angst vor Fehlern alle Kreativität, alles Risiko und aller Wagemut vernichtet werden.

Hierfür benötigen Sie Redundanzen, viele Stimmen im Konzert, Überhänge, Machtbalancen. All das sind Systeme der Fehlerfreundlichkeit. Diese sind bedroht, je »schlanker« ein Unternehmen ist.

Wichtig ist: Vertrauen hat den Vorrang vor Kontrolle. Überwachen Sie nicht den Menschen, sondern schaffen und erhalten Sie fehlerfreundliche Strukturen. Systeme fehlerfreundlich zu gestalten heißt sie so zu gestalten, dass sie nicht bei der ersten Störung gleich zerstört werden, dass sie die Möglichkeit haben, aus Fehlern zu lernen. »Aus den Fehlern anderer!«, heißt es dann meist. Dabei übersieht man, dass die Fehler anderer die Fehler anderer sind. Und damit andere Fehler. Sie sind in ihrer Genesis und Gestalt nur wenig vergleichbar und haben selten etwas mit dem zu tun, was man selbst zu lernen hätte. Daher: Man lernt nur aus eigenen Fehlern. Dann, wenn man sie zweimal machen kann. Aber nicht sollte.

Vertrauen zerstören

Misstrauen führt zwangsläufig dazu, dass es sich im sozialen Miteinander bestätigt und verstärkt. Ist es einmal vorhanden, dann setzt sich eine Misstrauensspirale in Gang, die heute viele Unternehmen prägt. Der Prozess läuft so: Wenn Sie aus irgendeinem Grunde misstrauisch werden, tun Sie das, was man »enger führen« nennt. Sie verstärken Beobachtung, Steuerung und Kontrolle. Sie setzen zunehmend internes Reporting, Monitoring und andere Sicherungsmaßnahmen ein. Sie etablieren Regeln, die das Erlaubte vom Verbotenen trennen. Sie ersetzen Verantwortung durch Sorgfaltspflicht. Sie beginnen damit, die Arbeitszeit zu erfassen, Zielvereinbarungen schärfer zu formulieren und nicht nur Ergebnisse zu vereinbaren, sondern auch die Wege dorthin. Sie überziehen die Mitarbeiter mit einem Misstrauensnetz, um eine verschwindend kleine Minderheit daran zu hindern, etwas zu tun, was die übergroße Mehrheit nie täte. Sie türmen Bürokratie auf, machen das Unternehmen langsam und behördenhaft. Und der Irrtum ist: Die Mitarbeiter, bei denen Misstrauen wirklich angebracht ist, lassen sich aber davon nicht beeindrucken. Die erwischen Sie systembedingt nie. Wer es darauf anlegt, findet immer Wege, ein Überwachungssystem zu umgehen.

Der Preis des Vertrauensentzugs ist jedoch hoch: Die Mitarbeiter fühlen sich weniger an das Unternehmen gebunden, weniger verpflichtet. Ihre innere Motivation sinkt, und sie ändern ihr Verhalten. Sie strengen sich weniger an, gehen kein Risiko mehr ein, halten Informationen zurück. Dies bleibt Ihnen nicht verborgen, und Sie fühlen sich in Ihrem Misstrauen bestätigt: Deshalb reagieren Sie auf die Verschlechterung des Arbeitsergebnisses und versuchen, durch zusätzliche Steuerungs- und Kontrollmaßnahmen den Verlust an Eigenmotivation aufzufangen. Und so weiter.

Diese Spirale kann zum völligen Zusammenbruch der Vertrauensbeziehung im Unternehmen führen. Misstrauen wird zur sich selbst erfüllenden Prophezeiung. Das heißt: Es ist unmöglich, fehlendes Vertrauen durch Sicherungsmaßnahmen zu ersetzen. Sie schaffen dadurch nur neues Misstrauen. Kurz: Vertrauen schafft Vertrauen; Misstrauen schafft Misstrauen.

Zutrauen schafft Unternehmertum

Aus Sicht vieler Mitarbeiter zeigt sich Vertrauen vor allem in einer Situation: Wie *Sie* reagieren, wenn dem Mitarbeiter ein Fehler passiert ist. Ihr Verhalten in dieser konkreten Situation entscheidet darüber, ob sich eine Vertrauensatmosphäre entwickeln kann. Denn eine unternehmensübergreifende Vertrauens-»Kultur« gibt es, wenn überhaupt, nur unvollständig. Vertrauen ist ein Phänomen zwischen Ihnen und Ihrem Mitarbeiter, zwischen diesem Menschen und jenem Menschen. Ihr konkretes Verhalten im Falle eines Mitarbeiterfehlers wird aber von allen Beobachtern höchst sensibel registriert und verallgemeinert. Es wird zur Spielregel, an der sich alle orientieren.

Und eine vertrauensbasierte Spielregel kann nur lauten: handelnd reagieren – nicht anklagend. Wer einen Fehler gemacht hat, weiß das selbst sehr wohl und am besten. Der Fehler ist *passiert*; niemand macht Fehler absichtlich. Dramatisieren ist nur Energieverschwendung. Sinnvoll ist, wenn Sie ein Gespräch über den Fehler führen. Ohne Anklage! Analysieren Sie gemeinsam die Ursachen und nutzen Sie das Lernpotenzial, welches daraus erwächst. Konzentrieren Sie sich weniger auf das fehlerhafte Verhalten, sondern darauf, was richtig ist. Achten Sie auch darauf, was an dem Fehler möglicherweise positiv ist. Manchmal entsteht etwas überraschend Neues aus einer Situation, die auf den ersten Blick wie eine Katastrophe wirkt. Das ist das Gute im Schlechten. Seien Sie in der Behandlung des Fehlers der Zukunft zugewandt. Stellen Sie Fragen weniger, um herauszufinden, wie der Fehler passiert ist, sondern mehr als Angebot zur Veränderung: Was ist jetzt zu tun? Was können wir daraus lernen? Wie können wir vorbeugen?

Wenn Sie so mit Fehlern Ihrer Mitarbeiter umgehen, entwickeln Sie im gesamten Unternehmen eine *unternehmerische* Atmosphäre. Wer hinfällt, kann wieder aufstehen und wird nicht niedergedrückt. Hinfallen ist manchmal schlimm – aber überhaupt nicht zu laufen ist tödlich. Fehler und Fehlverhalten werden immer wieder vorkommen. Es ist wichtig, nicht nach jedem Fehlverhalten gleich wieder eine Kontrollinstanz für alle einzuführen. Das Grundvertrauen im Betrieb hat einen höheren Wert als die Kontrollsucht der Vorgesetzten. Denn nur aus der Bewegung entsteht der neue Impuls, der Sie an die Spitze bringt. Gehen Sie daher konstruktiv mit Fehlern Ihrer Mitarbeiter um. Vertrauensvoll. Wir Menschen entwickeln uns ja nicht durch Erfolge, sondern durch unsere Niederlagen. Und wer nie einen Fehler gemacht hat, hat auch nie etwas gewagt. Der hat sich auch nie entwickelt.

Bezahlen Sie gut und fair!

Bekanntlich wird im Management das Entlohnungssystem primär dafür eingesetzt, die Interessen der Eigentümer mit den Interessen der Mitarbeiter zu verschränken, in eine bestimmte Richtung zu lenken, mithin zu »motivieren«. Das Motto dazu lautet: »Tue dies, dann bekommst du das.« Der Mitarbeiter soll bei all seinen Handlungen die Konsequenzen für seine Brieftasche kalkulieren.

Das hat unbeabsichtigte Nebenwirkungen. Diese sowie praktische Lösungsmöglichkeiten habe ich detailliert in *Mythos Motivation* beschreiben. Ich will mich daher hier kurz fassen. Das Wichtigste ist: Der Mensch ist ein *Freiheitswesen*. Erscheint ihm eine Handlung vernünftig, so wird er sie ausführen; erscheint sie ihm unvernünftig, so unterlässt er sie. Finanzielle Anreize unterlaufen das an der Sache orientierte Nutzenkalkül und ersetzen es durch die Orientierung am fremd gesetzten Vorteil. Sie »verbiegen« mithin das Handeln und drängen zu einem »unnatürlichen« Verhalten (*moral hazard*). Langfristig haben sie einen konditionierenden Effekt: Man konzentriert sich nicht mehr auf »dies«, sondern nur noch auf »das«. Die psychologischen Folgen sind fatal: immer höhere Reizniveaus, Belohnungssucht, ein schlechtes Kooperationsklima sowie die Vernachlässigung langfristiger und qualitativer Dimensionen der Aufgabe. Die Stimme der Wissenschaft ist hier eindeutig: Es gibt keine einzige Studie weltweit, die eine dauerhafte Leistungssteigerung durch Anreizsysteme nachgewiesen hätte. Nur bei körperlich einfachen und präzise zurechenbaren Arbeiten ohne geistige Beteiligung gibt es dafür Hinweise – und solche Arbeiten sind im heutigen Wirtschaftsleben irrelevant. Bei komplexen und geistig herausfordernden Arbeiten ist der Zusammenhang sogar negativ: Je schwieriger die Aufgabe, desto kontraproduktiver der Leistungsanreiz. Zudem gibt es bisher keine einzige Untersuchung, die eine signifikante Konvergenz zwischen der Entgeltsumme im Management und der Performance des Unternehmens nahelegte.

Damit ist klar, dass es »richtige« Anreize (nach denen man allerorts sucht) nicht gibt. *Jeder* Anreiz unterläuft die natürliche Rationalität des Handelnden und erzeugt entweder Umgehungsenergien oder Ausbeutungsstrategien.

Das kann für den Praktiker nur bedeuten, die Gestaltungsbereiche »Geld« und »Motivation« möglichst zu entkoppeln. Natürlich muss ein Gehaltssystem die Attraktivität eines Investitionsstandortes berücksichtigen. Und wer weit unterhalb des Marktdurchschnitts zahlt, kann eine einkommensinduzierte Suchneigung nicht ausschließen. Wer jedoch glaubt, Geld allein schösse schon Tore, und daher mit hohen Entgelten winkt, der wird vorrangig attraktiv für die Einkommensmaximierer auf den Personalmärkten. Aber die Freude über deren Ankunft währt nicht lange: Wer für Geld kommt, geht für Geld.

Ein in regelmäßigen Abständen (zum Beispiel jährlich) neu zu verhandelndes Gehalt könnte zumindest den Freiheitsvorteil für sich veranschlagen. Es ist jedoch in unserem korporatistischen Klima selten. Jedes *System* aber – und damit auch jedes Entlohnungssystem – ist eine intellektuelle Sünde. Sie wird dem Einzelfall nie gerecht. Man läuft einem unerreichbaren Ideal hinterher, wenn man Gerechtigkeit, Objektivität, Transparenz und Vergleichbarkeit im Wortsinne realisieren will. Das heißt, es gibt kein System, das allem Erstrebenswerten gerecht würde und alle Kritikpunkte vermeidet. Wir haben es immer mit mehr oder weniger »schmutzigen« Mischsystemen zu tun, bei denen man sich je nach Wertmaßstäben lediglich fragen kann, ob die schlimmsten Fehlstellungen vermieden werden konnten.

Welches Bezahlungssystem Sie aber wählen, ist nicht beliebig. Diese Wahl ist nicht zu entkoppeln von der gesamten Führungskultur im Unternehmen. Traditionen, bereits vorhandene Personalsysteme sowie Reifegrad und Selbstverantwortung der Führungskräfte spielen eine erhebliche Rolle. Aus diesem Grunde ist ein Bezahlungssystem auch nicht einfach von einem Unternehmen auf das andere übertragbar. Ein Unternehmen mit einem stark fixlohnorientierten Entgeltsystem wird zudem andere Menschen anziehen (und abstoßen) als eines mit starken Anreizen.

Grundsätzlich kann man also einfach den Markt spielen lassen. Ein Gehaltssystem, das die obigen Überlegungen aufgreift und die größten Kollateralschäden vermeiden will, kann sich jedoch an folgendem Grundgesetz ausrichten: *Zahlen Sie Ihre Leute gut und fair – und dann tun Sie alles, damit sie das Geld vergessen.* Die entsprechende Praxis könnte umrisshaft so aussehen: ein hohes Fixgehalt, in das der *Arbeitsplatz-Wert*, der *Arbeitsmarkt-Wert* und die *Seniorität* einfließen. Es ist vorteilhaft, auch die individuelle *Leistung* als viertes Element der Einkommensgerechtigkeit dem Fixgehalt zuzuschlagen. Die entsprechende Vergütung sollte einen breit gefächerten Leistungsbegriff abbilden. Sie sattelt also auf Bewertung, nicht (nur) Messung, und ist daher an das Interpretationsmonopol der Führungskraft zu binden. Dabei kann das totale Fixgehalt durchaus auch in schlechten Zeiten hoch sein. Grundsätzlich sollte es höher als die heutigen Grundlöhne sein, aber tiefer als die aktuellen Gesamteinkommen.

Zum Fixgehalt kann ein variabler Einkommensbestandteil (Bonus) kommen, der das Unternehmen als Leistungs- und Solidargemeinschaft reflektiert. Er ist in den meisten Unternehmen mit durchschnittlicher hierarchischer Einkommensspreizung relational zum Fixgehalt zu staffeln. Insgesamt aber sollte er eher zurückhaltend gestaltet sein und 20 Prozent der Gesamtbezüge nicht übersteigen. Dieser variable Bonus-Bestandteil kann auch als Krisenreaktionsventil funktionieren. Damit wäre eine Partnerschaft im Plus und Minus definiert, ohne das Unternehmerrisiko unangemessen auf die Mitarbeiter zu verlagern. Der Verrentung der Boni kann man mit einem einfachen Informationssystem entgegenwirken, das die Geschäftsentwicklung für jedermann nachvollziehbar macht.

Fassen wir die Vorteile zusammen:

▸ Der Leistungsbegriff wird in seiner ganzen Breite angewendet: Auch Nicht-Messbares, aber Wichtiges und daher Bewertbares kann einbezogen werden; ebenso Zukunftsweisendes, Qualitatives, Relatives.

   ▸ Die Mitarbeiter konzentrieren sich auf Leistung im Sinne langfristiger Überlebenssicherung des Unternehmens, nicht auf das Management einzelner Leistungs-Indikatoren.

      ▸ Informationsvorteile der Mitarbeiter gegenüber der Führung (zum Beispiel über lokale Marktbedingungen) können nicht ausgebeutet werden.

         ▸ Die Verantwortung der Führung wird gestärkt.

            ▸ Extreme Boni und Gehaltsexzesse werden vermieden.

In Abwandlung eines Satzes von Malraux kann man sagen, im Management ist es wie in der Grammatik: Ein Fehler, den alle machen, wird schließlich zur Regel. Wer an individualisierten Anreizsystemen festhält, ignoriert, um was es im Unternehmen eigentlich geht: Zusammenarbeit zu niedrigen Transaktionskosten. Wem Anreize wichtig sind, der sollte sie da suchen, wo sie hingehören: auf den Märkten. Wer sein außergewöhnliches Talent in verschiedenen Unternehmen und wiederholt bewiesen hat, der wird sicher auch mit einem außergewöhnlichen Einkommen rechnen können.

Es bleibt aber festzuhalten, dass es nach wie vor eine tiefe Kluft gibt zwischen dem, was die Wissenschaft weiß, und dem, was das Management tut. Warum das so ist? Weil es unwahrscheinlich ist, jemandem etwas verständlich zu machen, wenn sein Gehalt davon abhängt, es nicht zu verstehen.

Gehen Sie aus dem Weg!

Führung zur Selbstführung

Unsere Wurzel-Frage lautet: Warum gibt es Führung? Eine Antwort im Sinne der ersten Kernaufgabe: Weil Menschen oft nicht gut zusammenarbeiten, Nabelschau betreiben, sich nicht einigen können, in Routinen versinken, Orientierung brauchen. Führung ist mithin ein Parasit mangelnder Kooperation. Eine Erscheinung, die von der Schwäche anderer lebt. Wenn man sieht, wie reflexhaft Manager kurz nach der Landung des Flugzeugs ihre Handys einschalten, dann ist das nicht nur das allseits bekannte Aufmerksamkeits-Defizit-Syndrom, sondern auch die Illustration dieses Zusammenhangs. Was aber würde passieren, wenn es sie – Sie! – nicht gäbe?

Es gab eine Zeit, da das Wünschen noch geholfen hat. Wäre es nicht anzustreben, dass die Menschen *selbst* wissen, was zu tun ist? Wäre es nicht zu wünschen, dass die Mitarbeiter nicht nur ihre Hände, sondern auch ihre Köpfe und Herzen für das Überleben des Unternehmens einsetzen? Wäre es nicht wunderbar, wenn Ihre Mitarbeiter sich über das Schicksal des Unternehmens Gedanken machten und nicht allein über ihren eigenen Job oder die nächste Beförderung? Wenn sie Abläufe verbesserten auch jenseits ihrer Stellenbeschreibung? Innovationen vorantrieben, ohne auf Ihre Anweisung zu warten? Wäre es nicht großartig, alle Mitarbeiter beim Kunden zu wissen – und nicht in der Zentrale? Wäre es nicht hilfreich, in Ihren Beschäftigten eigenverantwortliche Profis zu haben, die neue Ideen entwickeln und ihre Aktivitäten koordinieren und integrieren? Kurz:

Wäre es nicht prima, man könnte die Kosten für das Management sparen?

Immer mal wieder werden Beispiele für Unternehmen ohne Führung (oder jedenfalls ohne fixe oder dominante Führung) beschrieben. Da gibt es den amerikanische Lebensmittelkonzern Morning Star oder das Orpheus Chamber Orchestra. Da gibt es die vielen Beispiele von eigenwilligen Mitarbeitern, die die Hierarchie unterlaufen: die Post-It-Notizen von 3M als klassischer Fall, oder auch die brasilianischen Manager von Procter & Gamble, die kostengünstigere Alternativen zu ihren eigenen Premiumprodukten herstellten, um das Leben ihrer Landsleute zu verbessern. Aber diese Beispiele haben Exoten-Status. Man betrachtet sie staunend, leicht amüsiert, hält sie aber für unbrauchbar im eigenen Unternehmen. Gut so! Sie müssen ohnehin Ihren eigenen Weg gehen. Aber selbst wenn Sie diesen Zustand für utopisch halten – wäre es nicht wenigstens wünschenswert, sich mit Ihrem Unternehmen in diese Richtung zu bewegen? Und wenn ja – was können Sie dafür tun?

Dazu müssen Sie zunächst Ihr Menschenbild hinterfragen. *Wie schauen Sie den Mitarbeiter an?* Ist er ein Mittel zu Ihrem Zweck – oder ist er (auch) Selbstzweck? Ist er auf der Welt, um hinter Ihrem Ziel herzurennen – oder sind seine Ziele mit den Ihren zu vermitteln? Sprechen Sie zwar vom »Mit-Unternehmer«, pflegen jedoch weiterhin innerlich das Bild vom »Untergebenen«? Ist er ein defizitäres Mängelwesen – oder verfügt er über eigene Ressourcen der Problemlösung? Ist er ein zu erziehendes Kind – oder ist er ein *Erwachsener*, dem Sie auch Erwachsensein zumuten müssen? Ist er ein Mensch, dem Sie zunächst einmal vertrauen (bis zum möglichen Beweis des Gegenteils) – oder begegnen Sie ihm von vornherein mit Misstrauen (bis zum unwahrscheinlichen Beweis des Gegenteils)? Noch einmal: Welches Menschenbild haben Sie?

Daran schließt sich die Frage: Wie schauen Sie auf *sich selbst*? Inszenieren Sie Ihre Unersetzlichkeit als letztes Bollwerk Ihrer

Würde? Gehören Sie zu den selbstdarstellerischen Gesinnungsathleten, die ihre Interessen ideologisieren und als »Notwendigkeit« ausgeben? Ist Macht über Menschen Ihre Sehnsucht? Ist Ihre Aufgabe mit Blick auf den Mitarbeiter die Selbstoptimierung oder die Fremdoptimierung? Sind Ihre Mitarbeiter für Sie da, oder sind – umgekehrt – Sie für die Mitarbeiter da? Ihre Leistung zu steigern, ihre Potenziale freizusetzen, sie fürs Mitmachen zu gewinnen?

Wenn »Mitarbeiter führen« bedeutet, die Leistung *anderer* zu ermöglichen, dann zielt das immer auf unternehmerisches, selbstverantwortliches Handeln. Dann werden Sie alles unterlassen, was die freiwillige Übernahme von Verantwortung behindert. Wenn Mitarbeiter erst fragen müssen, ob sie etwas verändern dürfen, wird nichts passieren. Wer einen Job zu erledigen hat, der sollte nicht erst von seinem Chef dazu »empowered« werden. Mit jeder Ihrer Handlungen müssen Sie den Mitarbeiter in eine unternehmerische Disposition bringen. Jede Anregung, jede Information und jede organisatorische Entscheidung muss ihn animieren, eigenständig zu handeln mit Blick auf das Ganze und eine gemeinsame Zukunft. Eine solche Führung verzichtet keineswegs auf den Kontakt zum Mitarbeiter, aber sie ist *indirekt*. Sie schafft Strukturbedingungen mit dem Ziel, dass der Mitarbeiter Teil des unternehmerischen Gesamtauftrags wird.

Das ist grundsätzlich die einzig legitime Aufgabe der Führung: *Führung zur Selbstführung*. Ihre wahre Funktion ist weniger das Unterrichten, vielmehr das Aufrichten. Hellhörig für Berufungen zu werden. Andere ermutigen, ihr Potenzial zu verwirklichen. Ihnen zuzurufen: »Geh deinen eigenen Weg!«

Die Philosophie des Zutrauens hat der französische Fußballmanager Arsène Wenger so zusammengefasst: »Alle großen Erfolge, alle gelungenen Leben, beinhalten das Zusammentreffen von Einsatz und Talent. Aber ebenso das Glück, Menschen getroffen zu haben, die an dich glaubten. An irgendeinem Punkt deines Lebens brauchst du jemanden, der dir auf die

Schulter klopft und sagt: ›Ich glaube an dich‹.« Wenn Menschen das Gefühl haben, ihnen wird etwas zugetraut, dann wachsen sie an ihren Aufgaben. Der »Pygmalion-Effekt«: Schon manche sind in die Kleider hineingewachsen, die andere ihnen geschneidert haben.

Wenn Sie das als Führungskraft konsequent zu Ende denken, dann ist es irgendwann nicht mehr steigerbar. Dann haben Sie Ihren Job gemacht. Dann ist er zu Ende. Durch Ihr aktives Zutun, das auch dann noch anhält, wenn Sie nicht persönlich anwesend sind. So gesehen bedeutet Führung, mit dem Mitarbeiter gemeinsam etwas zu schaffen und ihn zu begleiten – bis zu dem Punkt, wo der Mitarbeiter keine Führung mehr braucht.

Führung ist daher Hin-Führung zur Freiheit. Ziel muss es sein, eine Gruppe von Mitarbeitern so zusammenzustellen und zu entwickeln, dass sie möglichst ohne Führung auskommt. Das beste Mittel, Sie als Führungskraft zu messen, ist mithin die Leistung Ihrer Mitarbeiter *in Ihrer Abwesenheit*. Das bedeutet nichts anderes, als dass eine gute Führungskraft sich *überflüssig* macht. Also sich klug und angemessen zurückzieht.

Wenn Sie als Führungskraft das tun, kommen Sie automatisch in neue Dilemmata. Nur wenige seien genannt. *Erstens*: Das Schweigen des Chefs, also Ihr Schweigen – signalisiert das Vertrauen in die Stärke der Mitarbeiter? Oder signalisiert es Ignoranz? Das können wir ohne genaue Kenntnis des Kontextes nicht beantworten. Aber es könnte dennoch positive Konsequenzen haben: wenn Mitarbeiter sich plötzlich auf sich selbst verlassen müssen. *Zweitens*: Was ist mit der sogenannten Fürsorgepflicht des Vorgesetzten? Darüber kann man streiten. Wenn Sie aber in einem existenzialen Sinne von der Gleichheit aller Menschen ausgehen, dann gilt: Gegenüber Menschen, die ihre Interessen selbst artikulieren können, verbietet sich die Einstellung der Fürsorglichkeit. Weil es Erwachsene sind, keine Kinder. Und auch keine Behinderten. Dann muss man den Menschen auch die Chance geben, erwachsen zu leben. Hilfe ist nur da notwendig, wo ein Mensch sich nicht mehr selbst helfen kann. *Drittens*: Einige Mitarbeiter werden sagen: »Der führt ja gar nicht! Wozu ist der überhaupt da?« In der Tat: Was bleibt von einer Führung, wenn sie erfolgreich zur Selbstführung geführt hat? Führungskräfte haben genau deshalb oft kein Interesse an selbstverantwortlichen Mitarbeitern.

In einer kurzfristigen Perspektive sieht es tatsächlich so aus, als handelten Sie gegen Ihr Eigeninteresse. Aber ist es das wirklich? Ist es ein rein altruistisches Von-sich-weg-Schauen? Nein, das Gegenteil ist der Fall! Führungskräften, die oft unter der Arbeitslast stöhnen und froh sind, wenn alles rund läuft, ist durch selbstverantwortliche Mitarbeiter geholfen. Mehr noch: Aus dem Sich-Zurückziehen kann ein großer Stolz entstehen. Es gibt einen tiefen Abgrund zwischen dem Stolz, anderen Menschen überlegen zu sein, und dem Stolz, die Lebens-Chancen anderer erhöht zu haben.

Führung ist die Kunst, sich vergessen zu machen. Was nicht heißt, dass man sie vergessen kann. Im Gegenteil! Wie dringend brauchen wir Führungskräfte, die sich aus der Überzuständigkeit zurückziehen, die Platz machen für Selbstführung, für Selbstorganisation. Um genau jenen Verlust einer unternehmerischen Zentralperspektive zu kompensieren, der für moderne Unternehmen typisch ist. Das beinhaltet auch die Fähigkeit, sich wegzudenken. Was würde (aus Sicht des anderen) fehlen, wäre ich nicht hier? Lassen wir die Trivialität beiseite, dass das Leben uns irgendwann rückstandslos entsorgt – wie würden die Dinge laufen, bliebe meine Stelle unbesetzt? Vielleicht kämen dadurch auch jene Mitarbeiter auf Betriebstemperatur, die sich beim Warten auf die große Ansage längst hingelegt haben.

Wenn es Aufgabe der Führung ist, das Überleben der Organisation zu sichern, dann ist genau diese »Führung zur Selbstführung« Ihre Aufgabe, Ihre Daseinsberechtigung. So wie der gute Arzt die Gesundheit des Patienten und somit seine eigene

Entbehrlichkeit anstrebt. Wenn er das nicht tut, dann hört er auf, Arzt zu sein. Das gilt auch für Führung: Wenn Sie Ihre Entbehrlichkeit nicht anstreben, hören Sie auf, eine Führungskraft zu sein. So wie man eine gute Regierung daran erkennt, dass man ihr Regieren nicht bemerkt.

Was tun?

Heute kann kein Unternehmen mehr erfolgreich sein ohne Mitarbeiter, die Selbstverantwortung und unternehmerische Initiative zeigen. Oder, wie es der Chefdirigent der Tonhalle Zürich ausdrückte: »Mit dem herkömmlichen Repertoire an Befehlen kann man keine Musik machen.« Selbstverantwortung und unternehmerische Initiative – das sind ganz zweifellos Eigenschaften des Individuums. Aber was kann eine Führungskraft dazu beitragen, dass sich diese Eigenschaften auch im Unternehmen entfalten? Was können Sie tun, um Menschen in ihrer »Selbstführung« zu unterstützen?

Führung zur Selbstführung – diese Formulierung deutet einen Widerspruch an, der nicht so leicht aufzulösen ist. Führung bedeutet immer ein gewisses Maß an Autonomieverlust auf Seiten des Mitarbeiters, Selbstführung bedeutet das Gegenteil, nämlich Autonomiegewinn. Ist nicht der Versuch von vornherein zum Scheitern verurteilt, die Eigeninitiative des Mitarbeiters durch Einmischung der Führungskraft und somit durch einen nicht-autonomen Prozess zu befördern? Wie ist eine Führung möglich, die nicht mit ihren Mitteln das Ziel dementiert?

Definieren wir zunächst »Selbstführung« als die Fähigkeit, *erstens* »eigene« motivationale Einstellungen zu haben und sie zu kontrollieren, *zweitens* Entscheidungen und Unterscheidungen klug und abgewogen zu treffen und *drittens* nicht angewiesen zu sein auf Lenkung und extrinsische Stimulierung. Wollen Sie das unterstützen, dann dürfen Sie diese Fähigkeit

reinhard k. sprenger

nicht nur als *Zustand* begreifen (der »autonome Mitarbeiter«), sondern als *Prozess*, der begleitet werden kann (der Mitarbeiter »wird« autonom). Wenn Sie Autonomie nur als Zustand begreifen, lässt sich das Rätsel der Führung zur Selbstführung nicht lösen. Begreift man sie aber als Weg, dann geht es um ermöglichende Bedingungen. Auch bei einem Mitarbeiter, dessen Selbstverantwortung verschüttet scheint, finden sich Proto-Formen des »Sich-Kümmerns«, des Engagements und wertgestützten Unterscheidens, die zum Beispiel oft in der Freizeit sichtbar werden. Das sind basale Bausteine für Autonomie, die Sie nutzen können.

Das ist die goldene Regel für Führungskräfte: Befähige andere, erfolgreich zu sein. Was aber kann das heißen – »befähigen«? Niemand kann einen anderen Menschen »entwickeln«. Die Frage lautet daher: Unter welcher Bedingung ist es wahrscheinlich, dass ein Mitarbeiter diese Fähigkeiten auch *im* Unternehmen entfaltet? Wenigstens unter dieser: Stehen Sie nicht im Weg rum! Viele Führungskräfte *schaffen* mehr Probleme, als sie Probleme *lösen* – meistens um ihr überschießendes Kontrollbedürfnis zu befriedigen. Unterlassen Sie alles, was die Fähigkeit des Mitarbeiters zur Selbstbestimmung untergräbt. Reduzieren Sie alle Formen der Fremdsteuerung auf ein Minimum. Verzichten Sie vor allem auf alle Lenkungen durch Incentivierung oder Verbonifizierung. Nehmen Sie den Mitarbeiter so, wie er ist, nicht, wie er sein sollte. Wenn Sie damit nicht klarkommen, trennen Sie sich. Fair und frühzeitig. Jemandem dienen kann auch heißen, ihm zu sagen: »Sie sind auf dem falschen Spielfeld!« Versuchen Sie nicht, an ihm herumzuschrauben. An der Freiheit des anderen kommen Sie ohnehin nicht vorbei.

Seien Sie zurückhaltend mit Ratschlägen. Ratschläge sind bekanntlich auch Schläge – und erschlagen Selbstverantwortung. Regen Sie vielmehr selbstständige Suchprozesse an. Jeder Mitarbeiter, der mit einem Problem zu Ihnen kommt, hat immer auch eine Lösung. Weil es unmöglich ist, ein Problem ohne eine Lösung zu haben. Erklären Sie nicht jede schwierige Situation zur »Chefsache«. Lassen Sie den Mitarbeiter so weit wie möglich in der Verantwortung. Und erinnern Sie sich immer wieder: Die Initiative des Einzelnen ist der zentrale Wertschöpfungsimpuls, der von der Gemeinschaft getragen werden muss. Das bedingt einen klugen Umgang mit Fehlern.

Das heißt weiterhin, die Gelegenheit zu geben, *persönliche Projekte* zu finden und zu verfolgen. Bedingungen dafür zur Verfügung zu stellen: Geld, Zeit, Freiraum. Solche Projekte können vielfältiger Natur sein. Es kann die Weiterentwicklung eines innovativen Produkts sein. Es kann ein Führungsprojekt sein. Es kann die Leitung einer Betriebssportgemeinschaft sein. Wichtig ist, dass sie selbstgewählt sind, dem Mitarbeiter wertvoll erscheinen und ihn herausfordern. Sie als Führungskraft können sie anstoßen, anbieten, sogar empfehlen – zwingen oder nötigen sollten Sie den Mitarbeiter nicht, wenn Projekte ihr Potenzial entfalten sollen. Verschieben Sie nicht das Wollen zum Sollen. Das hat noch nie wirklich funktioniert.

Seien Sie ein Beitragender!

Die meisten Menschen glauben, dass sie im Leben keinen Unterschied machen, weil sie nur ein kleines Rädchen sind. Sie reagieren darauf mit *rationaler Ignoranz* (»Was kann ich schon tun?«) und denken: Nach mir die Sintflut! Sie konzentrieren sich auf das »Nehmen«, fragen »Was kann ich kriegen?«, und können es dabei durchaus zu Wohlstand bringen. Sie pflegen mitunter exklusive Freundeskreise, lieben Musik und Theater, gönnen sich aufwändige Fernreisen und sammeln Trophäen. Aber in ihrem Leben gähnt eine Leere. Ihr Leben zählt nicht wirklich. Weil sie im Leben *anderer* keinen Unterschied machen. Weil sie nicht das Leben *anderer* vermehren. Weil sie nicht die Chancen anderer vergrößern, die Chancen anderer zu vergrößern.

Gilt das auch für Sie? Wie können Sie das wissen? Gar nicht. Aber es gibt eine hilfreiche Übung, um der Gewissheit näherzukommen. Stellen Sie sich einen leeren Raum vor. In diesen Raum können Sie virtuell fünf Menschen hineinstellen, die einen *Unterschied* in Ihrem (Berufs-)Leben gemacht haben. Von denen Sie sagen: Wenn diese Menschen nicht gewesen wären, würde etwas Wertvolles in meinem Leben fehlen. Ohne diese Menschen wäre ich heute nicht der, der ich bin. Diese Menschen mögen tot sein oder noch leben. Das ist einerlei. Welche Menschen fallen Ihnen spontan ein? Und was haben sie beigetragen?

Und nun stellen Sie sich vor, jemand anderes macht irgendwo diese Übung – und entscheidet sich für *Sie*! Er stellt *Sie* dort hinein. Dann haben Sie dazu beigetragen, dass dieser Mensch jetzt das denkt, was er denkt, das tut, was er tut, das ist, was er ist. Dann waren Sie dort ein Beitragender. Diesem Menschen haben Sie gedient, in dessen Leben haben Sie einen Unterschied gemacht. Wenn Sie auch nur im Leben *eines* Mitarbeiters ein Beitragender waren, haben Sie Ihren Job gemacht.

Das ist jedoch selten: Einer, der über große Kompetenz verfügt, sie gar selbst erarbeitet hat, findet seine Erfüllung darin, die Kompetenz *anderer* zu vergrößern. Und verhilft ihnen so zu größerer Freiheit, zu größerer Unabhängigkeit. Das ist nicht jedermanns Sache – jener Genius zu sein, der seine Größe davon ableitet, andere groß zu machen. Was sind das für Menschen, die einen solchen Unterschied im Leben anderer machen? Nun, sie *sind* ein Unterschied. Sie leben nicht in konturloser Übereinstimmung mit ihrer Umwelt. Sie repräsentieren nicht den Mainstream. Sie sind anders als die anderen. Sie verlassen das Übliche, sonst würde ihr Beitrag nicht als Unterschied wahrgenommen.

Ich erinnere mich an einen Lehrer, der Ende der 60er Jahre in meiner Klasse Geschichte unterrichtete – es war der »Summer of 69«, die Zeit des Flower-Power. Zu jener Zeit dauerte es nach dem Klingeln durchschnittlich etwa fünf Minuten, bis die Lehrer in die Klasse schlurften. Nicht so Dr. Figge. Mit dem ersten Klingelton trat er in die Klasse, schloss hinter sich die Tür und begann den

Unterricht. Wir Schüler waren anfangs irritiert, dann amüsiert – und dann gewöhnten wir uns daran, dass er eben anders war. Bei Weitem nicht alle Schüler haben ihn dafür gemocht. Aber in meinem Leben hat er einen Unterschied gemacht.

Lehnen Sie sich einen Augenblick zurück: Wenn Sie anerkennen, dass das, was Sie tun (oder eben nicht tun), einen erheblichen Unterschied im Leben Ihres Mitarbeiters macht – können Sie dann weiter so führen wie bisher?

Nun ist es leicht, nach hinten zu schauen und dankbar zu sein. Sich gegenüber jenen verpflichtet zu fühlen, dank derer man weitergehen konnte, und sie hinter sich zu lassen. Zu beteuern: Wenn wir weiter sahen als andere, dann nur, weil wir auf den Schultern von Riesen standen. Es mag hingegen manchen verbittern, hinter jenen herzuschauen, denen man die Mittel in die Hand gegeben hat, weiterzuziehen, dabei aber selbst zurückzubleiben.

Das Zweite ohne Bitterkeit zu tun ist Ausdruck von Weisheit und Größe. Das Erste ist die Maske, hinter der sich oft arrogantes Mitleid verbirgt – eben selbst weitergekommen zu sein. Aber auch Ausdruck von Kleingeistigkeit, weil man sich offenbar nicht vorstellen kann, einmal selbst zurückgelassen zu werden.

Doch das ist unser aller Aufgabe: Platz zu machen für die, deren Weg wir bereiten. Und den Beitrag weiterzureichen, den wir unsererseits erhalten haben und der uns überleben ließ. So wie wir ernten, was wir nicht gesät haben, so sollten wir säen, was wir nicht ernten werden. Und den Ich-Aspekt unseres aufgeschossenen und allzeitgereizten Bewusstseins begrenzen. Das heißt, sich ernst zu nehmen, aber nicht wichtig (wichtig kommt von Wicht). Und das Jahr, in dem ich dies schreibe (2012), in dem wir den 300. Geburtstag jenes Friedrich feiern, den wir »den Großen« zu nennen uns angewöhnt haben, gibt Anlass, uns eines ihm zugeschriebenen Mottos zu erinnern: »Servir et disparaître!« Diene und verschwinde! Das ist *radikal führen*: Hinterlassen Sie Ihr Unternehmen so, dass es in einem höheren Maß zur Selbstführung in der Lage ist, als es bei Ihrem Dienstantritt war.

Baecker, Dirk: »Drei Regeln für eine wirtschaftlich effiziente Unternehmenskultur. Einfachheit, Autonomie und kulturelle Führung«, in: Bertelsmann Stiftung/Hans-Böckler-Stiftung (Hg.): *Praxis Unternehmenskultur. Herausforderungen gemeinsam bewältigen*, Bd. 1, Gütersloh 2001, S. 57-80.

Bartl, Thorsten/Schneider, Markus: »Rollierender Forecast bei der Gruppe Börse Stuttgart«, in: *Controller Magazin*, 2/2011, S. 72-77.

Barton, Dominic: »Zeit zu handeln«, in: *Harvard Business Manager*, 5/2011, S. 18-28.

Benkler, Yochai: »Das selbstlose Gen«, in: *Harvard Business Manager*, 10/2011, S. 32-45.

Betzler, Monika: »Erziehung zur Autonomie als Elternpflicht«, in: *Deutsche Zeitschrift für Philosophie*, 59. Jg., Nr. 6 (2011), S. 937-953.

Beyes, Timon: »Kontingenz und Unternehmensführung«, in: *GDI Impuls*, 4/2002, S. 30-37.

Bomhard, Nikolaus von: »Das Offensichtliche nicht tun«. Interview mit Patricia Döhle in: *Brand Eins*, 01/2012, S. 84-87.

Breitenmoser, Markus: »In der Krise trennt sich die Spreu vom Weizen«, in: *Neue Zürcher Zeitung* vom 28. Oktober 2009, Sonderbeilage Werkplatz Schweiz.

Coase, Ronald H.: »The Nature of the Firm«, in: *Economica*, 4. Jg., Nr. 16 (1937), S. 386-405.

Coase, Ronald H.: *The Firm, the Market, and the Law*, Chicago 1988.

Crozier, Michel: *L'entreprise à l'écoute*, Paris 1994.

Dubs, Rolf: »Von Erfolg und Charakter«, in: *Neue Zürcher Zeitung* vom 01.06.2011, Sonderbeilage, S. 3.

Durkheim, Emile: *Die Regeln der soziologischen Methode*, Frankfurt am Main 1984.

Eberle, Walter/Hartwich, Gerhard: *Brennpunkt Führungspotential*, Frankfurt am Main 1995.

Finger, Evelyn: »Lernen von den Versagern«, in: *Die Zeit* vom 10.11.2011, S. 27.

Fontin, Mathias: »Dilemmata in Organisationen aktiv bewältigen«, in: *Organisationsentwicklung*, 2/1998, S. 4-17.

Fried, Jason/Heinemeier-Hansson, David: *Rework. Business intelligent & einfach*, München 2010.

Fuchsberger, Jürgen: »Schwindender Wohlstand«, in: *eigentümlich frei*, 1/2012, S. 36-38.

Grant, Adam M.: »Wie Kunden Mitarbeiter motivieren«, in: *Harvard Business Manager*, 8/2011, S. 66-75.

Hamel, Gary: »Schafft die Manager ab!«, in: *Harvard Business Manager*, 1/2012, S. 22-36.

Hank, Rainer: »Warnung vor dem Schlaraffenland«, in: *Merkur*, 11/2010, S. 1033-1046.

Heidegger, Martin: »Die Selbstbehauptung der deutschen Universität«, in: ders., *Gesamtausgabe* Band 16, Frankfurt am Main, S. 107-117.

Hengstschläger, Markus: *Die Durchschnittsfalle. Gene, Talente Chancen*, Salzburg 2012.

Herzog, Lisa Maria: »Wer sind wir, wenn wir arbeiten? Soziale Identität im Markt bei Smith und Hegel«, in: *Deutsche Zeitschrift für Philosophie*, 59. Jg, Nr. 6 (2011), S. 835-852.

Hinterberger, Fritz/Karner, Gerald: *Das Prinzip Führung*, Salzburg 2004.

Holmblad Brunsson, Karin: *The Notion of General Management*, Malmö 2007.

Jansen, Stephan A.: »Merkwürdigkeiten aus den Manegen des Managements. Management der Moralisierung«, in: *Brand Eins*, 02/2010, S. 132-133.

Jonas, Klaus/Heilmann, Tobias: »Von der Kunst, die Mitarbeiter zu verwandeln«, in: *Neue Zürcher Zeitung* vom 01.06.2011, Sonderbeilage, S. 7.

Kemmner, Götz-Andreas: »Das Tor zur Unternehmenskrise wird in der Konjunktur geöffnet«, in: *Controller Magazin*, 2/2011, S. 38-41.

Kieser, Alfred: »Immer mehr Geld für Unternehmensberatung – und wofür?«, in: *Organisationsentwicklung*, 2/1998, S. 62-69.

Koch, Christoph: »Facebook fürs Büro«, in: *Brand Eins*, 03/2012, S. 124-128.

Kucklick, Christoph: »Die nächste Gesellschaft«, in: *GDI Impuls*, 4/2011, S. 46-51.

Kühl, Stefan: »Die Metapher vom Eisberg«, in: *Organisationsentwicklung*, 1/2012, S. 68-72.

Krämer, Walter: *Die Angst der Woche*, München 2011.

Krusche, Bernhard: *Paradoxien der Führung. Aufgaben und Funktionen für ein zukunftsfähiges Management*, Heidelberg 2008.

Kyaw, Felicitas von: »Organisatorische Veränderungsfähigkeit. ›Changeability‹ als unternehmerische Chance und Notwendigkeit«, in: *Organisationsentwicklung*, 03/2010, S. 72-77.

Lakoff, George/Johnson, Mark: *Metaphors We Live By*, Chicago 1990.

Lau, Peter: »Das Ende ist der Anfang«, in: *Brand Eins*, 01/2012, S. 141.

Lethen, Helmut: *Verhaltenslehren der Kälte. Lebensversuche zwischen den Kriegen*, Frankfurt am Main 1994.

Luhmann, Niklas: »Probleme eines Parteiprogramms«, in: Baier, Horst/Schelsky, Helmut (Hg.): *Freiheit und Sachzwang*, Opladen 1977, S. 167-181.

Markl, Hubert: »Ökologische Grenzen und Evolutionsstrategie«, in: *Forschung. Mitteilungen der Deutschen Forschungsgemeinschaft*, 3/1980, S. 1-8.

Marquard, Odo: *Apologie des Zufälligen. Philosophische Studien*, Stuttgart 1986.

Mas, Alexandre/Moretti, Enrico: »Peers at Work«, in: *American Economic Review*, 99. Jg.(März 2009), S. 112-145.

Moss Kanter, Rosabeth: »Anders wirtschaften«, in: *Harvard Business Manager*, 2/2012, S. 26-39.

Nagel, Erik: »Auch Führen will gelernt sein – warum es wichtig ist, wie Führung ›passiert‹«, in *Neue Zürcher Zeitung* vom 01.06.2011, Sonderbeilage Weiterbildung und Karriere, S. 5.

Neuberger, Oswald: *Führen und führen lassen. Ansätze, Ergebnisse und Kritik der Führungsforschung*, Stuttgart 2002.

Ortmann, Günther: *Als Ob. Fiktionen und Organisationen*, Wiesbaden 2004.

Parfit, Derek: *On What Matters*, Oxford 2011.

Robbins, Lionel: *An Essay on the Nature and Significance of Economic Science*, London 1932.

Ross, Lee/Liberman, Varda/Samuels, Steven M.: »The Name of the Game. Predictive Power of Reputations versus Situational Labels in Determining Prisoner's Dilemma Game Moves«, in: *Personality and Social Psychology Bulletin*, September 2004, Vol. 30, No. 9, S. 1175-1185.

Rutschmann, Marc: *Abschied vom Branding. Wie man Kunden wirklich ans Kaufen führt – Mit Marketing, das sich an Kaufprozessen orientiert*, Wiesbaden 2011.

Sartre, Jean-Paul: *Das Sein und das Nichts*, Reinbek 1952.

Schein, Edgar H.: *Organizational Culture and Leadership*, San Francisco 1985.

Seliger, Ruth: *Das Dschungelbuch der Führung. Ein Navigationssystem für Führungskräfte*, Heidelberg 2008.

Sheaffer, Zachary et al.: »Downsizing Strategies and Organizational Performance. A Longitudinal Study«, in: *Management Decision*, Vol. 47, 6/2009, S. 950 – 974.

Simon, Fritz B.: »Von Kriegsmetaphern zu Lösungsprozessen«, in: *Lernende Organisation*, 3/2001, S. 22-24.

Stadler, Christian: »Krieg, Inflation und Fortschritt sind beherrschbar«, in: *Frankfurter Allgemeine Zeitung* vom 18.04.2011, S. 12.

Tomasello, Michael: *Warum wir kooperieren*, Berlin 2010.

Vasek, Thomas: »Sanfte Rebellen«, in: *Brand Eins*, 08/2011, S. 79-81.

Weick, Karl E.: »Drop Your Tools. An Allegory for Organizational Studies«, in: *Administrative Science Quarterly*, 41, 1996, S. 301-313.

Wrapp, H. Edward: »Good Managers Don't Make Police Decisions«, in: *Harvard Business Review*, 45. Jg., Nr. 5 (1967), S. 91-99.

Wüthrich, Hans A./Osmetz, Dirk/Kaduk, Stefan: *Musterbrecher. Führung neu leben*, Wiesbaden 2009.

Zimmermann, Alexander/Raisch, Sebastian: »Rightsizing. Ein Überblick zu Ansätzen und Methoden«, in: *Organisationsentwicklung*, 3/2011, S. 4-11.

Register

reinhard k. sprenger

E-Book inside: So funktioniert´s

1. **Registrieren** Sie sich in unserem E-Book-Shop
   http://e-books.campus.de unter *»Ihr Konto«* ·······························

·······2. Legen Sie das E-Book im gewünschten **Format** in Ihren
   Warenkorb und betätigen Sie den Button *»E-Book kaufen«*

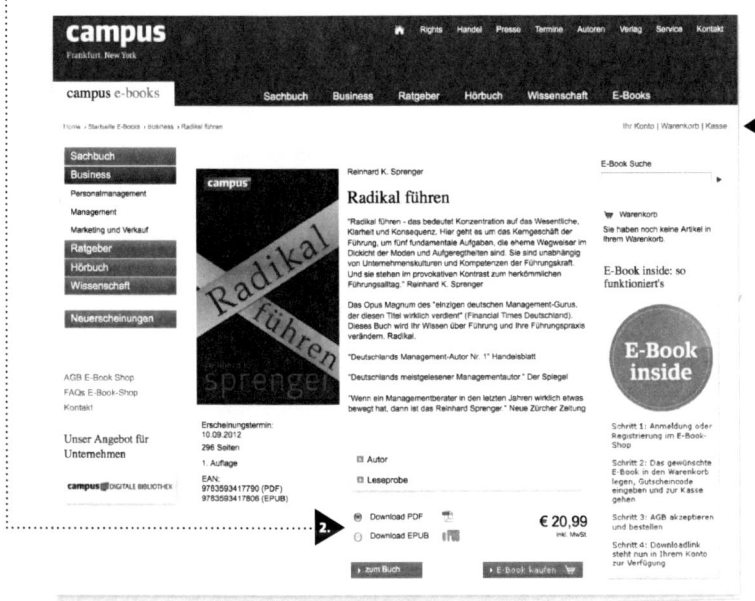

3. Geben Sie den unten stehenden **Gutscheincode** ein und
   betätigen Sie den Button *»Einlösen«*
4. Ihr Gutschein wurde nun erfolgreich eingelöst. Bitte gehen
   Sie nun zur **Kasse**, akzeptieren Sie die AGBs und drücken
   abschließend den Button *»Bestellen«*
5. Der **Downloadlink** wird Ihnen direkt angezeigt und steht Ihnen
   bei jeder weiteren Anmeldung in Ihrem Konto zur Verfügung

GUTSCHEINCODE   T721xVCd2